高等卫生职业教育护理专业"双证书"
人才培养纸数融合系列教材
供护理、助产等专业使用

附数字资源增值服务

U0756357

生物化学

SHENGWU HUAXUE

主　编	贾祥捷　宾　巴
副主编	王晓斐　张海英　王　锋　王明芳
编　委	（以姓氏笔画为序）
	王　锋　孝感市中心医院
	王明芳　山西老区职业技术学院
	王晓斐　枣庄科技职业学院
	付凤洋　重庆医药高等专科学校
	张海英　大兴安岭职业学院
	宾　巴　锡林郭勒职业学院
	贾祥捷　枣庄科技职业学院

华中科技大学出版社
http://www.hustp.com
中国·武汉

内 容 简 介

本书是高等卫生职业教育护理专业"双证书"人才培养纸数融合系列教材。全书分为13章,包括绪论、蛋白质化学、核酸化学、酶、维生素、生物氧化、糖代谢、脂类代谢、氨基酸代谢、核苷酸代谢、肝的生物化学、核酸的生物合成、蛋白质的生物合成等内容。

本书根据最新教学改革的要求和理念,结合我国高等院校药学发展的特点,按照相关教学大纲的要求编写而成,内容简明扼要,深入浅出,紧密联系临床和生活实际,让学生在掌握生物化学基本知识的同时,更好地培养其自主学习的能力。本书以二维码的形式增加了网络增值服务,内容包括教学课件、目标检测答案、案例解析等,有助于提高学生学习的趣味性。

本书可供护理、助产等专业使用。

图书在版编目(CIP)数据

生物化学/贾祥捷,宾巴主编.—武汉:华中科技大学出版社,2020.9(2024.8重印)
ISBN 978-7-5680-6524-5

Ⅰ.①生⋯　Ⅱ.①贾⋯　②宾⋯　Ⅲ.①生物化学-高等职业教育-教材　Ⅳ.①Q5

中国版本图书馆 CIP 数据核字(2020)第 175331 号

生物化学　　　　　　　　　　　　　　　　　　　　贾祥捷　宾　巴　主编
Shengwu Huaxue

策划编辑:居　颖
责任编辑:李　佩
封面设计:刘　婷
责任校对:张会军
责任监印:周治超
出版发行:华中科技大学出版社(中国·武汉)　　　电话:(027)81321913
　　　　　武汉市东湖新技术开发区华工科技园　　邮编:430223
录　　排:华中科技大学惠友文印中心
印　　刷:武汉邮科印务有限公司
开　　本:889mm×1194mm　1/16
印　　张:10.25
字　　数:319千字
版　　次:2024 年 8 月第 1 版第 3 次印刷
定　　价:39.80 元

高等卫生职业教育护理专业"双证书"人才培养纸数融合系列教材

编委会

网络增值服务使用说明

欢迎使用华中科技大学出版社医学资源网yixue.hustp.com

1.教师使用流程

（1）登录网址：http://yixue.hustp.com（注册时请选择教师用户）

（2）审核通过后，您可以在网站使用以下功能：

管理学生

建立课程　　　　　　　　　布置作业

下载教学　　　　　　　　　　　查询学生学习
资源　　　　　教师　　　　　　记录等

2.学员使用流程

建议学员在PC端完成注册、登录、完善个人信息的操作。

（1）PC端学员操作步骤

①登录网址：http://yixue.hustp.com（注册时请选择普通用户）

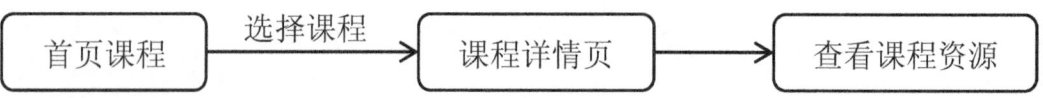

② 查看课程资源

如有学习码，请在个人中心-学习码验证中先验证，再进行操作。

首页课程　—选择课程→　课程详情页　→　查看课程资源

（2）手机端扫码操作步骤

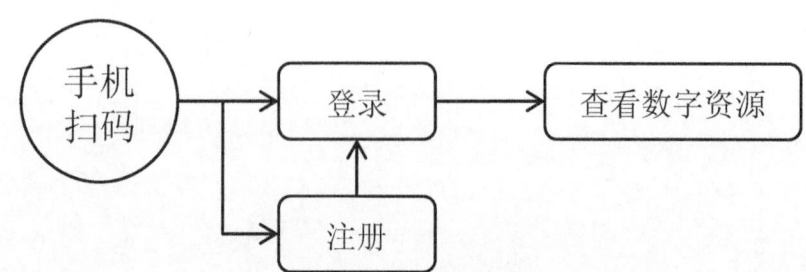

　　近年来,我国将发展职业教育作为重要的国家战略之一,高等职业教育已成为高等教育的重要组成部分,与此同时,作为高等职业教育重要组成部分的高等卫生职业教育的发展也取得了巨大成就,为国家输送了大批高素质技能型、应用型医疗卫生人才。截至 2016 年,我国开设护理专业的高职高专院校已达 400 余所,年招生规模近 20 万人,在校生近 65 万人。

　　医药卫生体制的改革要求高等卫生职业教育也应顺应形势调整目标,根据医学发展整体化的趋势,医疗卫生系统需要全方位、多层次、各种专业的医学专门人才。护理专业与临床医学专业互为羽翼,在维护人民群众身体健康、提高生存质量等方面起到了不可替代的作用。当前,我国正处于经济社会发展的关键阶段,护理专业已列入国家紧缺人才专业,根据国家相关机构颁布的《“健康中国 2030”规划纲要》《关于深化医教协同进一步推进医学教育改革与发展的意见》《全国护理事业发展规划(2016—2020年)》等一系列重要文件,到 2020 年我国对护士的需求将增加至约 445 万人,到 2030 年我国对护士的需求将增加至约 681 万人,平均每年净增加 23.6 万人,这为护理专业的毕业生提供了广阔的就业空间,也对高等卫生职业教育如何进行高素质技能型护理人才的培养提出了新的要求。

　　教育部《关于全面提高高等职业教育教学质量的若干意见》中明确指出,高等职业教育必须“以服务为宗旨,以就业为导向”。《中共中央国务院关于深化教育改革全面推进素质教育的决定》中再次强调“在全社会实行学业证书、职业资格证书并重的制度”。上述文件均为新时期我国职业教育的发展提供了具有战略意义的指导意见。为了全面落实职业教育规划纲要,更好地服务于高等医学职业教育教学,创新编写模式,服务“健康中国”对高素质创新技能型人才培养的需求,变“学科研究”为“学科应用与职业能力需求对接”。2018 年 8 月在全国卫生职业教育教学指导委员会专家和部分高职高专院校领导的指导下,华中科技大学出版社组织全国 30 余所高等卫生职业院校的近 200 位老师编写了本套高等卫生职业教育护理专业“双证书”人才培养纸数融合系列教材。

　　本套教材充分体现新一轮教学计划的特色,强调以就业为导向、以能力为本位、贴近学生的原则,体现教材的“三基”(基本理论、基本知识、基本实践技能)及“五性”(思想性、科学性、先进性、启发性和适用性)要求,着重突出以下编写特点。

　　(1)紧跟教改,接轨“双证书”制度。紧跟教育部教学改革步伐,引领职业教育教材发展趋势,注重学业证书和执业资格证书相结合,紧密围绕执业资格标准和工作岗位需要,提升学生的就业竞争力。

　　(2)创新模式,理念先进。创新教材编写体例和内容编写模式,迎合高职高专学生思维活跃的特点,体现“工学结合”特色。教材的编写以纵向深入和横向宽广为原则,突出课程的综合性,淡化学科界限,对课程采取精简、融合、重组、增设等方式进行优化,同时结合各学科特点,加强对学生人文素质的培养。

　　(3)优化课程体系,注重能力培养。内容体系整体优化,注重相关教材内容的联系和衔接,避免遗漏和不必要的重复;重视培养学生的创新、获取信息及终身学习的能力,实现高职教材的有机衔接与过渡作用,为中高衔接、高本衔接的贯通人才培养通道做好准备。

　　(4)紧扣大纲,直通护考。密切结合最新的护理专业课程标准,紧扣教育部制定的高等卫生职业教育教学大纲和最新护士执业资格考试大纲,随章节配套习题,全面覆盖知识点与考点,有效提高护士执业资格考试通过率。

(5) 全套教材采用全新编写模式,以扫描二维码形式帮助老师及学生在移动终端共享优质配套网络资源,使用华中科技大学出版社提供的数字化平台,将移动互联、网络增值、慕课等新的教学理念和教学技术、学习方式融入教材建设中,全面体现"以学生为中心"的教材开发理念。

这套规划教材作为秉承"双证书"人才培养编写理念的护理专业教材,得到了各学校的大力支持与高度关注,它将为新时期高等卫生职业教育护理专业的课程体系改革做出应有的贡献。我们衷心希望这套教材能在相关课程的教学中发挥积极作用,并得到读者的青睐。我们也相信这套教材在使用过程中,通过教学实践的检验和实际问题的解决,能不断得到改进、完善和提高。

高等卫生职业教育护理专业"双证书"人才培养
纸数融合系列教材编写委员会

　　国家重视职业教育,同时也大力倡导基础性研究,而生物化学正是医学类职业教育中一门重要的专业基础课,我们在编写此教材过程中力求做到既要把生物化学的知识深入浅出、联系临床和生活实际,简明扼要地介绍给学生,又要让学生打好基础,掌握生物化学的基本知识,为有能力深造的同学创造条件。

　　在每一章中,我们都明确了学习目标,对某些必要地方设置了知识拓展,既加深学生对知识点的了解,又大大增加了学习的趣味性,同时我们还在适当位置加入了案例解析,通过联系临床实际,加强学生对知识点的应用。为了进一步巩固知识,除绪论外,每一章的最后我们加入了相关目标检测,让学生通过习题操练,进一步加深对知识点的掌握。

　　为了让内容更直观、具体,教材中使用了大量的图表,这些图表有些借鉴其他相关教材,在此对参考教材的作者表示衷心的感谢!

　　我们在编写教材过程中力求:简单易懂,重点突出,针对职业院校学生特点,不要求面面俱到,更强调掌握基础性知识、与临床及生活密切相关的内容,形成简洁明快的教材风格,力戒深奥难懂、一味求全。

　　本书的编写分工情况如下:第一章、第三章、第九章由张海英老师编写;第二章、第四章由王明芳老师编写;第五章、第七章由宾巴老师编写;第六章由王锋老师编写;第八章、第十一章由王晓斐老师编写;第十章由付凤洋老师编写;第十二章、第十三章由贾祥捷老师编写。在编写过程中,每一位编者都本着质量第一、治学严谨、精益求精的态度,为本教材的顺利完成付出了辛勤的劳动,但限于学识水平,书中难免有不当之处,敬请同行专家和广大师生批评指正。

　　同时,我们也得到了华中科技大学出版社编辑的鼎力相助,在此一并表示谢意!

编者

目 录

MULU

第一章 绪 论

本章 PPT

学习目标

1. 掌握：生物化学的概念。
2. 熟悉：生物化学的研究对象、研究的主要内容。
3. 了解：生物化学的发展，生物化学与现代医学的关系。

生物化学（biochemistry）是研究生物体的化学组成及生命过程中化学变化规律的一门科学。它主要采用化学、物理学、数学、生理学、免疫学等原理和方法，从分子水平上研究生命现象的本质，故又称为生命的化学。近年来生物化学的迅猛发展，促进了医学及相关学科的发展，并形成了分子病理学、分子免疫学、分子遗传学等新的学科，因此生物化学已经成为生命科学的"共同语言"。

生物化学的研究对象是生物体，主要包括动物、植物和微生物。因此，根据研究对象可将生物化学分为动物生物化学、微生物生物化学、植物生物化学。医学生物化学是以人体为研究对象，也称为人体生物化学。它的主要任务是为提高人类健康水平和治疗疾病提供理论基础和技术手段。

第一节 生物化学的发展简史

生物化学的历史源远流长，早在公元前 21 世纪，我国人民已能够用曲（麴）造酒，称曲为酒母，即能促进谷物中的淀粉发酵转变成酒的媒介物。真正的系统研究始于 18 世纪，在 20 世纪初期生物化学才成为一门独立学科，并由此而得以迅猛、蓬勃发展。生物化学发展阶段的划分只是相对而言。

一、叙述生物化学阶段

从 18 世纪中叶至 19 世纪末，其主要工作是对生物体各组成成分进行分离、纯化、结构测定及理化性质的研究，分析和研究生物体的化学组成以及生物体的分泌物和排泄物。此期间对脂类、糖类及氨基酸的性质进行了比较系统的研究，发现了人类必需氨基酸、必需脂肪酸，发现了核酸、维生素和"溶性催化剂"等。

二、动态生物化学阶段

此阶段为生物化学蓬勃发展的时期。该时期的主要贡献：人们基本弄清了生物体内各种主要化学物质的代谢途径，包括糖代谢、脂肪酸代谢、三羧酸循环及尿素合成的鸟氨酸循环等。该阶段主要研究糖、脂类、蛋白质和核酸的新陈代谢及代谢过程中的能量转换和代谢调控。我国生物化学家吴宪在血液分析方面，创立了血滤液的制备及血糖的测定等方法，提出了蛋白质的变性理论。

三、分子生物学阶段

这一阶段的主要研究工作是探究各种生物大分子(biomacromolecules)的结构与其功能之间的关系,研究和阐明生长、分化、遗传、变异、衰老和死亡等基本生命活动的规律。这一时期提出了生物遗传信息传递的中心法则,发现了核酸与蛋白质组成的序列分析技术,出现了 DNA 重组技术、转基因技术、基因剔除技术和基因芯片技术等,使人类对疾病进行基因诊断和基因治疗成为可能。我国生物化学工作者于 1965 年首次人工合成了具有生物活性的蛋白质——结晶牛胰岛素,于 1981 年首次成功合成了酵母丙氨酰转运核糖核酸,为生物化学的发展做出了卓越的贡献。20 世纪 80 年代中期,人类基因组计划(human genome project,HGP)被提出,并于 1990 年正式启动,2001 年 2 月,包括中国在内的 6 国科学家共同协作完成人类基因组草图,为人类破解生命之谜奠定了坚实基础,为人类的健康和疾病研究带来根本性的变革。

第二节 生物化学研究的主要内容

一、生物体的化学组成

生物体是由物质成分按一定的规律和方式组成的,并且每一种化学物质在生物体内都有严格的比例和含量。现已测得人体含水 55% ~ 67%、蛋白质 15% ~ 18%、脂类 10% ~ 15%、无机盐 3% ~ 4% 和糖类 1% ~ 2% 等,除此之外,还有核酸、维生素和激素等多类化合物。通常,将相对分子质量大于 10^4 的生物分子称为生物大分子。蛋白质、核酸、多糖和复合脂类等是人体内重要的生物大分子。生物大分子的重要特征之一是具有信息功能,故又称为生物信息分子。

> **知识拓展**
>
> #### 人体的必需营养素
>
> 营养素(nutrient)指食物中可给人体提供能量、构成机体和组织修复以及具有生理调节功能的化学成分。凡是能维持人体健康及提供生长、发育和劳动所需的各种物质称为营养素。人体必需的营养素主要有六类:水、无机盐、糖、脂、蛋白质、维生素。

二、物质代谢及其调节

生物体的基本特征是新陈代谢,即机体与外环境的物质交换及维持其内环境的相对稳定。正常的物质代谢是生命过程的必要条件。物质代谢是机体与环境不断地进行物质交换,同时各种组成成分又时刻进行着有规律的化学变化。通过物质代谢为生命活动提供能量,使各组织的化学成分得到补充及更新。体内物质代谢的任何紊乱都可以干扰人体的正常功能活动,而引起疾病。人体内物质代谢中的绝大部分化学反应由酶催化,按照一定的代谢途径进行。各种物质代谢途径之间存在着密切而复杂的关系,为使各种物质代谢途径都能按照一定的规律有条不紊地进行,需要细胞内酶、激素和神经等整体性精确调节来完成。生物体内不同物质有各自的代谢途径,它们之间相对独立,又可经一些代谢连接点(共同代谢中间产物)相互交叉贯通,从而形成相互联系而且复杂的代谢网络,并由此实现物质间的相互转变。

三、基因信息的传递及表达

DNA 是储存遗传信息的物质。基因即 DNA 分子中的功能片段,它能进行自我复制和基因表达,

编码不同的 RNA 和指导蛋白质的合成。基因信息传递涉及遗传、变异、生长、分化等生命过程,也与遗传性疾病、肿瘤、心血管疾病的发生密切相关,在生命科学中有着重要作用。

第三节　生物化学与现代医学

生物化学是从分子水平研究人体生命机能活动的化学机制以及疾病过程中的生物化学相关问题,与医学密切联系。主要表现在以下几个方面。

一、生物化学与医学

生物化学是医学的重要组成部分,与医学各学科有着不同程度的联系,它使生理学、微生物与免疫学、药理学、遗传学、病理学等基础学科彼此联系,相互渗透。随着生物化学和分子生物学的迅速发展,疾病基因相关克隆、PCR、分子探针、基因工程、酶工程等新的诊断技术和治疗方法应用于临床,将有利于人们对恶性肿瘤、遗传性疾病、代谢异常疾病、心血管疾病、神经系统疾病、免疫缺陷性疾病和传染性疾病等重大疾病本质的认识,并对这些疾病的发病原因及机制、诊断、治疗和预防取得重大突破。

二、生物化学与护理职业

现代护理人才应具备护理专业基础理论知识和基本操作技能,要具有执行护理程序即评估、诊断、计划、实施和评价的能力,具有对常见病和多发病病情及用药反应的观察及处理、对危急重症患者进行应急处理和配合抢救的能力,生物化学作为医学的基础课程,提供认识健康、维持健康的基本知识,并为认识疾病、治疗疾病提供理论依据,也为开展护理评估、护理措施及护理评价提供有效帮助。

参 考 文 献

[1] 艾旭光,王春梅.生物化学基础[M].3版.北京:人民卫生出版社,2015.
[2] 周剑涛,杨胜萍,谭红军.生物化学[M].北京:中国协和医科大学出版社,2013.
[3] 赵汉芬.生物化学[M].2版.北京:人民卫生出版社,2011.
[4] 张又良,郭桂平.生物化学[M].北京:人民卫生出版社,2016.

(张海英)

第二章　蛋白质化学

学习目标

1. 掌握：蛋白质的元素组成及特点、氨基酸分类、蛋白质的理化性质、蛋白质变性等概念。
2. 熟悉：氨基酸的两性解离与等电点，蛋白质的结构层次。
3. 了解：维系蛋白质各级结构的次级键及蛋白质结构与功能的关系。

蛋白质(protein)是自然界所有生命的物质基础，是生物有机大分子，是构成一切细胞、组织的基本有机物，是生命活动的主要支撑者。它是与生命及各种形式的生命活动紧密联系在一起的物质。从组成简单的低等生物到构造复杂的高等生物都含有蛋白质。例如病毒，最简单的生物，它的组成成分除了核酸外几乎都是蛋白质。此外，自然界还有一种只含蛋白质的朊病毒。同时蛋白质是生物体内含量最多的有机物，一般情况下，占人体重量的16%~20%，即一个体重60 kg的成年人，其体内含有蛋白9.6~12 kg。

蛋白质的基本组成单位是氨基酸。蛋白质在人体内的种类繁多，性质、功能各异。但它们都是由20多种氨基酸(amino acid)按不同比例缩合而成的，并在体内不断进行代谢与更新。每一种蛋白质在生物体内具有特殊的生理功能。例如，维持肌体正常新陈代谢和各类物质在体内的输送的载体蛋白，其中，血红蛋白——输送氧(红细胞更新速率250万/秒)、脂蛋白——输送脂肪、细胞膜上的受体还有转运蛋白等；具有催化和调节功能的各种酶；组成各种组织细胞的基本结构成分的结构蛋白，如结缔组织的胶原蛋白、血管和皮肤的弹性蛋白、膜蛋白等；具有保护、免疫功能的凝血酶原、免疫球蛋白；具有收缩和运动功能的肌动蛋白、肌球蛋白。此外，生物的繁殖、遗传、发育和生长等都与蛋白质的功能密切相关。可以说，没有蛋白质就没有生命。

第一节　蛋白质的分子组成

一、蛋白质的元素组成

蛋白质是生物大分子，结构复杂而且相对分子质量较大。元素分析得出组成蛋白质的元素主要有C、H、O、N，大部分还含有S，部分蛋白质还有少量的P、I和Fe、Zn、Mn、Cu、B、Mo等金属元素。其中主要元素的含量分别为碳(50%~55%)、氢(6%~7%)、氧(19%~24%)、氮(13%~19%)。各种蛋白质含氮量相当恒定，平均为16%，即100 g蛋白质中平均含氮16 g，故每克氮相当于6.25 g蛋白质，因此在实际的检测工作中利用凯氏定氮法测得蛋白质样品中氮的含量乘6.25，即可按下式推算出蛋白质的含量。

$$100\text{ g样品蛋白质含量}(\%)=\text{样品中氮含量}(g/g)\times6.25\times100$$

二、蛋白质的基本组成单位

经科学验证,无论何种蛋白质,其最终水解产物均是氨基酸,因而,蛋白质的基本组成单位是氨基酸。

(一)氨基酸的结构

普遍存在于自然界中的氨基酸有 300 多种,而合成人体内蛋白质的氨基酸却仅有 20 种。它们不存在个体和物种差异,组成蛋白质时可以通用,其中脯氨酸为 α-亚氨基酸,其他的都属于 α-氨基酸(图 2-1),即它们有一个氨基和一个羧基结合在 α-碳原子上。

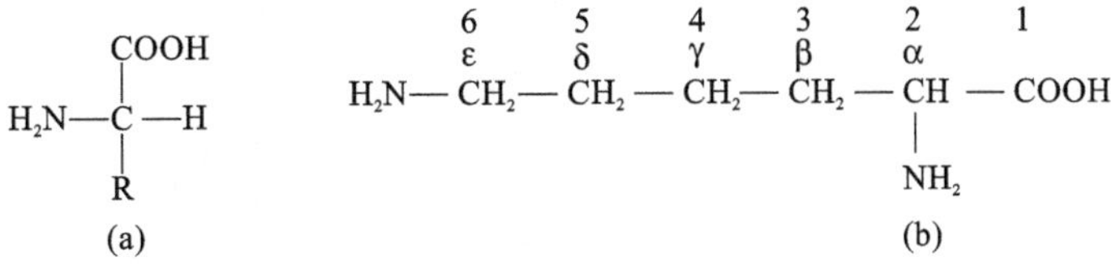

$$
\begin{array}{ll}
\text{COOH} & \quad \overset{6}{\varepsilon}\quad \overset{5}{\delta}\quad \overset{4}{\gamma}\quad \overset{3}{\beta}\quad \overset{2}{\alpha}\quad \overset{1}{} \\
\text{H}_2\text{N}-\text{C}-\text{H} & \text{H}_2\text{N}-\text{CH}_2-\text{CH}_2-\text{CH}_2-\text{CH}_2-\text{CH}-\text{COOH} \\
\quad\quad\ \text{R} & \quad\quad\quad\quad\quad\quad\quad\quad\quad\quad\quad\quad\quad\quad\quad \text{NH}_2 \\
\quad\ (a) & \quad\quad\quad\quad\quad\quad\quad\quad\quad\quad\quad\quad\quad\ (b)
\end{array}
$$

图 2-1 α-氨基酸的结构和碳原子的编号

在符合以上通式的 19 种氨基酸中,除甘氨酸外,其余氨基酸的 α-碳原子均为不对称碳原子,故有 L 构型和 D 构型之分。组成人体蛋白质的氨基酸(除甘氨酸和脯氨酸)都是 L-α-氨基酸。它们的区别在于其侧链 R 基团不同。构成天然蛋白质的氨基酸分子多为 L 构型。

(二)氨基酸的分类

(1)根据氨基酸侧链 R 基团的理化性质与结构的差异,氨基酸可分成以下四类(表 2-1,图 2-2)。

表 2-1 标准氨基酸的分类与性质

类型	中文名称	英文缩写	符号	相对分子质量	等电点
非极性疏水性氨基酸	甘氨酸	Gly	G	75	5.97
	丙氨酸	Ala	A	89	6.01
	缬氨酸	Val	V	117	5.97
	亮氨酸	Leu	L	131	5.98
	异亮氨酸	Ile	I	131	6.02
	脯氨酸	Pro	P	115	6.48
	甲硫氨酸	Met	M	149	5.74
	苯丙氨酸	Phe	F	165	5.48
	色氨酸	Trp	W	204	5.89
极性中性氨基酸	酪氨酸	Tyr	Y	181	5.66
	丝氨酸	Ser	S	105	5.68
	苏氨酸	Thr	T	119	5.87
	半胱氨酸	Cys	C	121	5.07
	天冬酰胺	Asn	N	132	5.41
	谷氨酰胺	Gln	Q	146	5.65
碱性氨基酸	赖氨酸	Lys	K	146	9.74
	精氨酸	Arg	R	174	10.76
	组氨酸	His	H	155	7.59
酸性氨基酸	天冬氨酸	Asp	D	133	2.77
	谷氨酸	Glu	E	147	3.22

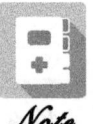

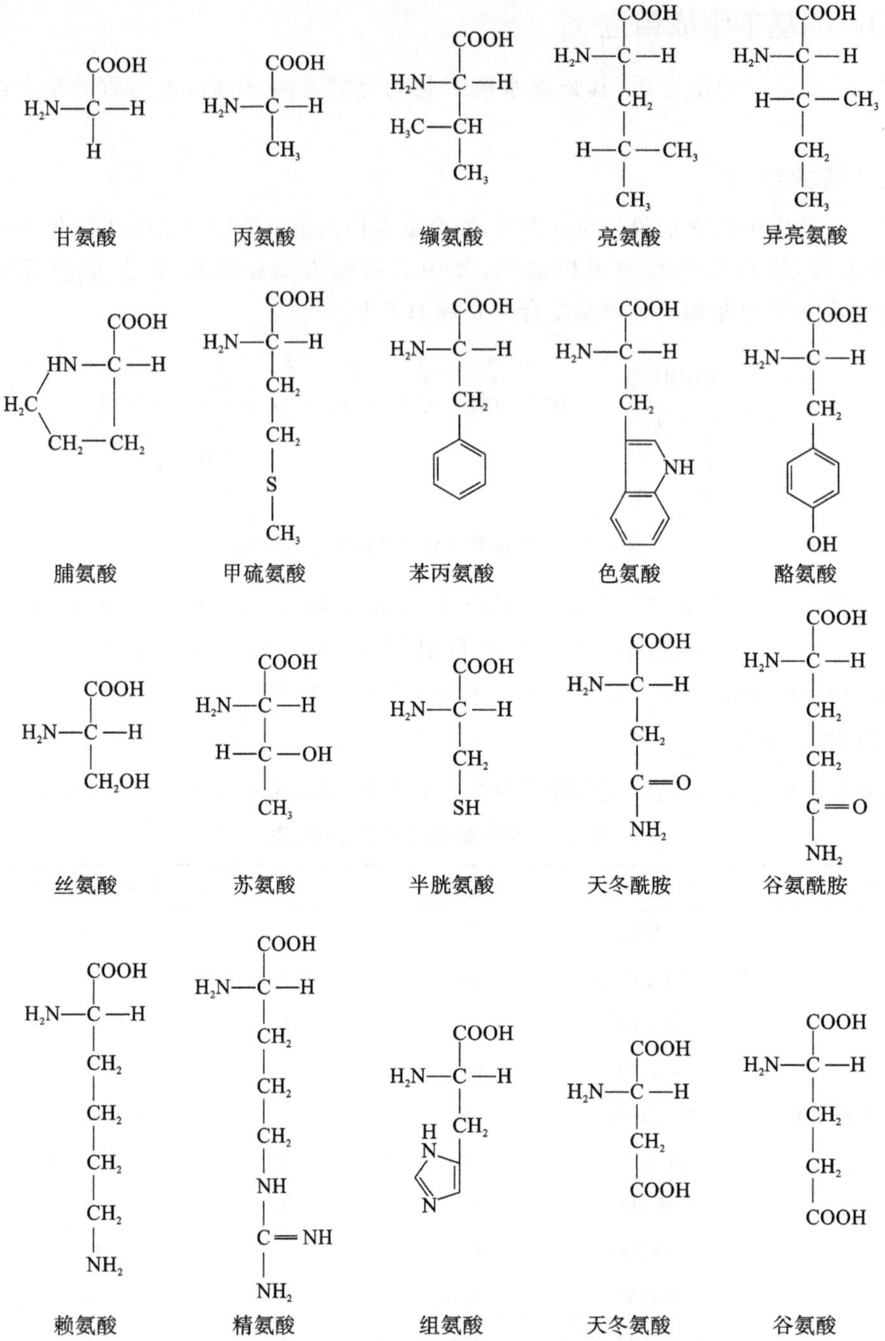

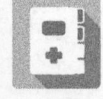

甘氨酸　　丙氨酸　　缬氨酸　　亮氨酸　　异亮氨酸

脯氨酸　　甲硫氨酸　　苯丙氨酸　　色氨酸　　酪氨酸

丝氨酸　　苏氨酸　　半胱氨酸　　天冬酰胺　　谷氨酰胺

赖氨酸　　精氨酸　　组氨酸　　天冬氨酸　　谷氨酸

图 2-2　标准氨基酸的分子结构

①非极性疏水性氨基酸：这类氨基酸的侧链 R 是非极性疏水基团，一共有 9 种，包括甘氨酸、丙氨酸、缬氨酸、亮氨酸、异亮氨酸、苯丙氨酸、脯氨酸、甲硫氨酸、色氨酸，其中甘氨酸无疏水性。

②极性、中性氨基酸：这类氨基酸侧链 R 具有亲水性，在中性环境下的水溶液中不电离，可与水形成氢键(半胱氨酸除外)，较易溶于水的特点。这类氨基酸包括丝氨酸、苏氨酸、半胱氨酸、天冬酰胺、谷氨酰胺、酪氨酸。

③碱性氨基酸：这类氨基酸一共有 3 种侧链 R 基团，分别含氨基、胍基、咪唑基，能结合质子而带正电荷，即赖氨酸、精氨酸、组氨酸。

④酸性氨基酸：这类氨基酸侧链 R 含羧基，在一定条件下可以电离出质子而带负电荷，包括天冬氨酸、谷氨酸。

(2) 根据其是否能在人体内合成，氨基酸可分为以下三类。

①必需氨基酸：人体内不能合成，需要从食物中摄入，包括赖氨酸、色氨酸、苯丙氨酸、缬氨酸、亮氨酸、异亮氨酸、甲硫氨酸。

②半必需氨基酸：体内能合成，但不能满足人的需求，有一部分需要从食物中摄入，包括精氨酸、组氨酸。

③非必需氨基酸：人体能合成，也能满足自身的需求，包括甘氨酸、丙氨酸、脯氨酸、丝氨酸、苏氨酸、半胱氨酸、天冬酰胺、谷氨酰胺、酪氨酸、天冬氨酸。

（3）根据分子中烃基的结构不同，氨基酸可分为脂肪族氨基酸、芳香族氨基酸和杂环氨基酸三类。

三、氨基酸的理化性质

（一）氨基酸的一般物理性质

氨基酸为无色晶体，比一般有机化合物的熔点高很多。α-氨基酸有酸、甜、苦、鲜4种不同味感。氨基酸一般易溶于中性水溶液、酸溶液和碱溶液，在水中的溶解度各不相同，不溶或微溶于乙醇或乙醚等有机溶剂。

（二）氨基酸的光学性质

根据氨基酸的光谱吸收分析，在 280 nm 波长附近色氨酸和酪氨酸存在吸收峰。

（三）氨基酸的化学性质

1. 氨基酸的两性

所有的氨基酸都含有特征基团——氨基和羧基，因而在水溶液中可以结合质子而带正电荷，也可以给出质子而带负电荷，这种电离特性称为氨基酸的两性电离，因此，氨基酸是两性电解质，其所处溶液的酸碱度决定其解离方式（图 2-3）。

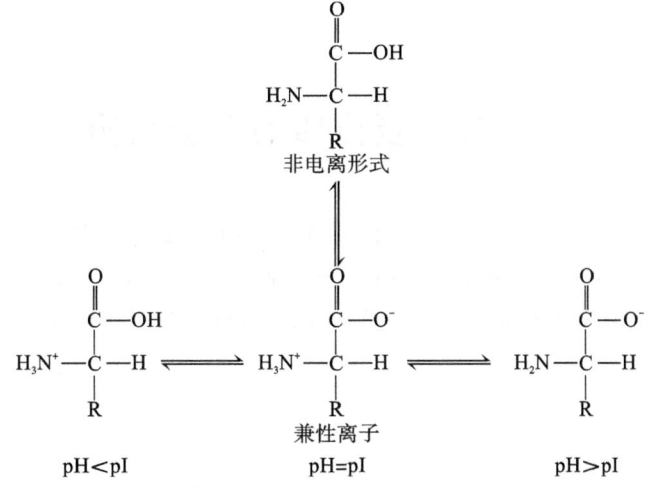

图 2-3　氨基酸的两性电离

在一定的 pH 溶液中，氨基酸解离成阳离子和阴离子的趋势相等，呈电中性，此时溶液的 pH 称为该氨基酸的等电点（pI）。

2. 茚三酮反应

氨基酸与水合茚三酮试剂加热发生反应，产物为蓝紫色化合物。在 570 nm 波长处，该化合物有最大吸收峰，可用于氨基酸的定量分析（图 2-4）。

四、蛋白质分类

（一）根据组成成分分类

1. 单纯蛋白质

完全由氨基酸组成的蛋白质称为单纯蛋白质。

·生物化学·

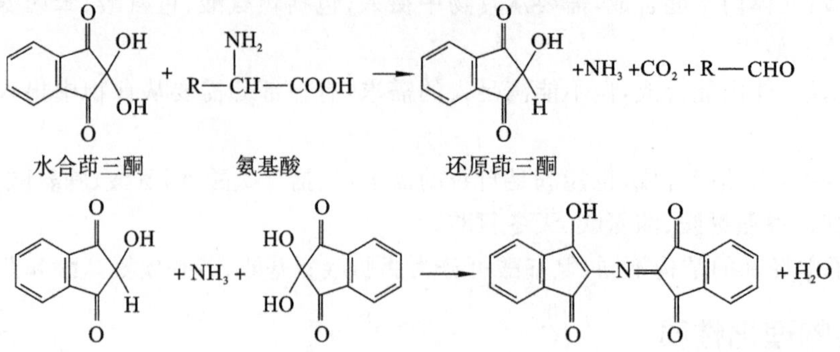

图 2-4　茚三酮反应

2. 结合蛋白质

蛋白质含有非氨基酸成分,称为结合蛋白质,其所含非氨基酸成分称为辅基。结合蛋白质根据辅基不同又可分为核蛋白(辅基为核酸)、脂蛋白(辅基为脂类)、糖蛋白(辅基为糖类)、色蛋白(辅基为色素)、磷蛋白(辅基为磷酸)、金属蛋白(辅基为金属离子)等。

(二) 根据分子形状分类

1. 球状蛋白质

分子近似球状或椭圆状,多数可溶于水,许多具有生物活性的蛋白质如酶、血红蛋白、免疫球蛋白、蛋白类激素等都属于球状蛋白质。

2. 纤维状蛋白质

形状似纤维状,难溶于水,多属于结构蛋白质。如骨、皮肤、结缔组织中的胶原蛋白,毛发、指甲中的角蛋白,血管壁的弹性蛋白等。

第二节　蛋白质的分子结构

蛋白质是由氨基酸通过肽键连接而成的生物大分子。种类、数量和排列顺序不同的氨基酸通过连接形成功能繁多、结构复杂的蛋白质分子。蛋白质分子结构分为一级、二级、三级和四级结构。其中一级结构为蛋白质的初级结构或基本结构,其他级别的结构统称为高级结构或空间结构。

一、肽

(一) 肽与肽键

一个氨基酸的 α-羧基和另一个氨基酸的 α-氨基之间缩合脱水形成的酰胺键称为肽键。氨基酸通过肽键连接而成的化合物即为肽。它是氨基酸的链状聚合物,其具体缩合反应如图 2-5 所示。

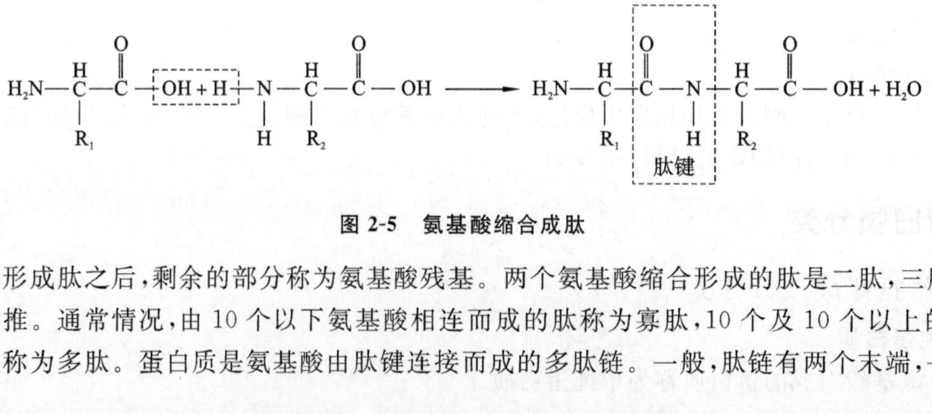

图 2-5　氨基酸缩合成肽

氨基酸形成肽之后,剩余的部分称为氨基酸残基。两个氨基酸缩合形成的肽是二肽,三肽、四肽、多肽等依此类推。通常情况,由 10 个以下氨基酸相连而成的肽称为寡肽,10 个及 10 个以上的氨基酸相连而成的肽称为多肽。蛋白质是氨基酸由肽键连接而成的多肽链。一般,肽链有两个末端,一端含游离

 Note

8

的 α-氨基,称为氨基末端(N-末端);另一端含游离的 α-羧基,称为羧基末端(C-末端)。肽链两个末端的方向性,通常把 N-末端写在左侧,C-末端写在右侧,如图 2-6 所示。

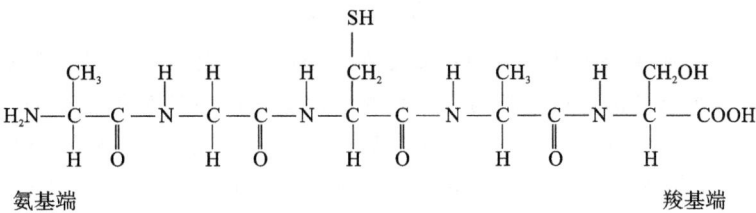

图 2-6　肽链的两个末端

(二)体内一些重要的肽

1. 抗氧化剂——谷胱甘肽

还原型谷胱甘肽(glutathione,GSH)是一种特殊的三肽,是一种非常重要的抗氧化剂（图 2-7）。

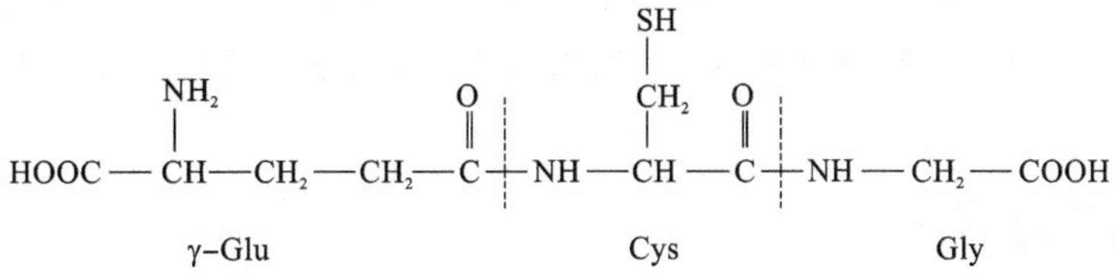

图 2-7　还原型谷胱甘肽

2. 激素

例如,由脑垂体后叶分泌,在分娩时刺激子宫肌肉收缩,并加速乳汁从乳房中流出的 9 肽催产素;促甲状腺激素释放激素是一种 3 肽,刺激促甲状腺激素从垂体前叶释放;由胰腺合成的胰高血糖素为 29 肽;来自垂体前叶的促肾上腺皮质激素是 39 肽,它作用于肾上腺皮质。

3. 其他重要的肽

一些剧毒的蘑菇毒素也是小分子肽。部分抗生素也是肽类。

二、蛋白质的一级结构

(一)概念

蛋白质的一级结构是指蛋白质多肽链中氨基酸的排列顺序。基因的遗传信息决定了这种排列顺序。蛋白质一级结构是蛋白质空间结构的基础,肽键是维持蛋白质一级结构的作用力。

(二)蛋白质的一级结构举例

图 2-8 所示为牛胰岛素的一级结构,它含 A、B 两条肽链,A 链有 21 个氨基酸残基,B 链有 30 个氨基酸残基,此外含 6 个半胱氨酸,构成 3 个二硫键,其中 2 个在 A、B 链之间,A 链上还有一个二硫键(两个半胱氨酸残基上的巯基脱氢氧化生成的)。牛胰岛素是第一个阐明一级结构的蛋白质,也是第一个人工合成的蛋白质。

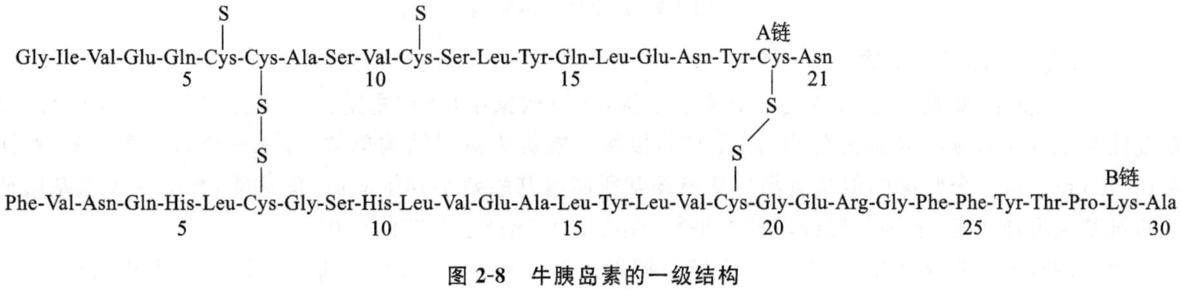

图 2-8　牛胰岛素的一级结构

Note

胰　岛　素

　　胰岛素于 1921 年由加拿大人 F. G. 班廷和 C. H. 贝斯特首先发现。1922 年开始用于临床,使过去不治的糖尿病患者得到救治。中国科学院肾病检测研究所直至 20 世纪 80 年代初,用于临床的胰岛素几乎都是从猪、牛胰脏中提取的。1955 年英国 F. 桑格小组测定了牛胰岛素的全部氨基酸序列,开辟了人类认识蛋白质分子化学结构的道路。1965 年 9 月 17 日,中国科学家人工合成了具有生物活性的结晶牛胰岛素,它是第一个在实验室中用人工方法合成的蛋白质,稍后美国和联邦德国的科学家也完成了类似的工作。

　　20 世纪 70 年代初期,英国和中国的科学家又成功地用 X 射线衍射方法测定了猪胰岛素的立体结构。这些工作为深入研究胰岛素分子结构与功能关系奠定了基础。人们用化学全合成和半合成方法制备类似物,研究其结构改变对生物功能的影响;进行不同种属胰岛素的比较研究;研究异常胰岛素分子病,即由于胰岛素基因的突变使胰岛素分子中个别氨基酸改变而产生的一种分子病。这些研究对于阐明某些糖尿病的病因也具有重要的实际意义。

三、蛋白质的空间结构

(一) 蛋白质的二级结构

1. 概念

　　蛋白质的二级结构是指多肽链主链骨架原子在多个局部折叠、盘曲而形成的有规律的、重复出现的空间结构。它不涉及侧链上原子在空间的排布。稳定二级结构的主要作用力是主链内或主链间的氢键。蛋白质的二级结构形成方式包括 α-螺旋、β-折叠、β-转角和无规则卷曲,其中 α-螺旋和 β-折叠是最常见的蛋白质二级结构中的构象形式。

2. 二级结构形成的基础 —— 肽键平面

　　共价键在肽链构象中起着重要作用。在多肽链中,肽键酰胺氮的孤电子对与羰基的 π 键电子对存在部分共享(共振,图 2-9),肽的 C—N 键具有一定的双键性质,无法自由旋转,致使肽键的 6 个原子处于同一平面上,称为肽键平面。虽然其中两个 α-碳原子位于反式位置。但 N—Cᵃ 键和 Cᵃ—C 键可以旋转,所以肽链主链是由一个个刚性肽单元平面通过 α-碳原子串接形成的,主链构象的形成与改变是通过刚性平面围绕 α-碳原子的旋转实现的。

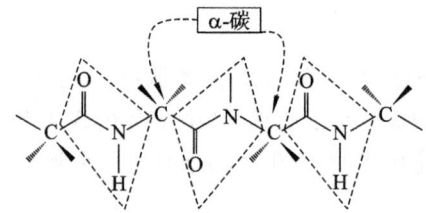

图 2-9　肽键的共振结构

3. 二级结构的基本形式

　　(1) α-螺旋:α-螺旋(α-helix)是一个棒状结构,在该构象中,肽链主链沿一维方向形成右手螺旋,螺旋直径为 0.5 nm,侧链 R 向外伸出(图 2-10),以每一螺旋为重复结构单位,含 3.6 个氨基酸残基,螺距为 0.54 nm。每一个肽键的羰基氧都与从该羰基所属氨基酸残基开始向后(羰基端)数第 5 个氨基酸残基的氨基氢形成氢键,氢键与螺旋轴基本平行(图 2-11),起稳定螺旋的作用。

　　(2) β-折叠:多肽链中的局部肽段,主链呈锯齿形伸展状态,数股平行排列可形成裙褶样结构,称为β-折叠(β-sheet,图 2-12)。肽链上相邻侧链 R 交错排列在折叠平面的两侧,肽键之间形成氢键,与肽链走向垂直或接近垂直,是维持 β-折叠的主要作用力。

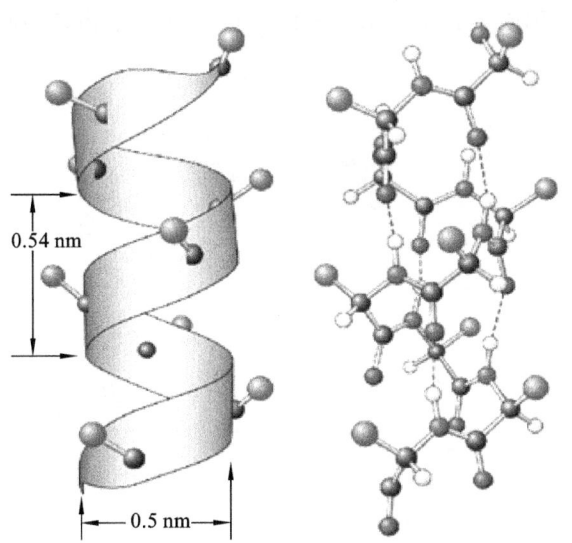

图 2-10 α-螺旋的结构

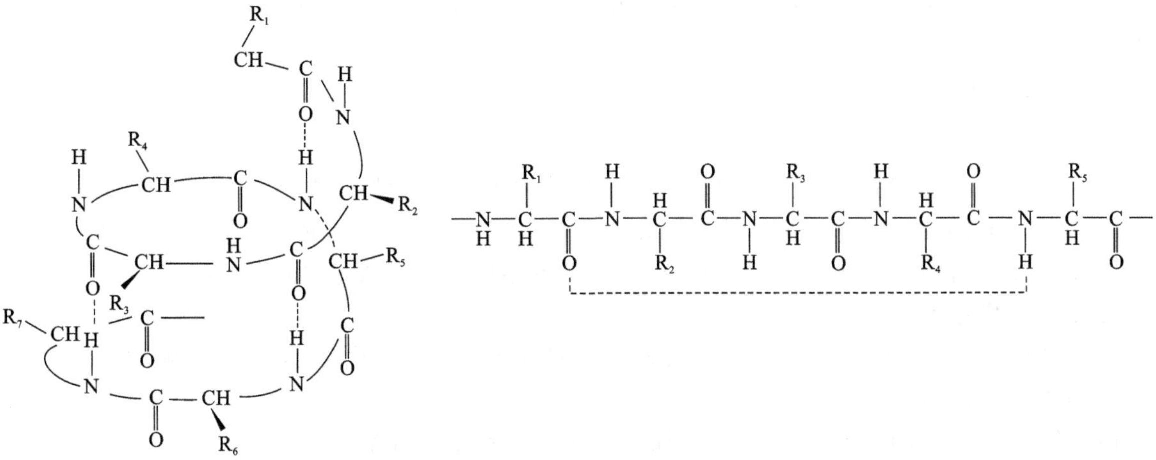

图 2-11 α-螺旋氢键的位置

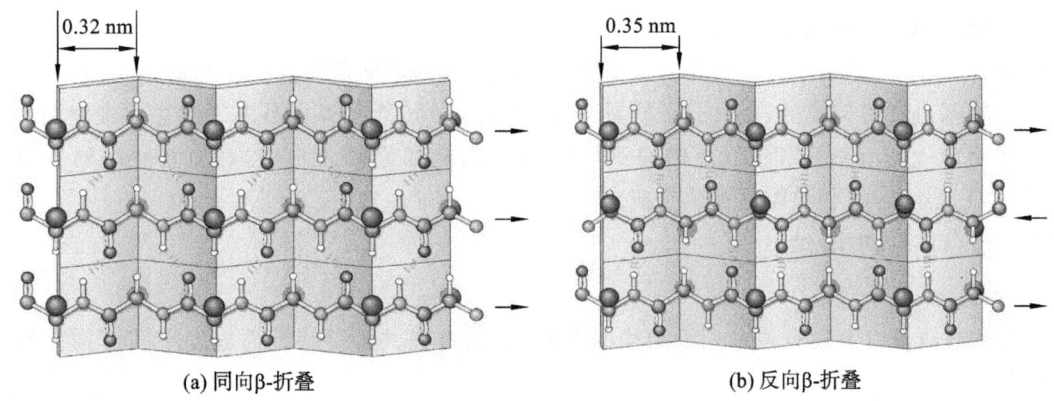

(a) 同向β-折叠　　　　　　　　　　(b) 反向β-折叠

图 2-12 β-折叠

（3）β-转角：球蛋白是多肽链紧密折叠形成的，所以肽链经常要通过转折180°改变走向，将转折点的结构称为β-转角（β-turn）。综合分析已经研究清楚的蛋白质的二级结构，发现有1/3的氨基酸残基构成β-转折。β-转角由四个氨基酸残基构成，第一残基羰基氧与第4残基氨基氢形成氢键（图2-13，图中 i 表示氨基酸残基在肽链中的编号），中间两个残基的肽键部分不形成肽链氢键，但因为β-转折大多处于蛋白质分子表面，所以该肽键将与水分子形成氢键。甘氨酸最小，α-碳原子转动自由度很大，常出现在

β-转折第三氨基酸位;脯氨酸则因为其亚氨基构成的肽键为顺式结构,特别有利于转折的形成,常出现在β-转折第二氨基酸位。

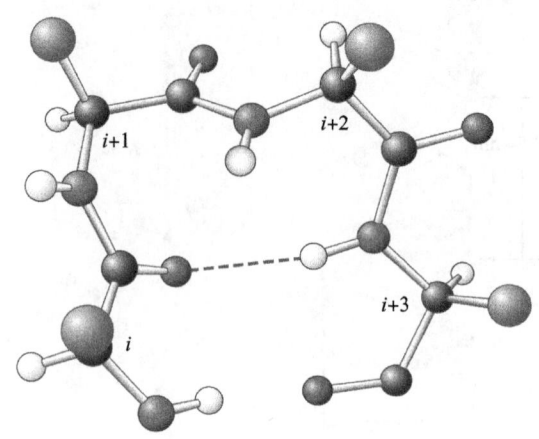

图 2-13 β-转折中的氢键

（4）无规则卷曲:蛋白质多肽链的空间结构中还存在一些没有规律性构象的肽段,这类构象称为无规则卷曲。

（二）蛋白质的三级结构

1. 概念

蛋白质的三级结构是指构成蛋白质多肽链的所有原子的空间排布,包括所有主链和侧链的构象。一条完整的蛋白质多肽链中彼此远离的一些氨基酸残基通过非共价键及少量共价键（如二硫键）结合,使多肽链在二级结构基础上进一步折叠形成特定的空间结构,这就是蛋白质的三级结构。

2. 三级结构的特点

三级结构的蛋白质分子是紧密的球状或椭圆状,疏水基团在分子内部,不与水接触;亲水基团在分子表面,形成紧密结构。

由一条肽链构成的蛋白质,只有具有三级结构时,才具有生物活性。

3. 维持蛋白质三级结构的作用力

三级结构由许多氢键、疏水键、部分离子键等次级键和少量共价键——二硫键等维持稳定。

4. 三级结构举例——肌红蛋白

肌红蛋白（myoglobin,Mb）是哺乳动物细胞（主要是肌细胞）储存和分配氧的蛋白质,它是由一条多肽链和一个辅基血红素构成的,相对分子质量为 16 700,含 153 个氨基酸残基。除去血红素的脱辅基肌红蛋白称珠蛋白（globin）,它和血红蛋白的亚基（α-珠蛋白链和 P-珠蛋白链）在氨基酸序列方面具有明显的同源性,它们的构象和功能也极其相似。

（三）蛋白质的四级结构

1. 相关概念

（1）两条或两条以上具有独立三级结构的多肽链,通过非共价键缔合而成的空间结构称为蛋白质的四级结构。

（2）每一条具有相对独立三级结构的肽链称为该蛋白质的一个亚基。亚基按特定的空间排布结合在一起,构成该蛋白质的四级结构。

（3）如果一个蛋白质分子内的肽链之间存在共价键连接,则每一条链都没有独立的三级结构,不能称为亚基,该蛋白质也不具有四级结构。以胰岛素为例,它虽然含两条肽链,但两条链之间存在两个二硫键,所以胰岛素没有四级结构。

2. 举例——血红蛋白

血红蛋白由四条肽链构成,两条 α 链,两条 β 链（这里 α、β 不是指蛋白质的二级结构）,每条链都是

它的一个亚基。四条肽链通过非共价键结合在一起,其中 α 与 β 配对。用尿素小心处理血红蛋白可以得到两个(αβ)二聚体,所以血红蛋白是由空间结构完全相同的两个(αβ)原体构成的。

知识链接

血 红 蛋 白

血红蛋白又称血色素,是红细胞的主要组成部分,能与氧结合,运输氧和二氧化碳。血红蛋白含量能很好地反映贫血程度。

四、维持蛋白质构象的主要作用力

维持蛋白质构象的作用力是亚基之间所形成的次级键,包括氢键、二硫键、疏水键、离子键,如图 2-14 所示。

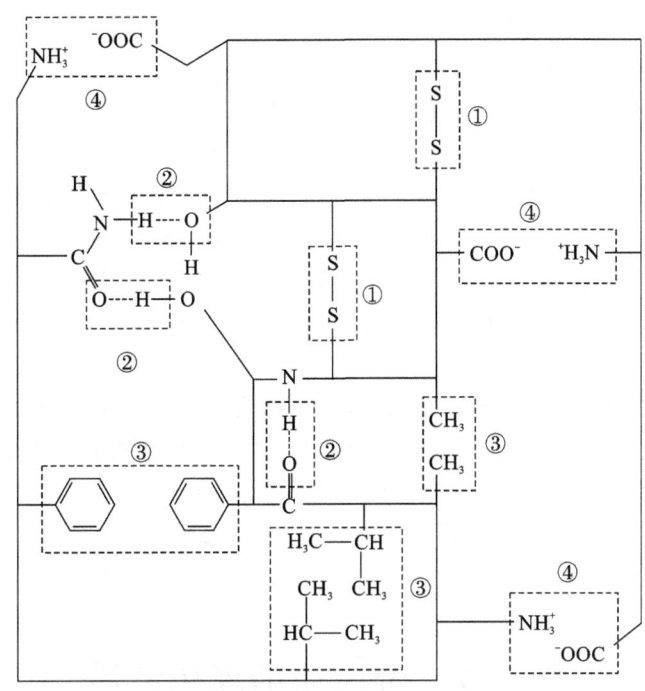

①二硫键 ②氢键 ③疏水键 ④离子键

图 2-14 维持蛋白质构象的各种作用力

五、蛋白质的结构与功能的关系

(一) 蛋白质的一级结构与其构象及功能的关系

1. 蛋白质的一级结构决定其构象

每一种蛋白质分子都有自己特定的一级结构,而一级结构包含指导其形成天然构象所需的全部信息。大量的研究发现,蛋白质的一级结构差异越小,其空间结构及功能的相似性就越高。

2. 同源蛋白质存在序列同源现象

不同种属来源的一些氨基酸序列非常相似,构象也相似,功能也一致的蛋白质称为同源蛋白质。

3. 改变蛋白质的一级结构可以直接影响其功能

基因突变可以改变蛋白质的一级结构,从而改变蛋白质的生理活性甚至生理功能而导致疾病。如生物界广泛存在的细胞色素 C,若其蛋白质关键位置的氨基酸残基被替换,哪怕只改变一个,对其功能的影响也很大;再如胰岛素分子 B 链第 24 位的苯丙氨酸被亮氨酸取代,胰岛素将成为活性很低的激素分子,因而不能降血糖;又如镰刀形细胞贫血症就是由血红蛋白分子中 β 链第 6 位谷氨酸被缬氨酸取代

造成的。这种由于基因突变而导致蛋白质分子结构发生改变或某种蛋白质缺乏而引起的疾病称为分子病。

知识链接

镰刀形细胞贫血症

镰刀形细胞贫血症是 20 世纪初才被人们发现的一种遗传病。1910 年,一个黑人青年到医院看病,他的症状是发烧和肌肉疼痛,经过检查发现,他患的是当时人们尚未认识的一种特殊的贫血症,他的红细胞不是正常的圆饼状,而是弯曲的镰刀状。后来,人们就把这种病称为镰刀形细胞贫血症。镰刀形细胞贫血症主要发生在黑色人种中,在非洲黑人中的发病率最高,在意大利、希腊等地中海沿岸国家和印度等地,发病人数也不少,在我国的南方地区也发现有这类病例。

(二)蛋白质空间构象与功能的关系

(1)空间构象不同,蛋白质功能不同。

(2)空间构象改变,蛋白质功能改变:如血红蛋白的别构效应。

(3)空间构象破坏,蛋白质功能丧失:如核糖核酸酶的变性与复性。

蛋白质分子空间结构和生理功能的关系十分密切,如指甲和毛发中的角蛋白。分子中含有大量的 α-螺旋二级结构,因此性质稳定、坚韧又富有弹性,这是和角蛋白的保护功能分不开的。丝心蛋白正因为分子中富含 β-折叠结构,因此分子伸展,而蚕丝柔软却没有多大的延伸性。

不同的酶催化不同的底物发生不同的反应,即酶的特异性与不同的酶具有各自不同且独特的空间结构密切有关。

生物体的各种蛋白质都有其特定的空间结构,而这种构象与功能相适应。不同来源的胰岛素尽管氨基酸组成有差别,但若空间结构相似,其功能也相似。即便一级结构有较大的差异,它们的空间结构相似,功能也可能相似,例如人的血红蛋白、昆虫的血红蛋白和大豆的血红蛋白,一级结构有较大的差异,结构相似性小于 20%,但它们空间结构相似,执行的功能也相似。

第三节　蛋白质的理化性质

一、蛋白质的两性电离

蛋白质是两性电解质。组成蛋白质的多肽链含有氨基酸残基,其两端分别有一个游离的 α-氨基和 α-羧基,它们都能电离,侧链存在可电离基团。

在溶液中,溶液的 pH 及分子中酸、碱性基团的数量和比例决定了蛋白质的存在状态,即呈阳离子、阴离子还是两性离子。

$$H_3N^+—Pr—COOH \underset{H^+}{\overset{OH^-}{\rightleftharpoons}} H_3N^+—Pr—COO^- \underset{H^+}{\overset{OH^-}{\rightleftharpoons}} H_2N—Pr—COO^-$$

$$pH<pI \qquad\qquad pH=pI \qquad\qquad pH>pI$$

如果蛋白质溶液中所有蛋白质分子的净电荷为零,则该溶液的 pH 为该蛋白质的等电点。实际工作中常利用这一特性分离和研究氨基酸、多肽和蛋白质,比如各种电泳和层析技术。生物体内各种蛋白质的等电点各不相同,但多数低于体液 pH,所以一般情况下,蛋白质在体液中带负电荷。

二、蛋白质的高分子性质

（一）蛋白质溶液是胶体溶液

蛋白质分子是生物大分子，其直径已经达到胶体颗粒大小的范围（1～100 nm），之所以能够形成溶液，主要是存在两个稳定因素：电荷与水化膜。生理 pH 下的绝大多数蛋白质带负电荷，同性电荷使蛋白质分子互相排斥，不易形成可以沉淀的大颗粒；蛋白质多肽链中的极性氨基酸残基大都处于分子表面，它们可以与水形成氢键，从而在分子表面包裹一层结合水，在蛋白质分子之间起到隔离作用。

（二）透析

利用透析袋把大分子与小分子物质分开的方法称为透析（dialysis）。蛋白质是大分子物质，不能透过半透膜。科研工作中常利用该特性透析去除溶剂水，浓缩蛋白质（或其他大分子）溶液；或去除小分子电解质，达到纯化蛋白质等大分子物质的目的。血浆与组织间液之间的相对胶体渗透压主要是由血浆清蛋白（又称白蛋白）维持的。血浆蛋白减少会导致水大量潴留于组织间液，引起浮肿。

（三）沉降

蛋白质颗粒的密度比水大，在溶液中有下沉的趋势。但水分子对蛋白质颗粒的不断碰撞使之发生布朗运动，足以抵消重力沉降势力，使蛋白质维持均相溶液状态。然而，如果通过超高速离心技术制造重力场，增加其相对重力，蛋白质颗粒则会克服布朗运动，沿相对重力场方向沉降，沉降速度与其相对分子质量及分子形状相关。

（四）蛋白质的沉淀

蛋白质胶体溶液毕竟不同于真溶液，破坏其电荷及水化膜等稳定因素即可使蛋白质沉淀。科研工作中常把沉淀作为分离提纯蛋白质的一种手段。常用的沉淀方法如下：盐析——盐能破坏其水化膜，中和其所带电荷，而且不会导致蛋白质变性；有机溶剂沉淀——破坏其水化膜；生物碱试剂沉淀——中和其正电荷；重金属盐沉淀——中和其负电荷。

（五）蛋白质的变性与复性

1. 变性

（1）概念：生理条件下的天然构象赋予蛋白质生物学功能，改变条件会使蛋白质构象产生某种程度的改变。破坏蛋白质构象而导致其理化性质的改变及活性的丧失，该过程称为蛋白质的变性。

（2）变性因素：①物理因素：加热可以破坏非共价键（特别是氢键），使绝大多数蛋白质变性。使蛋白质变性的因素还有剧烈振荡或搅拌、紫外线及 X 射线照射、超声波等。②化学因素：强酸强碱、与水互溶的有机溶剂（乙醇、丙酮）、尿素、盐酸胍、去污剂（如十二烷基硫酸钠），都能使蛋白质变性。它们可破坏其非共价键。

2. 复性

某些蛋白质的变性是可逆的，如果消除导致蛋白质变性的因素，使其重新处于维持天然构象时的生理条件下，则会自发恢复天然构象，生物活性也完全恢复。该过程称为蛋白质的复性。

3. 变性与复性举例

生命科学史上一个经典实验就是核酸酶的变性与复性（图 2-15）。核酸酶蛋白由 124 个氨基酸分子构成，其中有 8 个半胱氨酸，它们参与构成 4 个二硫键，对稳定酶的天然构象起着重要作用。在核酸酶溶液中加浓尿素及还原剂 β-巯基乙醇，尿素将破坏疏水键，β-巯基乙醇则把 4 个二硫键还原成 8 个半胱氨酸侧链巯基，肽链完全展开，活性完全丧失，核酸酶完全变性。当除去尿素及 β-巯基乙醇后，完全展开的核酸酶肽链会自发形成天然构象，重新形成的 4 个二硫键与变性前完全相同，核酸酶活性也完全恢复。该实验表明，蛋白质一级结构包含了形成天然构象所需的全部信息，非共价键对二硫键的正确形成，并确保天然构象的形成是必需的。

4. 变性的实际应用

蛋白质变性在实际应用中具有重要意义。如临床工作中经常用乙醇、加热、紫外线照射等物理或化

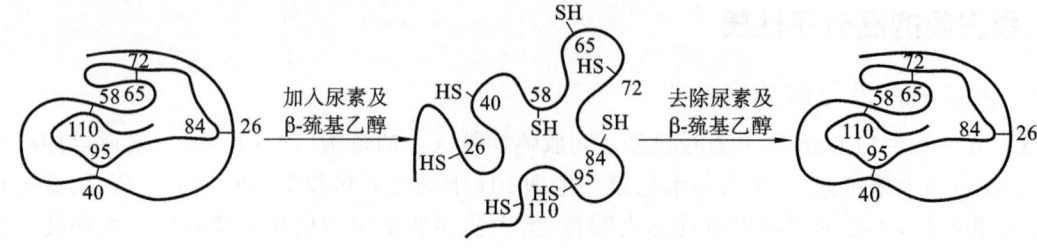

天然构象,有活性　　　　　肽链完全展开,二硫键被还原　　　　天然构象,二硫键正确形成

无活性

图 2-15　核酸酶变性与复性实验

学方法进行消毒,使细菌或病毒的蛋白质变性而失去其致病性及繁殖能力;又如某些生物制剂、酶蛋白应低温保存,即为了防止温度过高引起蛋白质变性。

(六) 蛋白质的其他理化性质

1. 蛋白质的紫外吸收特征

单纯蛋白质本身是无色的,不吸收可见光,一些结合蛋白质因为带有能吸收可见光的辅基而呈现不同的颜色,如血红素使血红蛋白呈红色。

蛋白质的紫外吸收:一是因为存在肽键结构而对 220 nm 以下的紫外线有强吸收;二是因为含有色氨酸、酪氨酸,而对 280 nm 附近的紫外线有强吸收(图 2-16);在一定条件下,蛋白质对 280 nm 紫外线的吸收与其浓度成正比,常以此作为蛋白质分离分析中的检测手段。

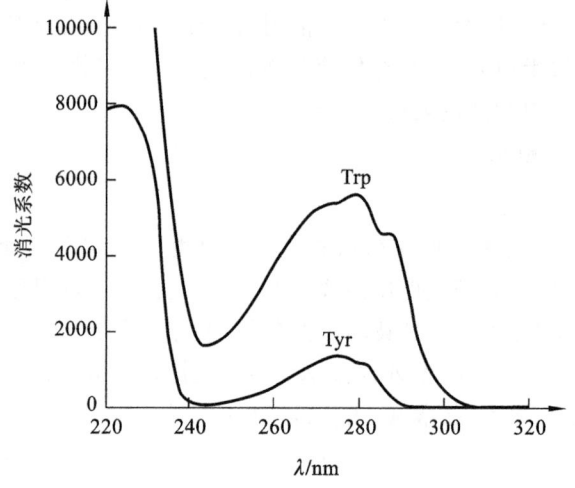

图 2-16　氨基酸的紫外吸收光谱

2. 蛋白质的呈色反应

(1) 双缩脲反应:肽与碱性铜离子生成紫色配合物,颜色深浅与蛋白质含量成正比。

(2) Folin-酚试剂呈色反应(Lowry 反应):蛋白质中酪氨酸、色氨酸等残基与磷钨酸、磷钼酸生成蓝色化合物(钼蓝),常用于蛋白质的定量分析。

目标检测

一、名词解释

1. 蛋白质一级结构　2. 蛋白质等电点　3. 蛋白质变性作用

二、单项选择题

1. 下列哪种氨基酸在水溶液中以阳离子形式存在?(　　)

A. 赖氨酸　　　　　B. 亮氨酸　　　　　C. 丙氨酸　　　　　D. 甲硫氨酸　　　　　E. 苯丙氨酸

2. 氨基酸在等电点溶液中,以下列哪种形式存在?(　　　)

A. 非极性分子　　　B. 疏水分子　　　C. 兼性离子　　　D. 阳离子　　　E. 阴离子

3. 天冬氨酸等电点小于 7,要使其水溶液达到等电点应加下列何种物质?(　　　)

A. 碱　　　　　　　B. 酸　　　　　　C. 水　　　　　　D. 盐　　　　　E. 以上都不是

4. 蛋白质中的主要化学键是下列哪个?(　　　)

A. 二硫键　　　　　B. 氢键　　　　　C. 肽键　　　　　D. 盐键　　　　E. 疏水键

5. 蛋白质的基本结构单位是下列哪个?(　　　)

A. 多肽　　　　　　　　　　　B. 二肽　　　　　　　　　　　C. L-α-氨基酸

D. L-β-氨基酸　　　　　　　　E. 以上都不是

6. α-螺旋每上升一圈相当于几个氨基酸残基?(　　　)

A. 2.5　　　　　B. 2.7　　　　　C. 3.6　　　　　D. 4.5　　　　E. 以上都不是

7. 将蛋白质所在溶液的 pH 调到等电点会出现下列何现象?(　　　)

A. 使溶液的稳定性增加　　　　　B. 表面净电荷不变　　　　　C. 表面净电荷增加

D. 溶液的稳定性下降易沉淀　　　E. 对表面水化膜无影响

8. 变性蛋白质具有下列何种特点?(　　　)

A. 不易被胃蛋白酶水解　　　　　B. 黏度下降　　　　　C. 溶解度增加

D. 丧失原有活性　　　　　　　　E. 呈色反应减弱

9. 下列哪种现象属于蛋白质变性?(　　　)

A. 一级结构发生破坏　　　　　　B. 所带电荷被中和　　　　　C. 空间构象破坏

D. 辅基脱落　　　　　　　　　　E. 蛋白质水解

10. 蛋白质电泳是由于其具有下列哪种性质?(　　　)

A. 酸性　　　　　B. 碱性　　　　　C. 带有电荷　　　　　D. 亲水性　　　　　E. 两性

11. 下列哪个波长是蛋白质特有的吸收光谱?(　　　)

A. 240 nm　　　　B. 260 nm　　　　C. 280 nm　　　　D. 300 nm　　　　E. 以上都不是

12. 下列何种氨基酸为酸性氨基酸?(　　　)

A. 酪氨酸　　　　　B. 谷氨酸　　　　　C. 苏氨酸　　　　　D. 甘氨酸　　　　　E. 赖氨酸

13. 构成蛋白质的标准氨基酸有多少种?(　　　)

A. 8 种　　　　　B. 15 种　　　　　C. 20 种　　　　　D. 25 种　　　　E. 30 种

14. 所有氨基酸共有的显色反应是(　　　)。

A. 双缩脲反应　　　　　　　　　B. 茚三酮反应　　　　　　　　C. 酚试剂反应

D. 米伦反应　　　　　　　　　　E. 考马斯亮蓝反应

15. 维持蛋白质分子一级结构的化学键是(　　　)。

A. 盐键　　　　　B. 二硫键　　　　　C. 疏水键　　　　　D. 肽键　　　　E. 氢键

参 考 文 献

[1] 赵瑞巧.生物化学[M].2 版.北京:科学出版社,2010.

[2] 王易振,仲其军,贾祥捷.生物化学[M].2 版.武汉:华中科技大学出版社,2016.

[3] 查锡良.生物化学[M].7 版.北京:人民卫生出版社,2008.

[4] 吴伟平.生物化学[M].3 版.北京:北京出版社,2014.

(王明芳)

Note

第三章 核酸化学

学习目标

1. 掌握：核酸的组成成分、基本单位及核苷酸的连接方式。

2. 熟悉：核酸的分布与功能，核酸的元素组成及特点，核酸的一、二级结构，DNA 的变性、复性及核酸的分子杂交。

3. 了解：核酸的性质、体内重要的游离核苷酸及其衍生物的功能。

核酸(nucleic acid)是以核苷酸为基本组成单位的一类携带和传递遗传信息的生物大分子，和蛋白质一样，都是生命的物质基础。核酸可以分为脱氧核糖核酸(deoxyribonucleic acid，DNA)和核糖核酸(ribonucleic acid，RNA)两类。DNA 存在于细胞核和线粒体内，是遗传信息的载体。RNA 存在于细胞质、细胞核和线粒体内，参与遗传信息的复制与表达，RNA 也可以作为某些病毒遗传信息的载体。

案例导入 3-1

患儿，2 岁，发热，咳嗽，静脉点滴阿奇霉素和热毒宁注射液 3 天，效果不明显，晚上发热 39 ℃。来医院就诊，经提取该患儿鼻咽分泌物进行肺炎支原体核酸分子杂交检测，结果为阳性。试问：肺炎支原体核酸分子杂交检测的原理是什么？

第一节 核酸的分子组成

一、核酸的元素组成

组成核酸的元素有 C、H、O、N、P 5 种，其中 P 的含量较多并且恒定，平均含量为 9%～10%。因此，核酸定量测定的经典方法是用测定 P 含量来代表核酸量。

二、核酸的基本组成单位——核苷酸

核酸在核酸酶的作用下水解为核苷酸，核苷酸是核酸的基本组成单位。核苷酸进一步水解生成磷酸和核苷，核苷进一步水解生成碱基和戊糖。因此，核苷酸由碱基、戊糖和磷酸组成。

1. 碱基

核酸分子中的含氮碱包括嘧啶碱和嘌呤碱两种。常见的嘧啶碱包括胞嘧啶(cytosine，C)、胸腺嘧啶(thymine，T)和尿嘧啶(uracil，U)；常见的嘌呤碱包括腺嘌呤(adenine，A)和鸟嘌呤(guanine，G)(图3-1)。DNA 分子中主要含有 A、G、C、T 四种碱基；RNA 分子中主要含 A、G、C、U 四种碱基。此外，核酸中还有一些含量较少的碱基，称为稀有碱基，如次黄嘌呤、二氢尿嘧啶、5-甲基尿嘧啶等。

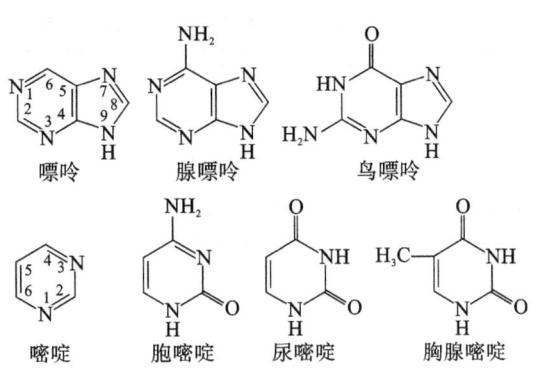

图 3-1　嘌呤与嘧啶碱基

2. 戊糖

核酸分子中的戊糖有两种。RNA 分子中的戊糖为 D-核糖(ribose),DNA 分子中的戊糖为 D-2-脱氧核糖(deoxyribose)。两者的差别仅在于 C-2 原子是否连接氧。在核酸分子中,为了区别于碱基中各原子的编号,戊糖的碳原子标号右上角以"′"标示,例如,核糖第 1 位碳原子标示为 C1′(图 3-2)。

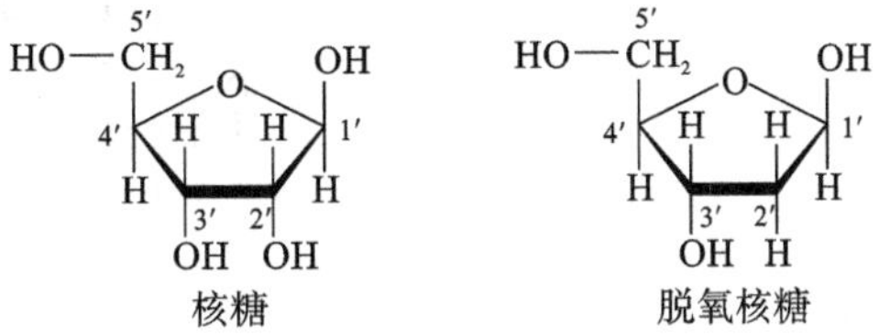

图 3-2　核糖与脱氧核糖

3. 核苷

碱基与不同的戊糖通过糖苷键形成的化合物称为核苷(nucleoside)或脱氧核糖核苷(deoxynucleoside)。戊糖第 1 位碳原子(C1′)上的羟基与嘌呤环第 9 位氮原子(N9)或嘧啶环第 1 位氮原子(N1)上的氢缩合脱水形成糖苷键。组成 RNA 的核苷有腺苷、鸟苷、尿苷和胞苷,组成 DNA 的脱氧核苷有脱氧腺苷、脱氧鸟苷、脱氧胸苷和脱氧胞苷(图 3-3)。

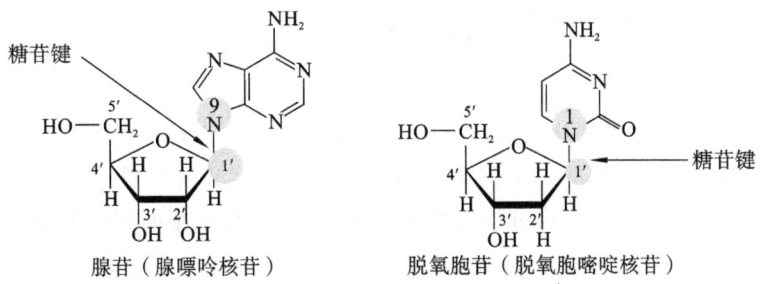

图 3-3　核苷与脱氧核苷

4. 核苷酸

核苷酸由磷酸与一分子核苷通过磷酸酯键连接而成。核苷中戊糖的羟基与磷酸作用生成磷酸酯键,核苷与磷酸通过磷酸酯键连接成的化合物即为核苷酸。核苷酸分为核糖核苷酸(nucleoside monophosphate,NMP)和脱氧核糖核苷酸(deoxynucleoside monophosphate,dNMP)。根据连接的磷酸基团的数目不同,核苷酸可分为核苷一磷酸(NMP)、核苷二磷酸(NDP)和核苷三磷酸(NTP)(N 代表 A、G、C、U)(图 3-4);脱氧核苷酸可分为脱氧核苷一磷酸(dAMP)、脱氧核苷二磷酸(dNDP)和脱氧核苷三磷酸(dNTP)(N 代表 A、G、C、T)。各种核苷酸的命名可将碱基第一个字代替"核"字即可,如腺苷一磷酸(AMP)、脱氧腺苷磷酸(dAMP),以此类推(表 3-1)。

表 3-1　两类核酸的主要碱基、核苷及核苷酸组成

核酸	碱基	核苷	核苷酸
DNA	腺嘌呤(A)	脱氧腺苷(dA)	脱氧腺苷酸(dAMP)
	鸟嘌呤(G)	脱氧鸟苷(dG)	脱氧鸟苷酸(dGMP)
	胞嘧啶(C)	脱氧胞苷(dC)	脱氧胞苷酸(dCMP)
	胸腺嘧啶(T)	脱氧胸苷(dT)	脱氧胸苷酸(dTMP)
RNA	腺嘌呤(A)	腺苷(A)	腺苷酸(AMP)
	鸟嘌呤(G)	鸟苷(G)	鸟苷酸(GMP)
	胞嘧啶(C)	胞苷(C)	胞苷酸(CMP)
	尿嘧啶(T)	尿苷(U)	尿苷酸(UMP)

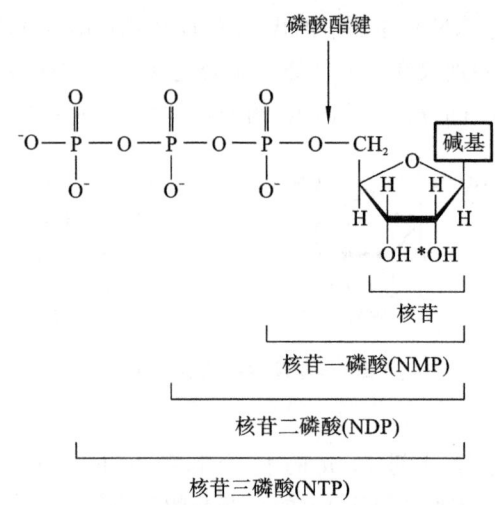

图 3-4　多磷酸核苷酸结构式

三、体内重要的游离核苷酸及其衍生物

1. 环化核苷酸

人体组织细胞中还存在两种环化核苷酸,即 3′,5′-环腺苷酸(cAMP)和 3′,5′-环鸟苷酸(cGMP)(图 3-5)。3′,5′-环腺苷酸(cAMP)与 3′,5′-环鸟苷酸(cGMP)不是核酸的组成成分,在细胞中含量很少,但有重要的生理功能。现已证明,两者均可作为激素的第二信使,在细胞的代谢调节中有重要作用。

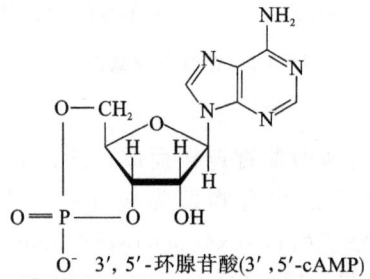

图 3-5　环腺苷酸结构式

2. 辅酶类核苷酸

体内代谢反应中的一些辅酶是核苷酸的衍生物。如烟酰胺腺嘌呤二核苷酸(简称 NAD^+,辅酶Ⅰ),以及烟酰胺腺嘌呤二核苷酸磷酸($NADP^+$,辅酶Ⅱ)。黄素类辅酶有黄素单核苷酸(简称 FMN)和黄素腺嘌呤二核苷酸(FAD)。这些辅酶在体内参与物质代谢和能量代谢。

第二节 核酸的结构与功能

核酸是生物体内重要的生物大分子化合物，参与遗传信息的储存、转录和表达。这些生物学功能都与其复杂的化学结构密切相关。核酸是核苷酸的多聚化合物。一个核苷酸 C3′上的羟基与另一个核苷酸 C5′上的磷酸缩合脱水形成 3′,5′-磷酸二酯键，多个核苷酸经 3′,5′-磷酸二酯键构成一条没有分支的线性大分子，称为多聚核苷酸链。3′,5′-磷酸二酯键是核酸的主键。由核糖核苷酸或脱氧核糖核苷酸通过 3′,5′-磷酸二酯键相连组成的多聚核苷酸链是所有 DNA 或 RNA 的共同结构，这一连接方式决定了多聚核苷酸链具有方向性，每条多聚核苷酸链上具有两个不同的末端，戊糖 5′-磷酸基指向的一端称为5′-末端，戊糖 3′-羟基指向的一端称为 3′-末端。习惯上将 5′-末端写在左边，将 3′-末端写在右边，即按5′→3′书写，结构如下。

$$5'\cdots\cdots ACTACGGUA\cdots\cdots 3'$$

一、DNA 的结构与功能

(一) DNA 的一级结构

DNA 的一级结构是 DNA 分子中脱氧核糖核苷酸从 5′-末端到 3′-末端的排列顺序。由于脱氧核糖核苷酸之间的差异仅在于碱基的不同，所以 DNA 的一级结构即为碱基排列顺序，故称为碱基序列。DNA 分子的序列特征代表其一级结构特征，同时记录有相应的遗传信息。分析 DNA 分子的一级结构对阐明 DNA 结构与功能的关系具有重要的意义。

(二) DNA 的二级结构

1953 年，Watson 和 Crick 根据 DNA 的 X 射线衍射分析数据和碱基分析数据，提出了 DNA 的双螺旋结构模型(图 3-6)，它揭示了生物界遗传性状得以世代相传的分子机制。

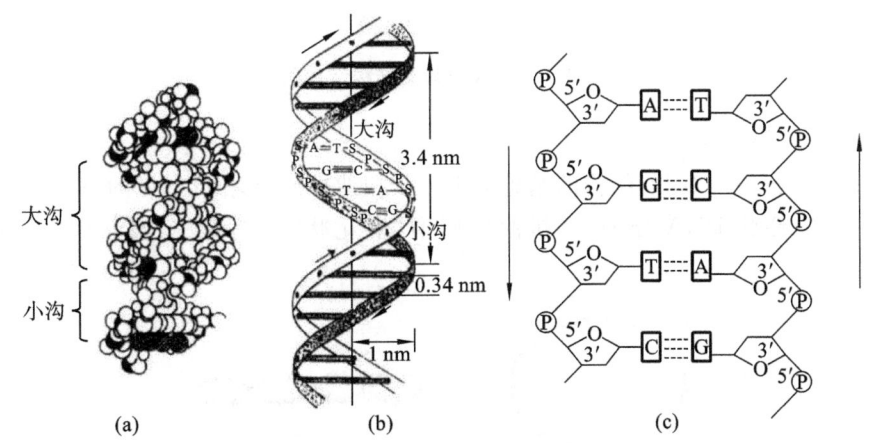

图 3-6　DNA 双螺旋的三种结构模型

DNA 双螺旋结构模型的要点如下。

(1) 两条平行的多聚核苷酸链，以相反的方向(即一条由 5′→3′，另一条由 3′→5′)围绕着同一个(想象的)中心轴，以右手螺旋方式构成双螺旋结构。结构的表面有大沟(major groove)与小沟(minor groove)。这些沟状结构与蛋白质、DNA 之间的相互识别有关。

(2) 疏水的嘌呤碱基和嘧啶碱基平面层叠于螺旋的内侧，亲水的磷酸基和脱氧核糖以磷酸二酯键相连形成的骨架位于螺旋的外侧。两条链同一平面上的碱基形成氢键，使两条链连接在一起。A 与 T之间形成两个氢键，G 与 C 之间形成三个氢键，这种碱基配对也称为碱基互补规律，两条链则互称互

补链。

（3）双螺旋的直径为 2 nm，螺距为 3.4 nm，螺旋每旋转一周含 10 对碱基。

（4）DNA 双螺旋结构的横向稳定性靠两条链间的氢键维系，纵向稳定性则靠碱基平面间的疏水性碱基堆积力维系（图 3-7）。

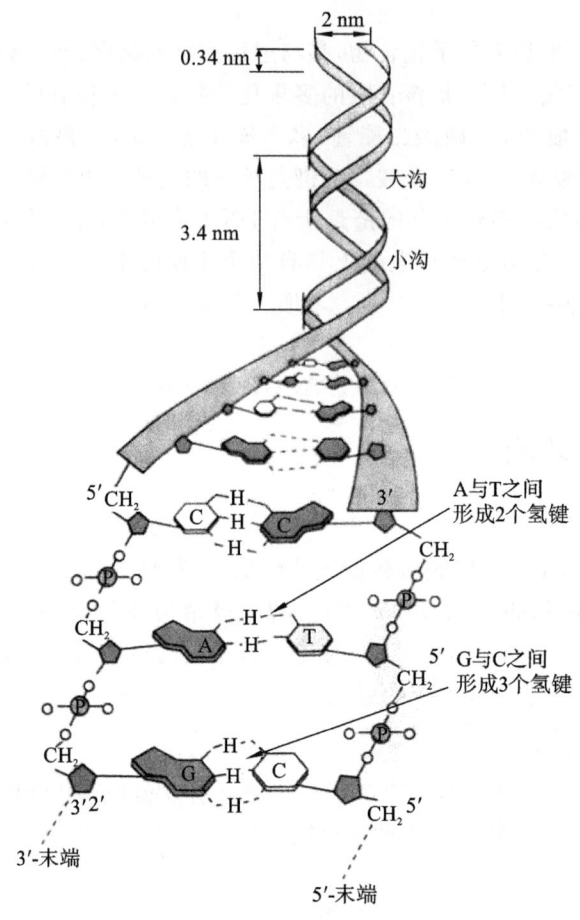

图 3-7　DNA 双螺旋结构示意图

（三）DNA 的高级结构

在细胞内，DNA 分子在双螺旋结构的基础上进一步扭曲螺旋，形成 DNA 的三级结构。细菌质粒、某些病毒及线粒体的环状 DNA 分子，多扭曲成所谓"麻花状"的超螺旋结构，即 DNA 的三级结构（图 3-8）。

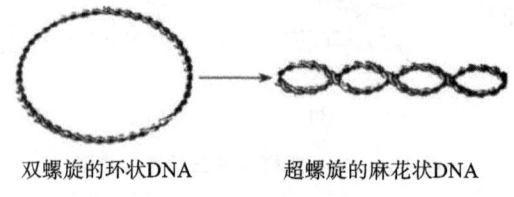

双螺旋的环状DNA　　　　超螺旋的麻花状DNA

图 3-8　环状 DNA 的三级结构示意图

在真核细胞中，线状的双螺旋 DNA 分子先围绕组蛋白核心盘绕形成核小体结构，核小体中的 DNA 呈现超螺旋状态，许多核小体由 DNA 相连构成串珠状结构，串珠状结构进一步盘绕压缩成染色质结构。染色质是 DNA 的载体，其结构和状态的改变会引起 DNA 功能、活性状态和稳定性的改变。

（四）DNA 的功能

DNA 的基本功能是作为生物遗传信息的携带者，是基因复制和转录的模板，并通过 mRNA 的碱基序列决定蛋白质的氨基酸顺序。

基因的基本知识

基因是 DNA 分子上具有遗传效应的特定核苷酸序列的统称，是 DNA 分子的功能片段（也称为遗传因子）。一个生物体的全部 DNA 序列称为基因组，有些病毒的基因组是 RNA。各种生物基因组的大小、结构、基因的种类和数量都不同，高等动物的基因组可多达 3×10^9 个碱基对。研究生物基因组的组成，组内各基因的精确结构、相互关系及表达调控的科学称为基因组学。2001 年，人类基因组计划公布了人类基因草图，为基因组学研究揭开了新的一页。

二、RNA 的结构与功能

人体内有三类 RNA，即信使 RNA（messenger RNA，mRNA），转运 RNA（transfer RNA，tRNA）和核糖体 RNA（ribosomal RNA，rRNA）。RNA 的结构，通常以一条核苷酸链的形式存在，但可以通过链内的碱基配对形成局部双螺旋，从而形成茎环状的二级结构和特定的三级结构。RNA 分子比 DNA 小得多，从数十个到数千个核苷酸长度不等，但它的种类、大小和结构多种多样，其功能也各不相同。对细胞中全部 RNA 分子的结构与功能进行系统的研究，从整体水平阐明 RNA 的生物学意义即为 RNA 组学。

（一）信使 RNA（mRNA）的分子结构与功能

mRNA 占细胞 RNA 总量的 2%～5%，代谢非常活跃，真核生物 mRNA 的半寿期很短，从几分钟到数小时不等。在细胞核内初合成的 RNA 分子比成熟的 mRNA 大得多，分子大小不一，称为不均一核 RNA（heterogeneous nuclear RNA，hnRNA）。hnRNA 是 mRNA 的前体，在细胞核内存在的时间极短，经剪接、加工转变为成熟的 mRNA。成熟 mRNA 由氨基酸编码区和非编码区构成。真核生物 mRNA 的结构特点是含有特殊的 5′-末端的帽和 3′-末端的多聚 A 尾结构。原核生物的 mRNA 未发现类似结构。mRNA 具有以下结构特点。

（1）大部分真核细胞 mRNA 的 5′-末端以 7-甲基鸟苷三磷酸（^{m7}GpppN）为起始结构，这种结构称为帽子结构（cap sequence）（图 3-9）。mRNA 的帽子结构对于 mRNA 从细胞核向细胞质转运，与核糖体结合，与翻译起始因子结合，以及 mRNA 的稳定性等均起到重要作用。

（2）真核生物 mRNA 的 3′-末端，有数十至数百个腺苷酸连接而成的多聚腺苷酸结构，称为多聚腺苷酸尾或多聚 A 尾（poly A）（图 3-9）。目前认为 3′-poly A 和 5′-帽子结构共同负责 mRNA 从细胞核内向细胞质的转移，维系 mRNA 的稳定性，以及翻译起始的调控。

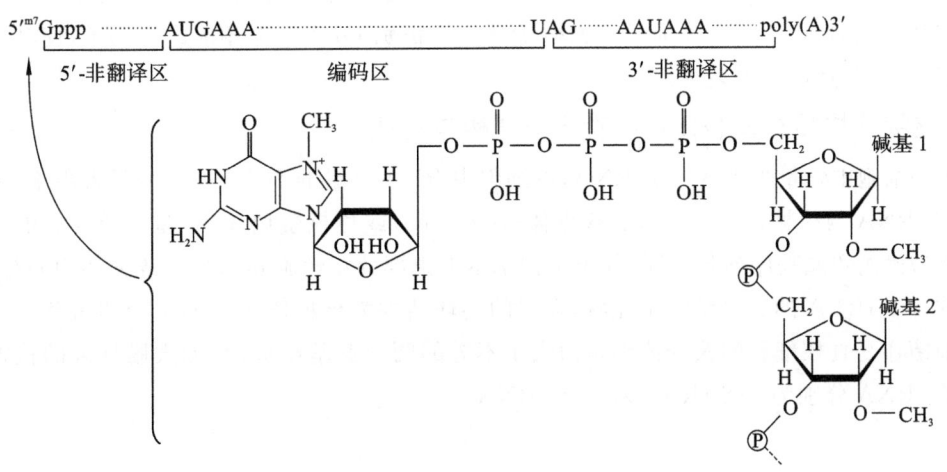

图 3-9　真核细胞 mRNA 结构示意图

（3）mRNA 的功能是把核内 DNA 的碱基顺序（即遗传信息）按照碱基互补原则，转录并转移到细胞质，再依照自身的碱基顺序指导蛋白质合成过程中的氨基酸顺序，也就是为蛋白质的生物合成提供直接模板，即每 3 个相邻的核苷酸构成肽链中氨基酸的遗传密码子。

（二）转运核糖核酸(tRNA)的分子结构与功能

tRNA 由 75～90 个核苷酸组成，相对分子质量约为 25000，在三类 RNA 中，它的相对分子质量最小。它的功能主要是携带氨基酸，并将其转运到与核糖体结合的 mRNA 上，用以合成蛋白质。

tRNA 的有些区段经过自身回折形成双螺旋区，具有相似的二级结构（图 3-10）：三叶草形结构。其中的双螺旋区为臂，不能配对的部分称为环，大多数 tRNA 由 4 个臂和 4 个环组成。

（1）氨基酸臂：含有 5～7 个碱基对，3′-末端均为—CCA—OH 结构，其中腺苷酸的 C3′-OH 为结合氨基酸的位点。

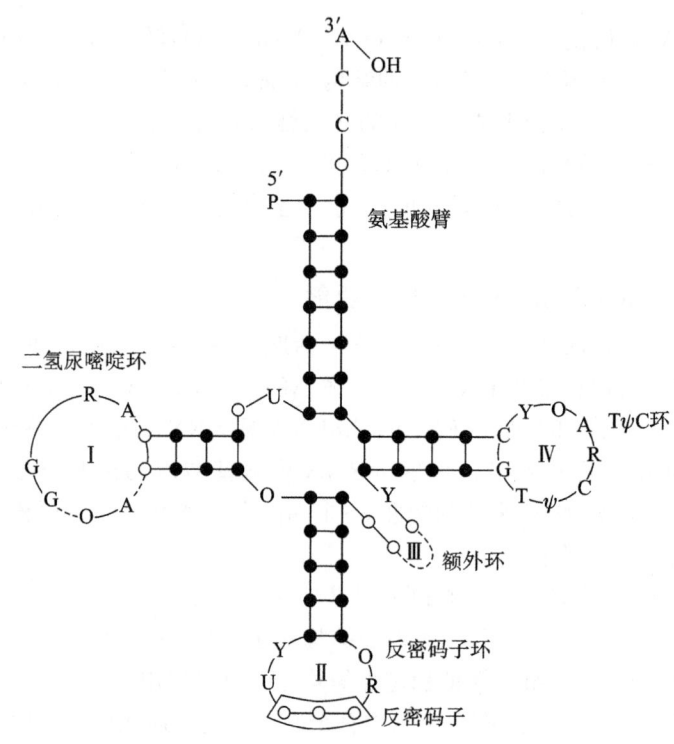

图 3-10　tRNA 的二级结构

（2）反密码子环：与氨基酸臂相对的环，由 7 个核苷酸组成，环中部由 3 个核苷酸组成反密码子。在进行蛋白质生物合成时，tRNA 通过反密码子环辨认识别 mRNA 上相应的密码子，使其携带的氨基酸"对号入座"，参与蛋白质的装配。

（三）核糖体核糖核酸(rRNA)的分子结构与功能

rRNA 是细胞中含量最多的一类 RNA，占细胞中 RNA 总量的 80% 左右，分子大小不一，空间结构各异。通常 rRNA 与核糖体蛋白结合。核糖体（ribosome）或称核蛋白体，是蛋白质合成的场所。不同 rRNA 的碱基比例和碱基序列各不同，分子结构基本上由部分双螺旋和部分单链突环相间排列而成，如真核生物的 18S rRNA 的二级结构呈花状，众多的茎环结构为核糖体蛋白的结合和组装提供了结构基础。无论细菌还是真核细胞的核糖体都是由大小不等的两个亚基组成的，如大肠杆菌的核糖体中两个亚基所含的 rRNA 分别为 23S rRNA 和 16S rRNA。

第三节　核酸的理化性质及其应用

一、核酸的紫外吸收特性

嘌呤碱和嘧啶碱具有共轭双键,有很强的紫外吸收特性,使得核酸也具有紫外吸收的特性,最大吸收峰在 260 nm 附近。因此,可以利用紫外吸收特性对核酸样品进行定性及定量分析。

二、核酸的变性、复性与杂交

1. DNA 的变性

DNA 分子受到某些理化因素的影响,维系空间结构的氢键断裂,双螺旋结构松散变成单链的过程,称为 DNA 的变性。导致 DNA 变性的因素较多,如加热、酸碱度、有机溶剂等。变性后的 DNA 分子理化性质会发生一系列改变,如黏度下降、旋光性下降、在 260 nm 处紫外吸收增强等。由于 DNA 双螺旋解开成单链,碱基的共轭双键充分暴露,紫外吸收增强,此现象称为增色效应。

升高温度引起的 DNA 变性称为 DNA 热变性,又称为 DNA 的解链温度或熔解温度的作用。DNA 热变性一般在较窄的温度范围内发生,就像晶体在熔点时突然熔化一样。DNA 的热变性曲线图(图 3-11)显示:DNA 在狭窄的温度范围内,其吸光度 A_{260} 发生"突变"。将突变区中点所对应的温度(即有一半 DNA 发生变性的温度)称为解链温度或熔解温度,用 T_m 表示。研究发现,T_m 值的大小与 DNA 的碱基组成有关,G、C 含量高的 DNA 的 T_m 值高,这是因为 GC 碱基对之间有三个氢键,从而提高了 DNA 的稳定性。研究发现,在离子浓度较高的溶液中,DNA 的 T_m 值也较高。

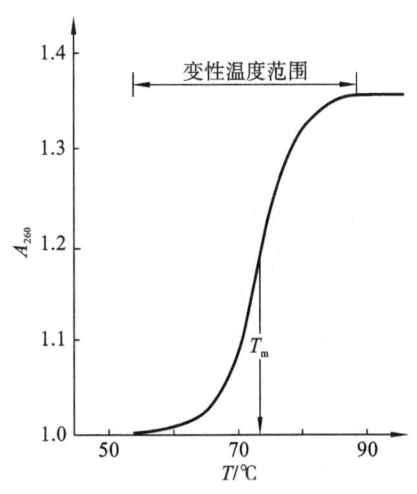

图 3-11　DNA 热变性曲线

2. DNA 复性

当变性条件缓慢地移去后,两条解离的互补链可重新配对,恢复原来的双螺旋结构,这一过程称为 DNA 的复性(renaturation)。热变性的 DNA 经缓慢冷却而复性的过程称为退火(annealing)。但是,热变性 DNA 迅速冷却至 4 ℃以下时,复性不能进行,这一特性可用来保持 DNA 的单链状态。

3. 核酸的杂交

不同来源的 DNA 单链之间或 DNA 与 RNA 单链之间,只要存在着一定程度的碱基配对关系,它们就有可能形成杂化双链(heteroduplex),这一过程称为核酸分子杂交(hybridization)。杂交的核酸分子可以是 DNA/DNA、DNA/RNA、RNA/RNA。目前核酸杂交技术已应用于遗传病的基因诊断、肿瘤的基因分析、病原体的检测等医学领域,是核酸序列检测的常用方法之一。

目 标 检 测

单项选择题

1. 核酸中核苷酸之间的连接方式是(　　)。

A. $2',5'$-磷酸二酯键　　　　　B. 氢键

C. $3',5'$-磷酸二酯键　　　　　D. 糖苷键

2. DNA 在加热变性时,其分子的变化是(　　)。

A. 磷酸二酯键的断裂　　　　　　B. 形成超螺旋

C. 碱基丢失,螺旋减少　　　　　　D. 双螺旋解链

3. DNA 的二级结构是下列哪一种?(　　)

A. α-螺旋　　　　B. β-折叠　　　　C. 超螺旋结构　　　D. 双螺旋结构

4. 下面关于 Watson-Crick DNA 双螺旋结构模型的叙述中哪一项是正确的?(　　)

A. 两条单链的走向是反平行的　　　B. 碱基 A 和 G 配对

C. 碱基之间共价结合　　　　　　D. 磷酸戊糖主链位于双螺旋内侧

5. 关于 RNA 和 DNA 彻底水解后的产物,下列哪一种说法正确?(　　)

A. 核糖相同,部分碱基不同　　　　B. 碱基相同,核糖不同

C. 碱基不同,核糖不同　　　　　　D. 碱基不同,核糖相同

6. 维系 DNA 双螺旋稳定的最主要的力是(　　)。

A. 氢键　　　　　　　　　　　　B. 离子键

C. 氢键和碱基堆积力　　　　　　D. 疏水作用

7. T_m 是指什么情况下的温度?(　　)

A. 双螺旋 DNA 达到完全变性时　　B. 双螺旋 DNA 开始变性时

C. 双螺旋 DNA 结构失去 1/2 时　　D. 双螺旋结构失去 1/4 时

8. 双链 DNA 的解链温度的升高,提示其中含量高的是(　　)。

A. A 和 G　　　　B. C 和 T　　　　C. A 和 T　　　　　D. C 和 G

9. DNA 发生变性后不出现变化的是(　　)。

A. 碱基数　　　　B. A_{260}　　　　C. 黏度　　　　　　D. 氢键

10. DNA 碱基配对主要靠(　　)。

A. 范德华力　　　B. 氢键　　　　　C. 疏水作用　　　　D. 共价键

11. DNA 与 RNA 两类核酸分类的主要依据是(　　)。

A. 空间结构不同　　　　　　　　B. 所含碱基不同

C. 核苷酸之间连接方式不同　　　　D. 所含戊糖不同

12. DNA 分子中,不包括(　　)。

A. 磷酸二酯键　　B. 糖苷键　　　　C. 氢键　　　　　　D. 二硫键

13. 核酸变性后,可产生的效应是(　　)。

A. 增色效应　　　　　　　　　　B. 最大吸收波长发生转移

C. 失去对紫外线的吸收能力　　　　D. 磷酸二酯键断裂

14. DNA 双螺旋结构每旋转一圈所跨越的碱基对为(　　)。

A. 2 个　　　　　B. 4 个　　　　　C. 6 个　　　　　　D. 10 个

15. 下列哪种核酸的二级结构具有"三叶草形"(　　)。

A. mRNA　　　　B. 质粒 DNA　　　C. tRNA　　　　　D. rRNA

16. 从小鼠的一种有荚膜的致病性肺炎球菌中提取出来的 DNA 可使另一种无荚膜、不具有致病性的肺炎球菌转变为有荚膜并具致病性的肺炎球菌,而蛋白质、RNA 都无此功能。由此可证明(　　)。

A. DNA 是遗传物质,蛋白质是遗传信息的体现者

B. DNA 是遗传信息的体现者,蛋白质是遗传物质

C. DNA 和蛋白质均是遗传物质

D. RNA 是遗传物质,DNA 和蛋白质是遗传信息的体现者

参考文献

[1] 何旭辉,吕士杰. 生物化学[M]. 7 版. 北京:人民卫生出版社,2014.

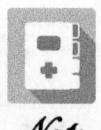

［2］周剑涛,杨胜萍,谭红军.生物化学［M］.北京:中国协和医科大学出版社,2013.

［3］张又良,郭桂平.生物化学［M］.北京:人民卫生出版社,2016.

［4］王易振,仲其军,贾祥捷.生物化学［M］.2 版.武汉:华中科技大学出版社,2016.

（张海英）

Note

第四章 酶

学习目标

1. 掌握：酶、活性中心、酶原、酶原的激活、同工酶及酶的抑制剂的概念。
2. 熟悉：B 族维生素与酶的关系、酶催化作用的特点、酶原存在的意义、同工酶在临床诊断上的应用及影响酶促反应速度的因素。
3. 了解：医学上与酶相关的其他应用。

"酶"(enzyme)这个名称的使用，始于 19 世纪后半叶，是 1872 年由居尼所提出的。酶(enzyme)是由活细胞产生的，对其底物具有高度特异性和高度催化效能的蛋白质或 RNA。酶是一类极为重要的生物催化剂(biocatalyst)。由于酶的作用，生物体内的化学反应在极为温和的条件下也能高效和特异地进行。随着人们对酶分子的结构与功能、酶促反应动力学等研究的深入和发展，逐步形成酶学(enzymology)这一学科。1926 年，美国科学家萨姆纳(J. B. Sumner,1887—1955)从刀豆种子中提取出脲酶的结晶，并通过化学实验证实脲酶是一种蛋白质，得出了酶的化学本质是蛋白质(protein)或 RNA。

第一节 概　　述

一、酶的概念及特点

酶是由生物体活细胞产生的，在细胞内、外均能起催化作用并且有高度专一性的特殊蛋白质或 RNA。其利用前体形式存在于天然食物中，不构成组织，不供给能量。在最适宜的温度和 pH 条件下，酶的活性最高。温度和 pH 偏高或偏低，酶活性都会明显降低。一般来说，动物体内的酶最适温度为 35~40 ℃；植物体内的酶最适温度为 40~50 ℃；动物体内的酶最适 pH 为 6.5~8.0，但也有例外，如胃蛋白酶的最适 pH 为 1.5；植物体内的酶最适 pH 为 4.5~6.5。

二、酶的分类和命名

（一）分类
国际系统分类法按酶促反应类型，将酶分成六个大类。

1. 氧化还原酶类(oxidoreductases)
催化底物进行氧化还原反应的酶类，该类反应还包括电子或氢的转移以及分子氧参加的反应。常见的氧化还原酶类有脱氢酶、氧化酶、还原酶和过氧化物酶等。

2. 转移酶类(transferases)
催化底物进行某些基团转移或交换的酶类，如甲基转移酶、氨基转移酶、转硫酶等。

3. 水解酶类（hydrolases）

催化底物进行水解反应的酶类。如淀粉酶、糖苷酶、蛋白酶等。

4. 裂解酶类（lyases）或裂合酶类（synthases）

催化底物通过非水解途径移去一个基团形成双键或其逆反应的酶类，如脱水酶、脱羧酶、醛缩酶等。如果催化底物进行逆反应，使其中一底物失去双键，两底物间形成新的化学键，此时为裂合酶类。

5. 异构酶类（isomerases）

催化各种同分异构体、几何异构体或光学异构体间相互转换的酶类。如异构酶、消旋酶等。

6. 连接酶类（ligases）或合成酶类（synthetases）

催化两分子底物连接成一分子化合物的酶类。

（二）命名

1. 习惯命名法

（1）以酶催化的底物加反应的类型来命名，如乳酸脱氢酶、磷酸己糖异构酶等。

（2）水解酶类，习惯上只用底物名称即可，如淀粉酶、蛋白酶等。

（3）有时在底物前加上酶的合成器官，如胰淀粉酶、胰蛋白酶、胰脂肪酶、胃蛋白酶等。

2. 系统命名法

酶的系统名称标明了酶的所有底物与反应性质。底物名称之间用"："隔开。如 α-淀粉酶的国际系统分类编号为：EC3.2.1.1，EC3——Hydrolases 水解酶类；EC3.2——Glycosylases 转葡糖基酶亚类；EC3.2.1——Glycosidases 糖苷酶亚亚类。EC 代表 enzyme commission，第一个数字如为 2 则表示该酶属于六大类中的第二类：转移酶类。第二个数字表示该酶属于哪一亚类，第三个数字表示亚-亚类，第四个数字表示在亚-亚类中的排序。即使名称和 EC 编号相同，但来自不同的物种或不同的组织和细胞的同一种酶，如来自动物胰脏、麦芽等和枯草杆菌 BF7658 的 α-淀粉酶等，它们的一级结构或反应机制可以不同，虽然它们都能催化淀粉的水解反应，但有不同的活力和最适合的反应条件。

第二节 酶的分子组成、结构和功能

酶的化学本质是蛋白质，具有蛋白质的性质和结构，酶的催化活性依赖于特定的空间构象。通常仅由一条多肽链构成的酶称为单体酶（monomeric enzyme）；由多条多肽链的多个亚基以共价键链接而成的酶称为寡聚酶（oligomeric enzyme）；在细胞中还存在着多酶体系（multienzyme system），是由多种不同功能的酶彼此聚合形成的复合物；一条多肽链上同时具有多种不同催化功能的酶称为串联酶（tandem enzyme）。其中多酶体系和串联酶的存在有利于提高物质代谢速度和调节效率。

一、酶的分子组成

按照酶的化学组成不同可将酶分为单纯酶和结合酶。

（一）单纯酶

单纯酶（simple enzyme）是仅由氨基酸残基构成的多肽链的单纯蛋白质，通常只有一条多肽链。其催化活性取决于酶蛋白本身的结构。如蛋白酶、淀粉酶、脂肪酶、脲酶、核糖核酸酶及泪液中的溶菌酶等。

（二）结合酶

1. 概念

生物体内多数酶属于结合酶。结合酶（conjugated enzyme）由蛋白质和非蛋白质两部分组成。其中，蛋白质部分称为酶蛋白（apoenzyme），非蛋白质部分称为辅助因子（cofactor）。酶蛋白决定结合酶的

特异性,辅助因子决定反应性质和类型。酶蛋白与辅助因子结合形成的复合物称为全酶(holoenzyme)。酶蛋白和辅助因子各自单独存在时均无催化活性,只有全酶才有催化作用。

2. 辅助因子(有金属离子和小分子有机化合物)

(1) 常见的金属离子有 K^+、Na^+、Mg^{2+}、Cu^+(或 Cu^{2+})、Zn^{2+}、Fe^{2+}(或 Fe^{3+})等,其主要作用如下:①与酶蛋白结合,稳定酶分子构象;②中和阴离子,减小静电斥力,促进底物与酶的结合;③是连接酶和底物的桥梁,形成三元复合物;④参与构成酶的活性中心,参与催化反应。

(2) 小分子有机化合物:多数是 B 族维生素的活性形式,主要起传递氢质子、电子和一些化学基团(氨基、羧基、酰基、一碳单位等)的作用(表 4-1)。

(3) 辅助因子:按其与酶蛋白结合的牢固程度不同可分为辅酶与辅基。辅酶(coenzyme)与酶蛋白结合疏松,可以用透析或超滤的方法除去;而辅基(prosthetic group)与酶蛋白结合紧密,不能通过透析或超滤的方法除去。

表 4-1　含 B 族维生素的辅酶(或辅基)及其作用

辅酶或辅基名称	所含维生素	转移基团或原子
TPP(焦磷酸硫胺素)	维生素 B_1	醛基
FMN(黄素单核苷酸)	维生素 B_2(核黄素)	氢原子
FAD(黄素腺嘌呤二核苷酸)	维生素 B_2(核黄素)	氢原子
NAD^+(烟酰胺腺嘌呤二核苷酸,辅酶Ⅰ)	烟酰胺(维生素 PP)	氢原子
$NADP^+$(烟酰胺腺嘌呤二核苷酸磷酸,辅酶Ⅱ)	烟酰胺(维生素 PP)	氢原子
磷酸吡哆醛	吡哆醛(维生素 B_6)	氨基
辅酶 A(CoA)	泛酸	酰基
生物素	生物素	二氧化碳
FH_4(四氢叶酸)	叶酸	一碳单位
腺苷钴胺	维生素 B_{12}	甲基
硫辛酸	硫辛酸	酰基和氢原子

二、酶的活性中心

(一) 必需基团

酶分子中存在的许多化学基团并不一定都与酶的活性有关。其中与酶活性密切相关的基团称为酶的必需基团(essential group),常见的有组氨酸残基的咪唑基、丝氨酸残基的羟基、半胱氨酸残基的巯基以及谷氨酸残基的 γ-羧基等。一般情况下,在酶蛋白一级结构上这些必需基团相距甚远,但在空间结构中它们会彼此靠近。必需基团按其功能分为两类:结合基团(binding group)和催化基团(catalytic group)。结合基团与底物相结合形成底物与酶的一定构象,形成复合物;催化基团通过影响底物中部分化学键的稳定性,起到催化底物生成产物的作用。还有一些必需基团称为酶活性中心外的必需基团(图 4-1),它们位于活性中心外,不直接参与活性中心的组成,只为维持酶活性中心特有的空间构象而存在。

(二) 活性中心

1. 概念

由必需基团组成,相互靠拢后会形成具有特定空间结构的区域,使之能与底物特异性结合并将底物转化为产物,这个区域称为酶的活性中心(active center)或称为活性部位(active site)。结合酶中的辅基或辅酶参与活性中心的组成。

2. 特征

酶的活性中心在整个酶分子中仅是很小的一部分,其三维结构的区域是酶分子表面的一个裂隙或凹陷,它们维持酶的特定空间构象,深入酶分子内部,多由氨基酸残基疏水基团组成的疏水"口袋",容纳

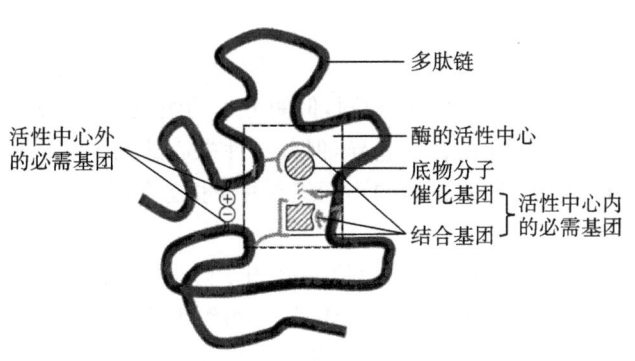

图 4-1 酶的活性中心示意图

底物并与之结合。

3. 活性

酶的活性是指酶所具有的催化能力,酶的活性与其空间结构上所形成的活性中心有关,酶如果丧失催化能力则称为酶失活。酶催化底物分子起反应时需要与底物分子相结合。酶蛋白分子中有很多化学基团,如—NH_2、—$COOH$、—SH、—OH 等,这些基团并不是全与酶的催化活性有关。其中与酶活性密切相关的是必需基团。

三、酶原与酶原的激活

（一）酶原

酶在细胞内合成和分泌时没有催化活性,这种无活性的酶的前体称为酶原。例如,人体内一些与消化作用、凝血作用、补体作用有关的酶在分泌时是以酶原形式存在的。为避免导致疾病的发生,这些酶在特定的时间段或部位必须以酶原形式存在。

（二）酶原的激活

在一定条件下,无活性的酶原转变为有活性的酶,此过程称为酶原激活。酶原激活的实质是酶的活性中心形成或暴露的过程。例如,胰蛋白酶原由胰腺分泌进入小肠后,受肠激酶的激活,第 6 位赖氨酸残基与第 7 位异亮氨酸残基之间的肽键断裂,水解下一个 6 肽,酶分子的构象发生改变,形成酶的活性中心,从而成为有催化活性的胰蛋白酶。胰蛋白酶的形成,不仅能水解食物中的蛋白质,还能催化胰蛋白酶原的自身激活和小肠中其他蛋白酶原的激活,从而形成一个逐级加快的链锁反应过程。

知识链接

酶原激活与急性胰腺炎

正常胰腺可以分泌以胰淀粉酶、胰蛋白酶、胰脂肪酶等为主的消化酶,这些酶在正常情况下大多数以酶原的形式存在于胰腺细胞内,同时胰腺还能产生胰蛋白酶抑制物,抑制胰蛋白酶的活性。当胰腺在各种致病因子作用下使本应在肠道中被激活的胰蛋白酶原与糜蛋白酶原在胰腺内被激活时,这样不仅使胰腺组织细胞受到破坏,产生胰腺坏死,而且被激活的酶还可进入血液,造成严重后果。

（三）酶原形式存在的意义

以酶原形式分泌,能保护分泌蛋白酶原的组织器官本身不受酶的水解破坏,防止组织自溶,同时又可使酶到达特定部位后再发挥作用,从而保证体内代谢过程正常进行。如果胰蛋白酶原过早地在胰腺被激活,将使胰腺自身组织蛋白水解,使血管遭到破坏,严重者将引起致命的出血性胰腺炎。正常情况下血液中虽有凝血酶原,却不会被激活,所以血管中没有发生血液凝固,一旦血管破损,凝血酶原就会被激活成凝血酶,催化纤维蛋白原变成纤维蛋白,从而使血液凝固,阻止大量失血,起到保护机体的作用。

Note

四、同工酶

同工酶(isoenzyme)是指催化的化学反应相同,但酶分子的组成、结构、理化性质和免疫学性质都不同的一组酶。同工酶虽然在一级结构上存在差异,但其活性中心的三维结构相同或相似,故可以催化相同的化学反应。同工酶可以存在于同一机体的不同组织中,也能在同一个体的不同组织或同一细胞的不同亚细胞结构中。

迄今为止已发现百余种同工酶,其在研究物种进化、组织分化、个体发育等方面,尤其是在临床诊断上具有重要作用。如机体的一些组织细胞发生病变时,该组织细胞的同工酶就会进入血液,临床上就可以检测血清中同工酶活性、分析同工酶谱来帮助诊断某些疾病。目前,研究清晰并常用于临床诊断的同工酶有 L-乳酸脱氢酶(L-lactate dehydrogenase,LDH)和肌酸激酶(creatine kinase,CK)等。

1. LDH

LDH 主要有五种(表 4-2),都是四聚体,由 H 型(心肌型)和 M 型(骨骼肌型)亚基组成,根据电泳速度的不同可以把这五种 LDH 分开,LDH1 向正极泳动速度最快,而 LDH5 泳动最慢。

表 4-2　人体各组织器官 LDH 同工酶的分布 单位:%

LDH 同工酶	红细胞	白细胞	血清	骨骼肌	心肌	肺	肾	肝	脾
LDH1	42	12	27	0	73	14	43	2	10
LDH2	36	49	35	0	24	34	44	4	25
LDH3	15	33	21	5	3	35	12	11	40
LDH4	5	6	12	16	0	5	1	27	20
LDH5	2	0	6	79	0	12	0	56	5

不同类型的 LDH 同工酶在不同组织器官中的分布不同。其中 LDH1 在心肌中含量最高,LDH5 在骨骼肌中含量最高。一般情况下,临床上利用分析患者血清中 LDH 同工酶的电泳图谱,辅助诊断某些组织器官是否发生病变。例如,心肌梗死时患者血清 LDH1 含量明显上升,肝病患者血清 LDH5 含量高于正常值。

2. CK

CK 主要有三种,均为二聚体,由 M 型(骨骼肌型)和 B 型(脑型)亚基组成,在各组织中分布有差异:脑中含 CK1(BB 型);心肌中含 CK2(MB 型),占人体 CK 总量的 14%～42%,正常血浆几乎不含 CK2。心肌梗死 3～6 h 后 CK2 活性升高,12～24 h 达到高峰,3～4 天回落到正常水平,因此 CK2 常作为临床早期诊断急性心肌梗死的一项生化指标。骨骼肌中含 CK3(MM 型),正常血浆肌酸激酶主要是 CK3,在甲状腺功能亢进、骨骼肌损伤、手术时明显升高。

第三节　酶促反应的特点与机制

一、酶促反应的特点

酶是活细胞合成的生物催化剂,具有一般催化剂的共性。只催化热力学上允许进行的化学反应;能加快化学反应速度,反应前后没有质和量的改变;能缩短反应达到平衡所需的时间,但不改变平衡点。但酶又具有与一般催化剂不同的特点,它的化学本质是蛋白质。

(一) 高度催化效率

酶催化的反应比非催化反应速度快 10^8～10^{20} 倍,比一般催化剂快 10^7～10^{13} 倍。例如,脲酶催化尿素水解的速度是 H^+ 催化作用的 7×10^{12} 倍;胰凝乳蛋白酶对苯酰胺水解的速度是 H^+ 的 6×10^6 倍。之

所以会如此，是由于酶比化学催化剂能更快地降低反应所需的活化能，使基态底物分子在低能量下也可转变为活化分子，从而使单位体积内活化分子数增多，化学反应速度加快。

（二）高度特异性

酶对其所催化的底物具有严格的选择性。即一种酶仅作用于一种或一类化合物，或作用于一种化学键，以催化一定的化学反应，这种性质称为酶的特异性或专一性（specificity）。根据酶对底物结构选择的严格程度不同，酶的特异性常有以下三类。

1. 绝对特异性

一种酶仅作用于一种底物，称为绝对特异性（absolute specificity）。例如，脲酶只能催化尿素水解生成 NH_3 和 CO_2，对尿素的衍生物甲基尿素则不起作用。

2. 相对特异性

一种酶可作用于一类化合物或一种化学键发生化学反应，这种不太严格的特异性称为相对特异性（relative specificity）。例如，磷酸酶对一般的磷酸酯键都可以水解；激素敏感性脂肪酶不仅能水解甘油三酯，也能水解甘油二酯、甘油一酯等。

3. 立体异构特异性

一种酶仅作用于立体异构体中的一种，而对另一种则无作用，这种特异性称为立体异构特异性（stereo specificity）。例如，L-乳酸脱氢酶只能催化 L-乳酸脱氢生成丙酮酸，对 D-乳酸则无作用；α-淀粉酶只能水解淀粉中 α-1,4-糖苷键，不能水解纤维素中的 β-1,4-糖苷键等。

（三）高度不稳定性

酶的化学本质是蛋白质，其催化活性依赖于特定的空间构象。外界条件极易通过改变酶蛋白的构象而影响其催化活性。因此，酶对导致蛋白质变性的理化因素（如高温、强酸、强碱、激烈震荡、紫外线、有机溶剂、重金属等）都非常敏感，极易受这些因素的影响而变性失活。

（四）酶活性的可调性

酶促反应受到多种因素的调控，生物体内存在缜密而复杂的代谢调节系统，酶的活性不仅受本身结构变化的影响，还往往受到底物的诱导、产物的抑制，以及神经内分泌的调控，以确保代谢活动的协调性和统一性，维持生命活动的正常进行。

二、酶促反应的机制

酶能特异地与底物结合，发挥其高效催化作用是通过多种途径实现的。

（一）活化能

基态底物分子转变为活化分子所需的能量称为活化能（activation energy）。在一个反应体系中，基态底物分子所含能量较低，只有获得较高能量并达到一定阈值的活化分子才能发生化学反应（图 4-2）。

（二）酶促反应主要的反应机制

一直以来，普遍认为降低反应活化能是达到酶促反应高效性的原因。随着研究的深入，1958 年，Koshland 提出诱导契合学说（induced-fit hypothesis）。这一学说描述了中间复合物的形成机制，即酶（E）与底物（S）结合前，结构上并不互补，当两者相互接近时，相互诱导使结构发生变形，彼此适应并结合形成 ES 复合物（图 4-3）。

ES 是酶活性中心，以非共价键（氢键、离子键等）与底物结合，并通过这种结合使底物分子内部某些化学键发生极化，呈不稳定状态（活化状态），从而显著降低反应能阈。酶促反应的基本过程是酶与底物首先结合形成酶-底物复合物（ES），降低反应的活化能，将底物转变成产物并从酶分子中释出。

$$E+S \Longleftrightarrow ES \longrightarrow P+E$$

（三）酶促反应高效率的原因

1. 邻近效应与定向排列

两个以上底物参与的反应中，底物之间必须以正确的方向相互碰撞，才有可能发生反应。酶促反应

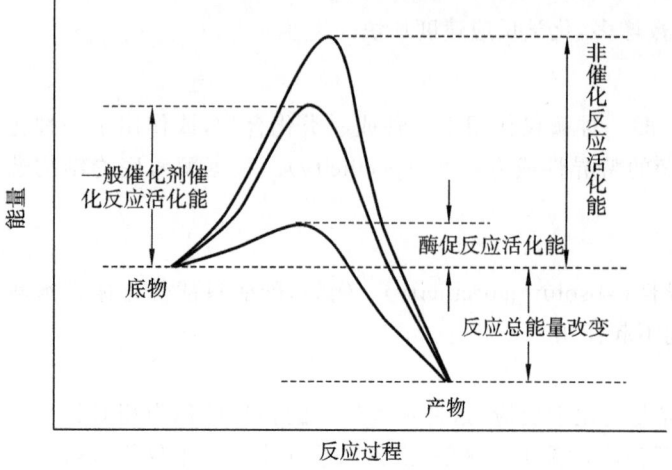

图 4-2　酶促反应活化能的改变

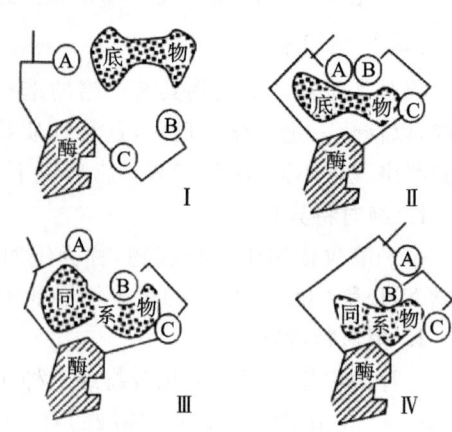

图 4-3　诱导契合学说示意图

Ⅰ.酶与底物接近;Ⅱ.酶与底物诱导契合;
Ⅲ.底物分子过大;Ⅳ.底物分子过小

中不同的底物结合到酶的活性中心,使它们相互接近并形成有利于反应的正确定向关系。把分子间的反应变成类似于分子内的反应,使反应速度大大提高。

2. 表面效应(surface effect)

酶的活性中心多为疏水性的"口袋",避免水分子在酶和底物之间形成水化膜,防止对酶和底物功能基团的干扰,有利于酶和底物在疏水环境中能够密切接触。

3. 酸碱催化作用(acid-base catalysis)

酶是蛋白质,属两性电解质,其活性中心的某些基团具有一定的酸性或碱性,在水溶液中这些酸性或碱性基团可以起到与酸、碱相同的催化作用。广义的酸性或碱性基团对许多化学反应均有较强的催化作用。

4. 共价催化

酶与底物形成共价结合的 ES 复合物而将底物激活,并很容易进一步水解生成产物和游离的酶。这类蛋白酶水解肽键的作用一般分为两步,首先酶用其丝氨酸残基的羟基与底物分子的羧基缩合生成酯键,使肽键断裂;接着以共价结合的中间产物发生水解。如胰蛋白酶和凝血酶等都属于丝氨酸蛋白酶。

> **知识链接**
>
> ### 诱导契合学说
>
> 20 世纪 60 年代 Koshland 提出诱导契合学说来解释酶-底物复合物形成的机制。该学说认为,酶在发挥催化作用之前,首先酶与底物相互接近,其结构相互诱导、相互变形和相互适应,进而相互结合,生成酶-底物复合物,而后使底物转变成产物并释放出酶。这一过程称为诱导契合学说。

第四节　影响酶促反应速度的因素

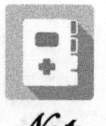

酶促反应速度(v)指单位时间内反应系统中底物的消耗量或产物的生成量。一般来说,影响酶促反应速度的因素主要有六大因素:温度、pH、激活剂、抑制剂、底物浓度和酶浓度。为避免不同影响因素的

相互干扰,在研究某一影响因素时,应保持其他因素不变,只改变待研究的因素,即单一变量研究。

一、底物浓度对酶促反应速度的影响

在酶浓度不变的情况下,以底物浓度对反应速度作图,呈矩形双曲线(rectangular hyperbola),如图 4-4 所示。

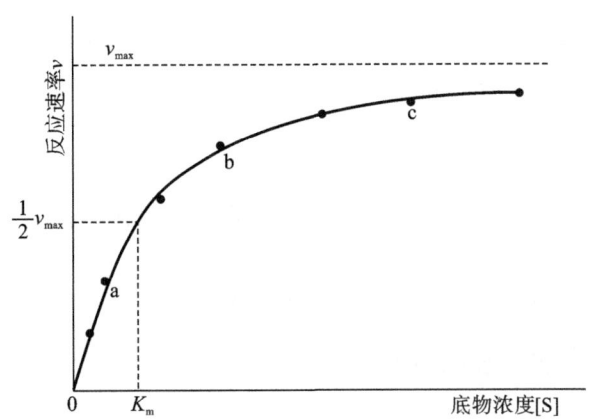

图 4-4 底物浓度对酶促反应速度的影响

当底物浓度[S]较低时,其[S]增高,[ES]随之升高,反应速度(v)随[S]的增高呈直线上升,两者成正比关系;若[S]继续增高,反应速度缓慢增加,而不再与[S]成正比,此时两者呈弧线关系;如果继续加大[S],反应速度基本不再变化,达到平衡,此时 v 为最大反应速度(v_{max})。

(一) 米氏方程

1913 年,L. Michaelis 和 M. L. Menten 在酶-底物中间复合物学说的基础上,经过大量研究,推导出底物浓度和反应速度两者关系的数学方程式,称为 Michaelis-Menten 方程(简称米氏方程)。

$$v = \frac{v_{max}[S]}{K_m + [S]}$$

式中,K_m 是米氏常数(Michaelis constant),$K_m = (k_2 + k_3)/k_1$。v_{max} 为最大反应速度(maximum velocity),[S]为底物浓度,v 为在不同底物浓度时的反应速度。

当底物浓度很低时,$[S] \ll K_m$,则 $v \approx (v_{max}/K_m)[S]$,反应速度 v 与底物浓度[S]成正比。当底物浓度极高时,$[S] \gg K_m$,K_m 值可忽略不计,则 $v \approx v_{max}$,此时反应速度 v 达到最大速度 v_{max},底物浓度已不再影响反应速度。

(二) 米氏常数的意义

当反应速度为最大速度的一半时,米氏方程可以变换如下:

$$\frac{1}{2}v_{max} = \frac{v_{max}[S]}{K_m + [S]}$$

进一步整理可得到:$K_m = [S]$。

在酶学研究中米氏常数极为重要,其意义与应用如下所示。

(1) K_m 值为酶反应速度为最大速度一半时的底物浓度。

(2) K_m 是酶的特征常数。K_m 与酶的浓度无关,而与底物的种类和酶促反应的条件有关。

(3) 酶对特定底物的 K_m 值是恒定的。对同一底物,不同的同工酶有不同的 K_m 值,因此可以利用酶的 K_m 值比较来源于同一器官不同组织,或同一组织不同发育期催化同一反应的酶,通过比较 K_m 值来判断这些酶是同工酶还是同一种酶。

(4) K_m 稳定与否用于酶的鉴定。

(5) K_m 可以反映酶与底物的亲和力,即 K_m 值越大,酶与底物的亲和力越小;反之,酶与底物亲和力越大。一般情况下,一个酶有几种底物,就有几个 K_m 值,其中 K_m 值最小的对酶的亲和力最大,通常

为酶的天然底物或最适底物。

（6）K_m 可用来计算欲使反应速度达到某一特定反应速度时的合理[S]。如欲使反应速度达到最大反应速度的 90%，代入米氏方程可得

$$90\% v_{max} = \frac{v_{max}[S]}{K_m + [S]}$$

即　$[S] = 9K_m$

（7）K_m 可以反映激活剂与抑制剂的存在。酶不仅与底物结合，也可与激活剂或抑制剂结合而影响 K_m 值。通过 K_m 值的测定可以帮助判断激活剂及抑制剂的存在，以及抑制作用的类型。

二、酶浓度对酶促反应速度的影响

在酶促反应中，当底物浓度远远高于酶浓度时，酶促反应速度随着酶浓度的增加成正比地增大，如图 4-5 所示。

改变酶浓度来调节酶促反应速度是细胞内代谢调节的一个重要方式。

三、温度对酶促反应速度的影响

温度对酶促反应的影响具有两面性：一方面，升高温度，化学反应所需的活化能增加，加快底物分子运动，增加分子间有效碰撞的次数，提升化学反应速度；另一方面，由于酶的本质是蛋白质，当温度升高到一定程度时，会引起酶蛋白变性，从而降低酶的催化活性，反而使酶促反应速度下降。酶促反应速度达到最大时的反应温度称为该酶促反应的最适温度（optimum temperature）。高于或低于最适温度，酶促反应速度都将减慢（图 4-6）。

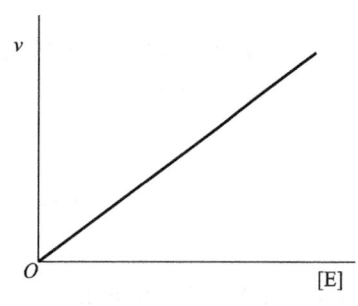

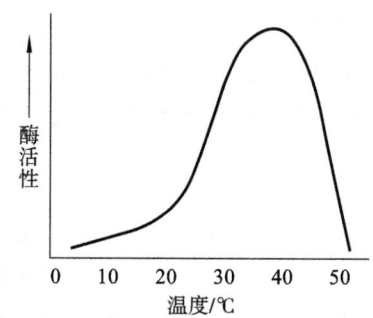

图 4-5　酶浓度对酶促反应速度的影响　　　　图 4-6　温度对酶促反应速度的影响

大部分酶在 60 ℃以上时发生变性。哺乳动物组织中酶的最适温度一般为 35～40 ℃，少数酶耐受温度较高，如从 70～75 ℃环境中生长的嗜热水生菌体内提取的 *Taq* DNA 聚合酶最适温度为 72 ℃。

临床上采用的低温麻醉，即是利用酶的这一特性降低其活性，从而减慢组织细胞的代谢速度，提高机体对氧缺乏的耐受性。此外，动物细胞、菌种、酶制剂保存通常也采用低温或超低温。而测定酶活性的生化实验也要求严格控制反应温度。

四、pH 对酶促反应速度的影响

pH 对酶促反应速度的影响也十分显著。酶在不同 pH 下活性不同，酶促反应速度达到最大时的 pH 称为该酶的最适 pH（optimum pH）。偏离酶的最适 pH 会影响酶与底物的构象和电离状态，使酶与底物的结合能力下降，从而影响酶的催化活性，使其反应速度减慢。

不同种类的酶有不同的最适 pH，植物和微生物产生的酶最适 pH 通常为 5.5～6.5，动物体内酶的最适 pH 大多为 6.5～8.0，但也有少数例外，如胃蛋白酶的最适 pH 为 1.8（图 4-7A），胰凝乳蛋白酶的最适 pH 为 7.8 左右（图 4-7B），精氨酸酶的最适 pH 是 9.8。

最适 pH 不是酶的特征性常数，受底物浓度、种类及缓冲液浓度等因素影响。因此，生化检验测定酶活性时，需选择最适 pH 的缓冲溶液以保证酶发挥最大催化作用。

五、激活剂对酶促反应速度的影响

激活剂是使酶由无活性变为有活性，或增加酶活性的物质。激活剂大多为金属阳离子，如 Mg^{2+}、K^+、Mn^{2+} 等，少数为非金属阴离子，如 Cl^- 等。也有部分激活剂是小分子有机化合物，如胆汁酸盐、谷胱甘肽（GSH）等。一般激活剂分为两大类。

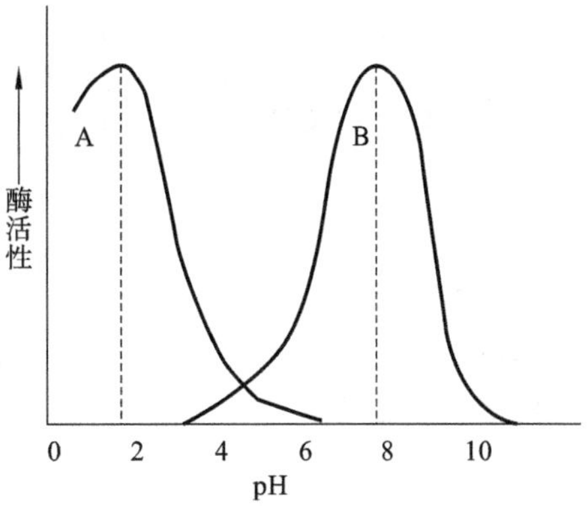

（一）必需激活剂（essential activator）

必需激活剂为反应所必需，若没有，则反应无法发生。例如，Mg^{2+} 可与 ATP 结合形成 Mg^{2+}-ATP，ATP 作为底物参与反应，而 Mg^{2+} 是激酶的必需激活剂。

（二）非必需激活剂（non-essential activator）

图 4-7 pH 对酶促反应速度的影响
A. 胃蛋白酶；B. 胰凝乳蛋白酶

非必需激活剂并非反应所必需，若没有，则反应也可进行，只是催化效率较低。如 Cl^- 是唾液 α-淀粉酶的非必需激活剂，胆汁酸盐是胰脂肪酶的非必需激活剂。

六、抑制剂对酶促反应速度的影响

凡能使酶活性下降而不引起酶变性的物质，统称为酶的抑制剂（inhibitor，I）。酶抑制剂的研究在医学中具有十分重要的意义：很大一部分药物都是通过对生物体内某些酶的抑制来起到治疗作用的；某些毒性物质的致毒原理，实质上也是其对酶活性抑制后的结果。

根据抑制剂作用机制的不同，抑制作用可分为不可逆性抑制作用和可逆性抑制作用。

（一）不可逆性抑制作用

抑制剂以共价键与酶的必需基团不可逆结合而使酶活性丧失，该抑制作用称为不可逆性抑制作用（irreversible inhibition），这类抑制剂称为不可逆性抑制剂（irreversible inhibitor）。不可逆性抑制剂不能用透析、超滤等物理方法将其除去而使酶复活，但可以通过化学方法，将抑制剂从酶分子上除去。常见的不可逆性抑制剂包括有机磷化合物、重金属离子等。

例如，有机磷农药，包括敌敌畏、敌百虫、1059 和甲胺磷等，能特异性作用于乙酰胆碱酯酶或糜蛋白酶等活性中心丝氨酸的羟基上，抑制该类酶的活性。

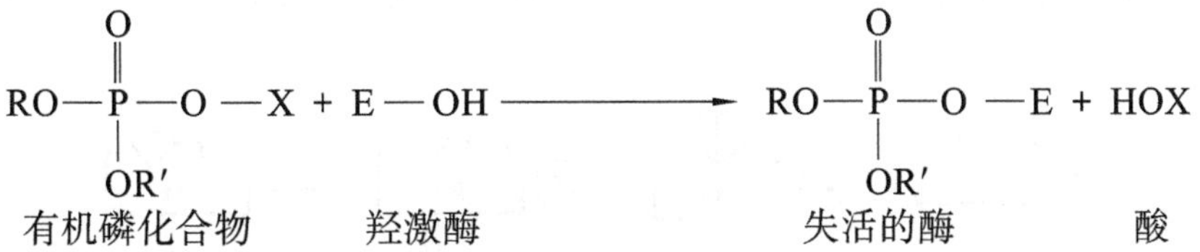

$$
\underset{\text{有机磷化合物}}{\underset{\text{OR}'}{\overset{\displaystyle\overset{O}{\|}}{RO-P-O-X}}} + \underset{\text{羟激酶}}{E-OH} \longrightarrow \underset{\text{失活的酶}}{\underset{\text{OR}'}{\overset{\displaystyle\overset{O}{\|}}{RO-P-O-E}}} + \underset{\text{酸}}{HOX}
$$

乙酰胆碱酯酶是催化乙酰胆碱水解的丝氨酸酶，乙酰胆碱是胆碱能神经末梢分泌的神经递质，当胆碱酯酶的活性被抑制后，乙酰胆碱不能及时分解，导致胆碱能神经过度兴奋而产生中毒症状，如心跳变慢、瞳孔缩小、流涎、多汗和呼吸困难等。因此，有人将有机磷化合物称为神经毒剂。

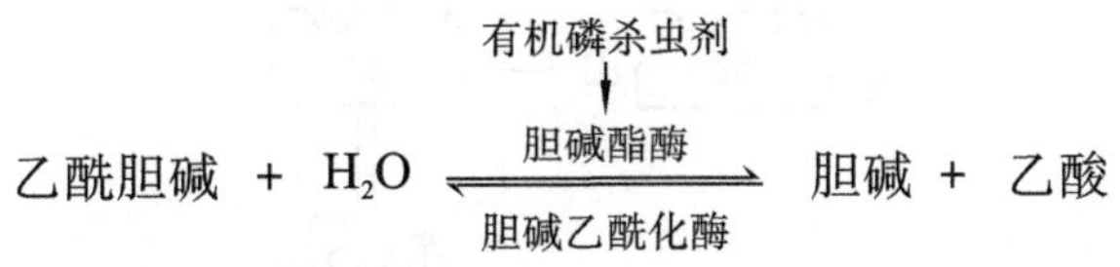

$$
\text{乙酰胆碱} + H_2O \underset{\text{胆碱乙酰化酶}}{\overset{\overset{\text{有机磷杀虫剂}}{\downarrow}}{\underset{\text{胆碱酯酶}}{\rightleftharpoons}}} \text{胆碱} + \text{乙酸}
$$

解除有机磷农药中毒，可给予解磷定（pyridine aldoximemethyliodide，PAM），其机制是解磷定分子中含有负电性较强的肟基（—CH ＝NOH），能置换出酶蛋白的丝氨酸羟基，使酶的活性恢复。

$$\text{解磷定} + RO-\overset{\overset{\displaystyle O}{\|}}{\underset{\underset{\displaystyle OR'}{|}}{P}}-E \longrightarrow \text{有机磷化合物-解磷定复合物} + E-OH$$

解磷定　　　　　　失活的酶　　　　有机磷化合物-解磷定复合物　恢复活性的酶

砷剂（如路易氏气、砒霜）是含砷化合物，能与巯基酶的巯基共价结合使酶失活而使人畜中毒；铅中毒引起的贫血即铅结合在亚铁螯合酶的巯基上，导致血红素合成障碍。

$$Cl-\underset{\underset{\displaystyle Cl}{|}}{As}-CH=CHCl + E\overset{SH}{\underset{SH}{}} \longrightarrow E\overset{S}{\underset{S}{\diagup}}As-CH=CHCl + HCl$$

路易氏气　　　　　　巯基酶　　　　　　　失活的酶　　　　　酸

临床上常用二巯基丙醇或二巯基丁二酸钠解救重金属中毒，机制是以其分子上的巯基可置换出酶蛋白的巯基，使酶恢复活性。

$$E\overset{S}{\underset{S}{\diagup}}As-CH=CHCl + \begin{array}{c}H_2C-SH\\|\\HC-SH\\|\\H_2C-OH\end{array} \longrightarrow E\overset{SH}{\underset{SH}{}} + \begin{array}{c}\\HO-H_2C\end{array}As-CH=CHCl$$

失活的酶　　　　　　BAL　　　　恢复活性的酶　　　BAL与砷化合物的复合物

（二）可逆性抑制作用

抑制剂以非共价键与酶或酶-底物复合物结合，从而使酶活性降低或丧失，但用透析、超滤等物理方法可将抑制剂除去，恢复酶的活性，此种抑制作用称为可逆性抑制作用（reversible inhibition），这类抑制剂称为可逆性抑制剂（reversible inhibitor）。根据作用机制的不同，可逆性抑制作用又分为竞争性抑制作用、非竞争性抑制作用和反竞争性抑制作用。

1. 竞争性抑制作用

抑制剂（I）与底物（S）结构相似，两者相互竞争与酶的活性中心结合，当抑制剂与酶结合后，可以阻碍酶与底物的结合，从而抑制酶促反应，称为竞争性抑制作用（competitive inhibition），如图 4-8（a）所示。

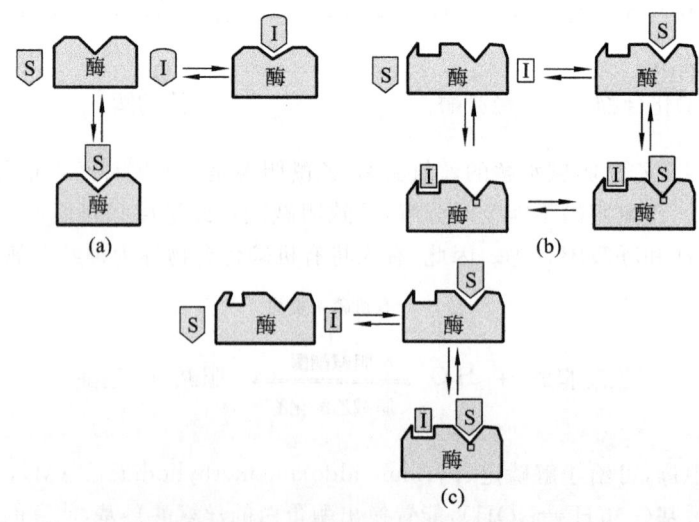
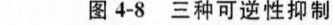

图 4-8　三种可逆性抑制作用示意图

(a)竞争性抑制作用；(b)非竞争性抑制作用；(c)反竞争性抑制作用

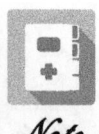
Note

按米氏方程的推导方法,竞争性抑制剂浓度、底物浓度与反应速度的动力学关系符合米氏方程:

$$\frac{1}{v} = \frac{K_m}{v_{max}} \left(1 + \frac{[I]}{k_i}\right) \frac{1}{[S]} + \frac{1}{v_{max}}$$

竞争性抑制作用的特点:抑制剂与底物的结构相似;抑制剂与底物相互竞争与酶活性中心结合;抑制剂通过与活性中心结合抑制酶促反应;根据米氏方程,竞争性抑制剂存在时表现为 K_m 值增大,v_{max} 不变(图 4-9),因此,$[I]/[S]$ 的相对比例决定其抑制程度,若增加底物浓度,可以降低甚至解除抑制作用的影响。

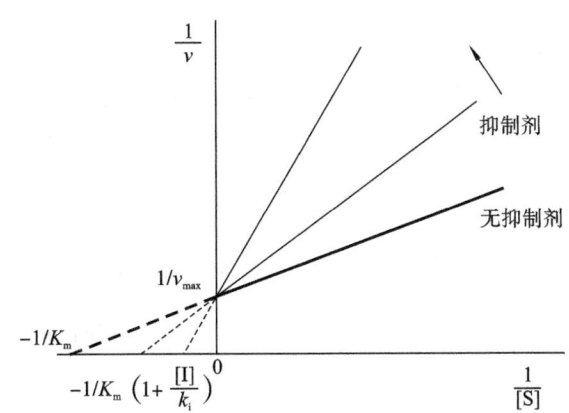

图 4-9 竞争性抑制的特征性曲线

竞争性抑制作用的典型实例如丙二酸对琥珀酸脱氢酶的抑制作用。由于丙二酸与琥珀酸结构类似,两者之间会竞争性与琥珀酸脱氢酶活性中心结合,若丙二酸与琥珀酸脱氢酶结合,可阻碍琥珀酸与琥珀酸脱氢酶的结合,从而抑制其酶活性。当琥珀酸的浓度增大时,抑制作用就会被削弱。

$$HOOC-CH_2-CH_2-COOH \xrightarrow[\text{琥珀酸脱氢酶}]{FAD \quad FADH_2} HOOC-\underset{H}{C}=\underset{H}{C}-COOH$$

琥珀酸   延胡索酸

$$HOOC-CH_2-COOH$$
丙二酸

竞争性抑制作用在医学上的应用十分普遍,例如磺胺类药物。细菌以对氨基苯甲酸(PABA)、二氢蝶呤和谷氨酸为底物,在生物体内二氢叶酸合成酶的催化下,合成二氢叶酸(FH_2),FH_2 再进一步被还原成四氢叶酸(FH_4)。化学结构与对氨基苯甲酸很相似的磺胺类药物是二氢叶酸合成酶的竞争性抑制剂,抑制酶的活性,阻碍 FH_2 的合成,减少 FH_4 的生成,同时干扰一碳单位代谢,进而通过扰乱核酸的合成来抑制细菌的生长繁殖。而人体能直接利用食物中的叶酸,所以磺胺类药物对人体核酸合成的干扰作用很低。因而根据竞争性抑制作用的特点,服用磺胺类药物时必须达到足够高的血药浓度,才能达到竞争性抑制作用,所以,临床上首次用此药时需要大剂量,而后维持剂量。

$$H_2N-\langle\quad\rangle-COOH+Glu+\text{二氢蝶呤} \xrightarrow[①]{FH_2\text{合成酶}} FH_2 \xrightarrow{FH_2\text{还原酶}} FH_4$$

对氨基苯甲酸

$$H_2N-\langle\quad\rangle-SO_2NHR$$
磺胺类药物

临床使用的许多抗癌药物,如甲氨蝶呤(MTX)、5-氟尿嘧啶(5-FU)、6-巯基嘌呤(6-MP)等均为竞争性抑制剂,分别抑制四氢叶酸、脱氧胸苷酸及嘌呤核苷酸等的合成,达到抑制肿瘤生长的目的。

2. 非竞争性抑制作用

抑制剂可与酶活性中心以外的必需基团结合,不影响底物与酶结合,酶与底物的结合也不影响酶与

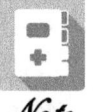

抑制剂的结合(图 4-8(b))。但酶、底物和抑制剂三者生成的 ESI 复合物不能释放出产物。这种抑制作用称为非竞争性抑制作用(non-competitive inhibition)。非竞争性抑制剂的酶促反应表示如下:

$$E+S \rightleftharpoons ES \longrightarrow E+P$$
$$+ \qquad +$$
$$I \qquad I$$
$$\Updownarrow \qquad \Updownarrow$$
$$EI+S \rightleftharpoons EIS$$

与竞争性抑制作用相比,非竞争性抑制作用有下列特点:底物和抑制剂结构不相似;两者互不干扰,可以同时与酶的不同部位相结合,不存在竞争关系;抑制程度只取决于[I],增加[S]不能去除抑制作用;K_m 值不变,v_{max} 降低(图 4-10)。如亮氨酸对精氨酸酶的抑制作用,麦芽糖对 α-淀粉酶的抑制作用均属于非竞争性抑制作用。

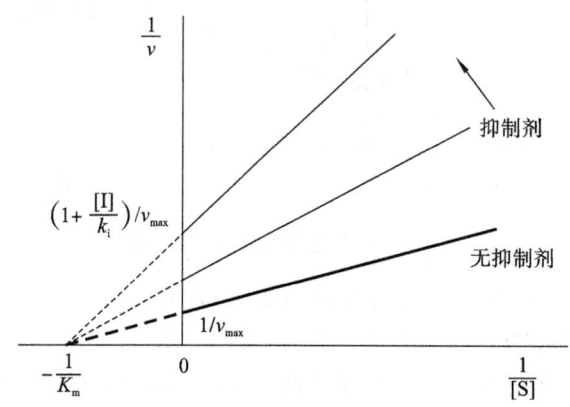

图 4-10　非竞争性抑制的特征性曲线

3. 反竞争性抑制作用

此类抑制剂(I)仅与酶-底物复合物(ES)结合,ESI 复合物形成后,使[ES]下降,不利于 ES 转变为产物。增加底物浓度反而促进抑制作用,这种现象恰好与竞争性抑制作用相反,故称为反竞争性抑制作用(uncompetitive inhibition),如图 4-8(c)所示。反竞争性抑制剂的酶促反应可用下式表示:

$$E+S \rightleftharpoons ES \longrightarrow E+P$$
$$+$$
$$I$$
$$\Updownarrow$$
$$EIS$$

反竞争性抑制作用的特点:抑制剂(I)只能和 ES 结合,生成不能转化为产物的 ESI 复合物;抑制剂与 ES 结合后,ES 的有效浓度降低;动力学特征是 K_m 值与 v_{max} 同时降低(图 4-11)。

反竞争性抑制作用在酶促反应中较为少见,多发生在双底物反应中,偶见于水解反应。苯丙氨酸对胎盘型碱性磷酸酶的抑制属于反竞争性抑制作用。3 种可逆性抑制作用特点见表 4-3。

表 4-3　3 种可逆性抑制作用的比较

各种可逆性抑制作用	竞争性抑制作用	非竞争性抑制作用	反竞争性抑制作用
I 结合的对象	E	E、ES	ES
K_m 值变化	增大	不变	减小
v_{max} 变化	不变	降低	降低

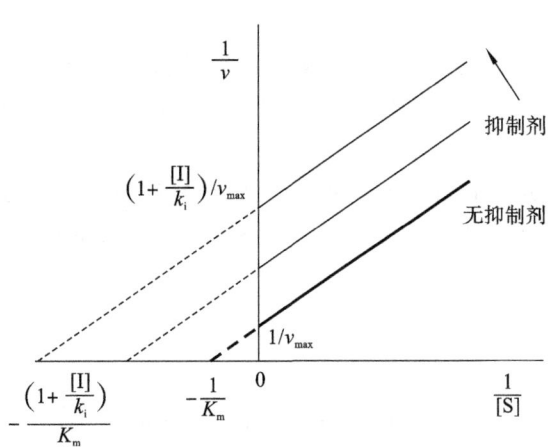

图 4-11　反竞争性抑制的特征性曲线

第五节　酶的调节

细胞内许多酶的活性是可以调节的,机体对物质代谢的调节都是通过对关键酶活性的调节实现的。在代谢过程中具有调节作用的酶称为关键酶(key enzyme)。细胞对关键酶活性的调节包括酶结构的调节和酶含量的调节。

一、酶结构的调节

细胞对现有酶活性的调节,根据调节机制不同,酶结构的调节包括变构调节、化学修饰调节和酶原激活,属于对酶促反应速度的快速调节。

(一) 变构调节

一些小分子化合物与酶蛋白活性中心外的特定部位以非共价键特异结合,改变酶蛋白构象,从而改变其活性,这种调节称为酶的变构调节(allosteric regulation),又称别构调节。能通过变构调节改变活性的酶称为变构酶(allosteric enzyme),关键酶多属于变构酶。能对变构酶进行变构调节的物质称为变构剂,其中增加酶活性的称为变构激活剂,降低酶活性的称为变构抑制剂。

(二) 化学修饰调节

在其他酶的作用下,酶蛋白发生共价修饰,即结合或脱去某些化学基团,从而引起酶活性改变,称为酶的化学修饰(chemical modification)调节。

二、酶蛋白含量的调节

调节关键酶的合成速度或降解速度以改变酶在细胞内的水平是一种缓慢而持久的调节方式。这类调节作用所需时间较长,主要发生在转录水平,但调节效应持续时间较久。

(一) 酶蛋白合成的诱导与阻遏

一般在转录水平上能促进酶蛋白合成的物质称为诱导物(inducer),这种作用称为诱导作用。反之,减少酶蛋白合成的物质称为阻遏物(repressor),这种作用称为阻遏作用。例如,糖皮质激素是诱导物,能诱导糖异生途径中关键酶的合成。胆固醇是阻遏物,能阻遏肝内胆固醇合成途径中的关键酶——HMG-CoA 还原酶的合成。

(二) 酶蛋白的降解

改变酶蛋白的降解速度也是调节细胞内酶数量的重要方式。一般情况下,通过胞内酶降解的调节,

不如酶的诱导和阻遏调节重要。

人体内蛋白质的降解方式有两种途径:①溶酶体途径:该途径降解蛋白质没有选择性,是长半衰期蛋白质和细胞外蛋白质的降解途径,不消耗 ATP;蛋白酶体途径:②该蛋白质降解途径需要泛素的参与。

酶结构的调节是改变酶分子的结构来改变酶活性,通常在数秒或数分钟内即可完成,属于快速调节;而酶含量的调节是通过调控编码酶蛋白基因的表达来影响其合成量,从而调节酶的活性,一般需要数小时才能完成,属于慢速调节。

第六节　酶与医学的关系

酶与医学的关系非常密切。人体内新陈代谢的正常进行,离不开酶的催化,先天性或继发性酶活性异常会造成代谢异常,进而导致疾病的发生,随着人类酶学和医学研究的深入发展,酶在医学上的应用越来越被人们重视。现在其活性的测定已成为临床疾病辅助诊断和治疗的重要方法。

一、酶与疾病的发生

酶与疾病发生的关系主要表现在两个方面:一是先天性或继发性酶缺陷会导致疾病;二是酶的异常或活性受到抑制。

(一) 酶缺陷导致的疾病

酶的先天性缺陷可导致代谢障碍。由于这类疾病是遗传性的,称为遗传代谢性疾病,即当编码酶的基因突变时,常导致合成酶蛋白的数量不足或酶分子丧失正常功能。如白化病,由先天性酪氨酸酶缺陷引起的;蚕豆病,因 6-磷酸葡萄糖脱氢酶缺陷导致的;苯丙酮酸尿症,是苯丙氨酸羟化酶缺乏导致的;同型胱氨酸血症,是胱硫醚合酶的遗传缺陷导致的;维生素 K 缺乏导致继发性凝血酶的缺陷等。

(二) 酶活性异常导致的疾病

酶活性被抑制导致的代谢异常。许多中毒性疾病实际上是体内某些酶活性被抑制所引起的,如重金属离子抑制巯基酶活性;有机磷农药敌敌畏、敌百虫、1059 等抑制乙酰胆碱酯酶活性;氰化物抑制细胞色素氧化酶活性等。

(三) 酶原的不合理激活导致的疾病

酶原的存在是机体自我保护的重要方法之一,酶原的不合理激活会引起异常的代谢过程而导致疾病发生。如纤维蛋白溶解系统或凝血因子的不当激活而导致的血管栓塞性疾病或出血性疾病,急性胰腺炎发生的重要病理原因是胰腺组织内胰蛋白酶原被激活而引起组织自溶。

二、酶与疾病的诊断

血液既是机体物质运输的重要渠道,也是连接不同组织器官的重要桥梁。各种不同来源的酶经不同方式进入血液,它们在血液中的作用不同,其活性大小也不等,但均保持相对恒定。若体内某些组织或器官发生病变时,会导致特定血清酶活性的改变,因此,测定血清酶活性可作为临床疾病诊断的重要参考依据。

(一) 酶的合成减少

很多组织或器官疾病能引起酶的合成减少,尤其是肝脏疾病,如肝功能障碍患者,其尿素合成酶、凝血酶原、卵磷脂胆固醇酰基转移酶(LCAT)等都会减少。

(二) 酶的合成量增加

如佝偻病和骨肉瘤患者血清碱性磷酸酶增多,恶性肿瘤患者血清乳酸脱氢酶活性增强等。

（三）细胞膜通透性增加或组织器官损伤

细胞膜通透性增加或组织器官损伤使细胞内的酶进入血液，如急性心肌梗死和心肌炎患者的血清肌酸激酶活性增强，急性肝炎患者的血清丙氨酸氨基转移酶活性增强。

（四）正常排泄途径受阻

如胆道梗阻患者，其碱性磷酸酶不能随胆汁排出而在血清中含量升高。

所以临床上常进行体液酶活性检查作为疾病诊断、病情监测、疗效观察、预后及预防的重要指标。

三、酶与疾病的治疗

临床上常利用胃黏膜或麦芽内含有的消化酶治疗疾病。我国古代就有使用"鸡内金"（鸡胃黏膜）、麦芽等治疗消化不良的文献记载。早期酶类药物的临床应用以消化及抗炎为主，已逐步扩展至凝血与抗凝血、降压、抗氧化、抗肿瘤等多种用途。而且随着人类对酶与疾病关系研究的深入和酶分离纯化等生物生产技术的不断提高，治疗疾病的范围以及临床疾病治疗的酶制剂种类也在不断扩大，已成为现代医学中的一个新领域，即治疗酶学。

（一）酶作为药物用于临床治疗

早在 20 世纪 60 年代就有人试图用异种酶的粗提物治疗先天性代谢缺陷性疾病。通过向患者体内提供外源性的酶制剂，使患者缺乏的酶得以补偿，以达到治疗的目的，称为"酶替代疗法"。目前常用的酶制剂见表 4-4。

表 4-4 临床常用的酶制剂

分类	酶制剂
助消化酶类	胃蛋白酶、胰蛋白酶、胰脂肪酶、淀粉酶
清创和抗炎酶类	糜蛋白酶、链激酶、木瓜蛋白酶、菠萝蛋白酶、胰蛋白酶、纤溶酶等
抗栓酶类	尿激酶、链激酶、纤溶酶
抗氧化酶类	超氧化物歧化酶、过氧化氢酶
抗肿瘤细胞生长酶类	天冬酰胺酶、谷氨酰胺酶、神经氨酸酶

此外，固定化酶制造的新型人工肾，是由微胶囊离子交换树脂的吸附剂和微胶囊尿酶组成的。前者吸附氨，后者水解尿素产生氨，以减少患者血液中过高的非蛋白氮。

（二）通过抑制酶的活性治疗疾病

许多药物可通过抑制细菌重要代谢途径中的酶活性，达到抑菌或杀菌目的。如磺胺类药物是细菌二氢叶酸合成酶的竞争性抑制剂；5-氟尿嘧啶、6-巯基嘌呤、甲氨蝶呤是核酸代谢途径中相关酶的竞争性抑制剂，阻断肿瘤细胞的核酸合成，抑制肿瘤的生长；氯霉素通过抑制某些细菌转肽酶活性来抑制其蛋白质合成而发挥抗菌作用。

此外，核酶高度特异的剪接作用，在专一性治疗相应疾病方面具有良好的应用前景；工具酶已广泛应用于科学研究和生产，限制性核酸内切酶和连接酶是基因工程中必不可少的工具酶；抗体酶是人工制造的兼有抗体和酶活性的蛋白质，除结构与抗体分子相似外，其与抗原特异结合部位还被赋予了酶的催化活性，近年来抗体酶技术在各领域都有广泛的应用，在医学方面主要用于戒毒和解毒、肿瘤、艾滋病、甲状腺疾病的治疗以及预防心脑血管疾病等。

 目 标 检 测

简答题

1. 什么是酶？酶促反应有何特点？

2. 举例说明酶的三种特异性（定义、分类、举例）。

参考答案

Note

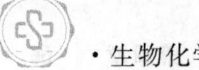
3. 说明酶原与酶原激活的意义。

4. 简述酶原激活的机制及生理意义。

5. 简述温度对酶促反应速度的影响。

6. 举例说明竞争性抑制作用在临床上的应用。

参 考 文 献

[1] 赵瑞巧.生物化学[M].2 版.北京:科学出版社,2010.

[2] 王易振,仲其军,贾祥捷.生物化学[M].2 版.武汉:华中科技大学出版社,2016.

[3] 查锡良.生物化学[M].7 版.北京:人民卫生出版社,2008.

[4] 吴伟平.生物化学[M].3 版.北京:北京出版社,2014.

（王明芳）

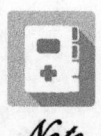

第五章 维 生 素

学习目标

1. 掌握：脂溶性维生素的来源、性质、生物学功能和缺乏症；水溶性维生素的来源、性质、生物学功能和缺乏症。

2. 熟悉：维生素的概念、分类和维生素缺乏的原因。

3. 了解：维生素的性质及其化学结构。

维生素的发现是 20 世纪的伟大发现之一。1897 年，C. 艾克曼在爪哇发现只吃精磨的白米可患脚气病，未经碾磨的糙米能治疗这种病，并发现可治脚气病的物质能用水或乙醇提取，当时称这种物质为"水溶性 B"。1906 年有学者证明食物中含有除蛋白质、脂类、碳水化合物、无机盐和水以外的"辅助因素"，其量很小，却是动物生长所必需的。1911 年 C. 丰克鉴定出在糙米中能对抗脚气病的物质是胺类（一类含氮的化合物），它是维持生命所必需的，所以建议命名为"维生素"。

案例导入 5-1

患者，男，主诉眼睛干燥，双眼睑有分泌物，从强光处进入暗处时，眼睛暂时看不见东西，暗适应试验发现，45 min 后患者仍看不见弱光。

分析思考：根据所学的生化知识说出该病的生化机制。

第一节 概 述

一、维生素的概念及特点

维生素是维持机体生命活动过程所必需的一类小分子有机化合物。大多数维生素不能在体内合成，也不能大量储存，必须经常由食物供给。维生素一般以原形或可被机体利用的前体形式存在于天然食物中，不构成组织，不供给能量。机体对维生素的需求量很小，但却有重要作用，均以辅酶或辅基的形式发挥作用。

二、维生素的命名与分类

(一) 命名

维生素的命名一般有三种方式，一是按发现的时间顺序，以英文字母命名，如维生素 A、维生素 B、维生素 C、维生素 D、维生素 E 等；二是按其化学结构特点命名，如维生素 B_1 是含硫的胺类，故称为硫胺

本章 PPT

案例解析
5-1

Note

45

素,维生素 B_2 的结构中有核糖醇,故称为核黄素;三是按其生理功能和治疗作用命名:如维生素 B_1 称为抗脚气病维生素,维生素 C 称为抗坏血病维生素等。

(二) 分类

维生素种类很多,化学结构差异很大。分类时通常按其溶解性不同分为脂溶性维生素和水溶性维生素两大类。脂溶性维生素包括维生素 A、维生素 D、维生素 E、维生素 K 等,水溶性维生素包括 B 族维生素和维生素 C。B 族维生素又包括维生素 B_1、维生素 B_2、维生素 B_6、维生素 B_{12}、维生素 PP、泛酸、叶酸、生物素。

第二节 脂溶性维生素

维生素 A、维生素 D、维生素 E、维生素 K 溶于脂类及脂质溶剂,不溶于水,故称为脂溶性维生素。在食物中常与脂类共同存在,其吸收与脂类的吸收有关。因此,脂类物质吸收不良时,脂溶性维生素吸收也减少,会引起维生素缺乏症。当膳食摄入量超过机体需要时,可以在机体内储存,若长期摄入量过多,可引起中毒。

一、维生素 A

(一) 化学本质、性质、来源

维生素 A 的化学本质是含有 β-白芷酮环的不饱和一元伯醇,天然维生素 A 有维生素 A_1(视黄醇)和维生素 A_2(3-脱氢视黄醇)两种形式(图 5-1、图 5-2)。

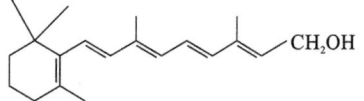

图 5-1 维生素 A_1(视黄醇)   图 5-2 维生素 A_2(3-脱氢视黄醇)

维生素 A 的化学性质活泼,易被氧化而失去活性,紫外线照射也可使之被破坏,故维生素 A 应放置在棕色瓶内保存。

维生素 A 的来源有两条途径,一类是来自动物性食品的维生素 A,这一类是能够直接被人体利用的维生素,主要存在于动物肝脏中,维生素 A_1 在海水鱼肝中,维生素 A_2 在淡水鱼肝中,还有奶和禽蛋中也有大量丰富的维生素 A。另一类是来自植物性食物中的维生素 A 原,以及在体内可以转变成维生素 A 的类胡萝卜素,此类维生素在菠菜、苜蓿、豌豆苗、红心甜菜、胡萝卜、青椒、南瓜等食物中含量较多。

(二) 生理功能及缺乏症

1. 构成视紫红质

人类感受暗光的物质为视紫红质,它是由维生素 A_1 转变成的 11-顺视黄醛和视蛋白结合形成的配合物,该物质在暗处产生,但感受弱光后,视紫红质中的 11-顺视黄醛迅速发生异构化作用转变成全反型视黄醛,与视蛋白分离而失色,这一光异构化过程引起视网膜杆状细胞膜钙离子通道通透性的改变而引发神经冲动,从而产生视觉。当人们从光线强的地方进入暗处时,起初看不清物体,稍微等一会儿才能看清,原因是暗光下视紫红质的合成加强,使视网膜杆状细胞内的视紫红质含量增多,而眼睛对弱光的感光性取决于视紫红质的浓度,所以人们在弱光下稍停片刻才能看清物体。

当维生素 A 缺乏时,11-顺视黄醛得不到足够的补充,视紫红质合成受阻,对暗光敏感度降低,在暗处就不能很好地辨别物体,从而引起夜盲症。

2. 维持上皮细胞的完整和健全

维生素 A 是维持上皮细胞完整的必需物质,与上皮组织中黏多糖的合成密切相关。因此,当维生

素 A 缺乏时,上皮组织中黏多糖的合成受阻,引起分泌黏液的功能降低,使得皮肤及各器官如呼吸道、腺体等上皮组织干燥、增生和角质化等,皮肤外观症状为弹性下降、干燥粗糙、毛囊角质化、失去光泽等。在眼部的病变是角膜和结膜表皮细胞退变,分泌泪液减少,泪腺萎缩,失去抵抗细菌入侵的功能,易导致干眼病。所以维生素 A 又称为抗干眼病维生素。

3. 促进生长发育

维生素 A 具有类固醇激素的作用,缺乏时可引起机体生长停顿、发育不良。

4. 其他作用

流行病学研究表明,食物中维生素 A 的摄入量与癌症的发生率呈负相关。动物实验也表明摄入维生素 A 可减轻致癌物质的作用。有人认为这与维生素 A 能增强机体免疫力有关。实验已证明视黄醇及其代谢物能抑制癌基因的表达,胡萝卜素可以直接消灭自由基,是有效的抗氧化剂,而且临床已证明,多食含 β-胡萝卜素的食物可以降低吸烟者肺癌的发病率。

5. 维生素 A 中毒

摄入维生素 A 过多,超出视黄醇结合蛋白的结合能力,可引起维生素 A 中毒。目前多见于 1～2 岁的婴幼儿。主要表现有毛发易脱、皮肤干燥、瘙痒、烦躁、厌食、肝大及易于出血等症状。

二、维生素 D

（一）化学本质、性质、来源

维生素 D 为类固醇衍生物,又称为抗佝偻病维生素,含有环戊烷多氢菲结构。其中维生素 D_2（麦角钙化醇）和维生素 D_3（胆钙化醇）最为重要（图 5-3、图 5-4）。

植物油和酵母中含有的麦角固醇不能被人体吸收,在日光或紫外线照射下转变为可被人体吸收的维生素 D_2,称为 D_2 原。人体皮下的 7-脱氢胆固醇,在紫外线的照射下可以转变为维生素 D_3,称为 D_3 原,是人体内维生素 D 的主要来源。维生素 D 在小肠吸收后,渗入乳糜微粒经淋巴入血,在血液中与维生素 D 结合蛋白（DBP）结合后运至肝。一般来说,人体通过皮肤合成的维生素 D_3 能够满足机体的需要。因此,多进行日光浴和户外活动可预防佝偻病的发生。

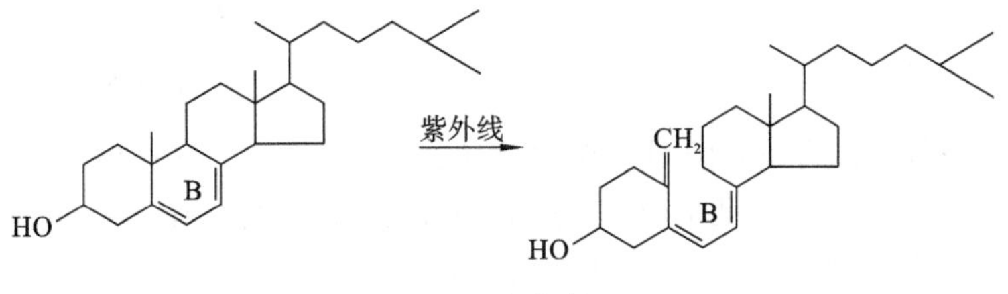

图 5-3 维生素 D_2

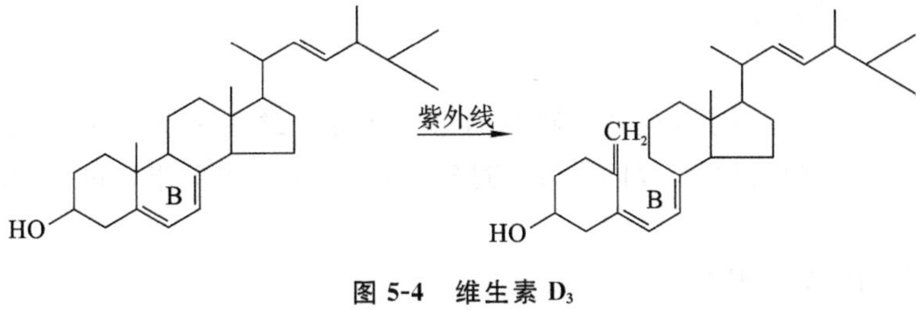

图 5-4 维生素 D_3

在体内维生素 D 的活性形式是 $1,25-(OH)_2-D_3$,维生素 D_3 需在肝内先羟化生成 $25-(OH)-D_3$,然后经肾羟化生成 $1,25-(OH)_2-D_3$ 后才能发挥作用。

维生素 D 为无色针状晶体,对光比较敏感,化学性质一般较稳定,耐热性强,对氧、酸及碱较稳定,不易破坏。

鱼肝油、肝、蛋、奶等动物性食品是维生素 D 的主要来源。孕妇在选择鱼肝油和维生素 D 强化食物时,一定要遵照医生的嘱咐,不可过量,以免引起中毒。

（二）生理功能及缺乏症

1,25-(OH)$_2$-D$_3$可促进肠道黏膜合成钙结合蛋白。在小肠对钙和磷吸收增加的同时,1,25-(OH)$_2$-D$_3$可促进肾小管细胞对钙、磷的重吸收,从而提高血磷、血钙的浓度,这是成骨作用的必要条件。维生素D还具有促进成骨细胞形成和促进钙在骨质中沉积成磷酸钙、碳酸钙等骨盐的作用,有助于骨骼和牙齿的形成。在体内维生素D、降钙素、甲状旁腺素等对维持机体钙磷的平衡均有一定的作用。

若缺乏维生素D,婴幼儿出现佝偻病,成年人则发生软骨病。因此,在临床工作中,应注意小儿毛发、骨骼发育的情况,出现缺钙症状时,应及时适量补充维生素D。

知识链接

维生素D与钙的关系

补充维生素D可以防止佝偻病、软骨病等,但在补充维生素D时应同时补充钙。维生素D摄入量过多(如每日摄入50 mg)会发生中毒,表现为食欲下降、呕吐、腹泻、血钙过高、骨破坏等,严重时可能出现肾衰竭。

三、维生素E

（一）化学本质、性质、来源

维生素E又称为生育酚,根据其化学结构分为生育酚和生育三烯酚(图5-5、图5-6)。它们的化学本质是苯骈二氢吡喃的衍生物。已经发现的生育酚有8种,以α、β、γ和δ四种较为重要,其中以α-生育酚生理作用最强。

图5-5 生育酚　　　　　　　　　　　　图5-6 生育三烯酚

维生素E在无氧条件下具有较强的耐热性,并对酸、碱也有一定的稳定性,但对氧极为敏感,容易自身氧化,因此可以保护其他易被氧化的物质,常用于食品添加剂,保护脂类或维生素A、不饱和脂肪酸不被氧化。值得注意的是,冷冻储存食物时,生育酚容易丢失。

维生素E在植物中广泛存在,其中以豆油、玉米油、麦胚油等含量最多,蔬菜和豆类中含量也比较丰富。

（二）生理功能及缺乏症

1. 抗氧化作用

维生素E是体内重要的氧化剂,也是生物膜的组成成分。维生素E具有较强的清除自由基的能力,能保护生物膜中的不饱和脂肪酸,以防其发生过氧化反应,可以避免脂质过氧化的发生,保护生物膜的结构和功能。

2. 与动物的生殖功能关系密切

实验证明,维生素E对动物(如鼠和昆虫)的生殖功能很重要,维生素E在动物体内缺乏时会导致不育。临床上用维生素E来治疗先兆流产和习惯性流产。

3. 促进血红素的合成

维生素E能提高血红素合成过程中的关键酶δ-氨基-γ-酮戊酸(ALA)脱水酶和ALA合成酶的活性,从而促进血红素的合成。

4. 其他作用

维生素E在体内能调节前列腺素和血栓素的形成,因而可抑制血小板凝集。维生素E还能维持骨骨骼肌、心肌、周围血管和脑细胞的正常结构和功能。

四、维生素K

(一) 化学本质、性质、来源

  维生素K又名凝血维生素,其化学本质是具有异戊烯类侧链的2-甲基-1,4-萘醌的衍生物。自然界中发现的维生素K有两种形式,即维生素K_1、维生素K_2(图5-7、图5-8)。维生素K_1主要存在于绿叶蔬菜中,而维生素K_2是人体肠道细菌的代谢产物。人工合成的维生素K有2-甲基-1,4-萘醌,称为维生素K_3,4-亚氨基-2-甲基萘醌,称为维生素K_4(图5-9、图5-10)。它们的生物活性高于维生素K_1、维生素K_2,作为水溶性维生素K代替品用于临床。

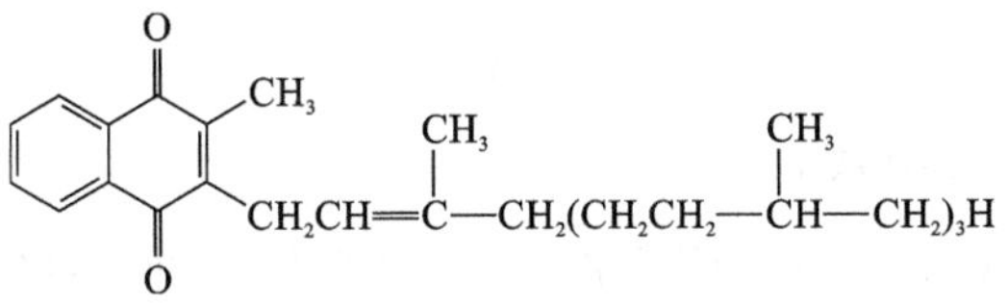

图 5-7 维生素 K_1 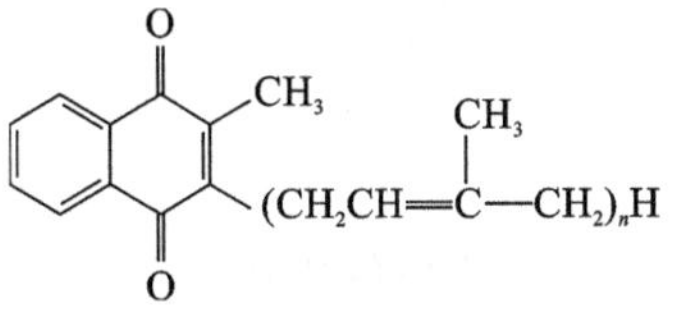   图 5-8 维生素 K_2

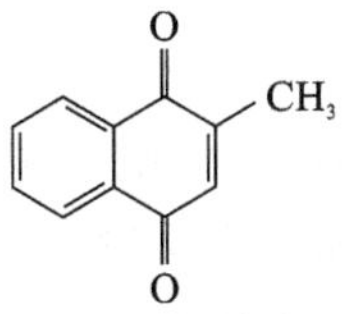

图 5-9 2-甲基-1,4-萘醌(维生素 K_3) 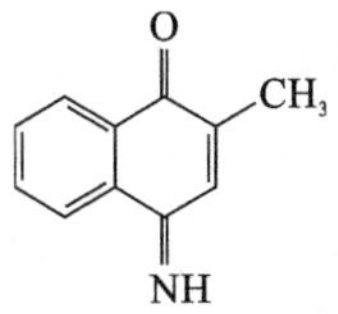   图 5-10 4-亚氨基-2-甲基萘醌(维生素 K_4)

  维生素K的耐热性较强,但容易被光照和碱破坏。

  牛肝、鱼肝油、蛋黄、乳酪、优酪乳、海藻、紫花苜蓿、菠菜、甘蓝、莴苣、花椰菜、豌豆、香菜等中含有丰富的维生素K。

(二) 生理功能及缺乏症

  维生素K能加快血液凝固,促进肝合成凝血酶原。凝血酶原分子的N-末端的谷氨酸残基羧化后变成 γ-羧基谷氨酸(Gla),Gla有很强的结合钙离子的能力,这种结合可激活蛋白水解酶,使凝血酶原水解转变为凝血酶。维生素K是该反应酶的辅助因子。此外,也可促进凝血因子VII、IX、X。当维生素K缺乏时,凝血因子VII、IX、X的合成量减少,影响血液凝固,导致凝血时间延长,严重时可出现肌肉或胃肠道出血。

  在自然界中,维生素K的来源广泛,以绿色食物为主,再加上机体自身可产生一定量的维生素K,因此,一般情况下人体不会出现维生素K缺乏症。然而,当机体膳食中缺乏绿色蔬菜或者长期服用抗生素使肠道细菌生长受到抑制时,可能会发生维素K缺乏症。由于新生儿缺乏肠道细菌,加上吸收不良,会暂时出现维生素K缺乏症。

第三节　水溶性维生素

水溶性维生素与脂溶性维生素不同,能溶解于水,不能溶解于有机溶剂。体内不能储存,当血中浓度超过肾阈值时,随尿排出,所以一般不中毒。大多数水溶性维生素都以辅酶和辅基的形式参与各种化学反应。

一、维生素 B_1

(一)化学本质、性质、来源

维生素 B_1 又称抗脚气病维生素,由含氨基的嘧啶环和含硫的噻唑环通过甲烯基连接而成,故又称为硫胺素。维生素 B_1 在体内与磷酸结合后转变成焦磷酸硫胺素(TPP),TPP 是维生素 B_1 在体内的活性形式(图 5-11、图 5-12)。

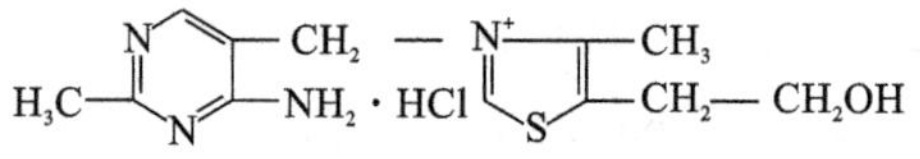

图 5-11　硫胺素

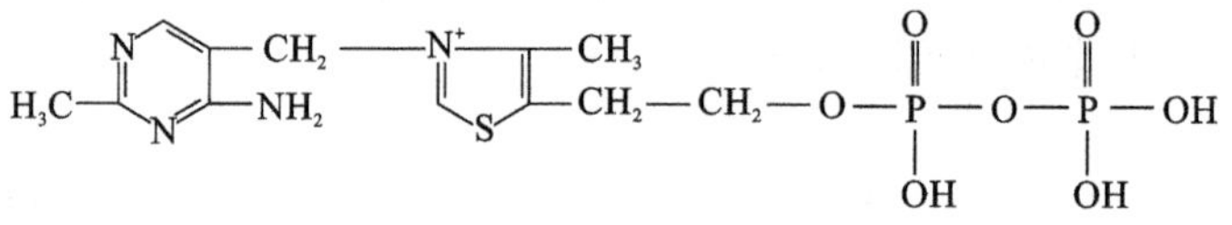

图 5-12　焦磷酸硫胺素

维生素 B_1 为白色结晶,酸性溶液中耐热性强,但在碱性溶液中加热易被破坏。在烹调食物时不宜加碱。

维生素 B_1 在植物中广泛分布,谷类、豆类的外皮和胚芽中含量丰富,例如米糠;因此,精白米、精白面中的维生素 B_1 含量较少。瘦肉、酵母中含量也比较丰富。

(二)生理功能及缺乏症

(1)TPP 是 α-酮酸氧化脱羧酶系的辅酶,因此,当维生素 B_1 缺乏时,会影响 α-酮酸的氧化供能,如糖代谢过程中的丙酮酸和 α-酮戊二酸的氧化脱羧步骤受阻,导致体内能量供应发生障碍,尤其是神经组织能量供应不足,使乳酸、丙酮酸堆积,可出现神经肌肉兴奋性异常,表现为多发性神经炎,较典型的缺乏症是脚气病。

(2)TPP 是转酮醇酶的辅酶,参与磷酸戊糖途径,磷酸戊糖途径是合成核酸的唯一来源,因此维生素 B_1 的缺乏使体内核苷酸合成及神经髓鞘中鞘磷脂的合成受影响,可导致末梢神经炎。

(3)抑制胆碱酯酶的活性。维生素 B_1 能抑制胆碱酯酶的活性,使乙酰胆碱水解受阻。当维生素 B_1 缺乏时,乙酰胆碱分解加强,使神经传导受到影响,致使胃肠蠕动减弱,消化液分泌较少,主要症状表现为食欲不振、消化不良等消化功能障碍。

知识链接

警惕富裕后的营养缺乏症

苏州某儿童医院连续抢救 3 例维生素 B_1 缺乏引起的爆发性心力衰竭伴肺水肿患儿,均为 3 个月左右的婴儿,均是母乳喂养,分别来自常熟、吴江等鱼米之乡。调查发现,这几例婴儿的母亲在妊娠期及分娩后均以精白米为主食,导致维生素 B_1 缺乏。维生素 B_1 缺乏症以消化、神经及循环系统症状为主,婴儿发病常很突然,来势凶猛,病情进展快,须尽早抢救否则可迅速死亡。

二、维生素 B_2

（一）化学本质、性质、来源

维生素 B_2 是核糖醇和 7,8-二甲基异咯嗪的缩合物，因呈黄色，故又称核黄素（图 5-13）。异咯嗪环的 N^1 位、N^{10} 位之间存在活泼的双键，能反复加氢和脱氢，因此维生素 B_2 有氧化型和还原型两种形式。

维生素 B_2 耐热，在酸性溶液中也很稳定，碱性溶液中不耐热，对光敏感，易被破坏。

维生素 B_2 在体内以黄素单核苷酸（FMN）和黄素腺嘌呤二核苷酸（FAD）的形式存在。FMN、FAD 是黄素酶的辅基，在代谢中起传递氢的作用，两者均是核黄素在体内的活性形式。

维生素 B_2 广泛存在于动植物食品中，以肝、肾、乳制品中含量较为丰富。此外，米糠、胡萝卜、酿造酵母、香菇等物质中含量也较高。微生物核黄菌有合成核黄素的能力。

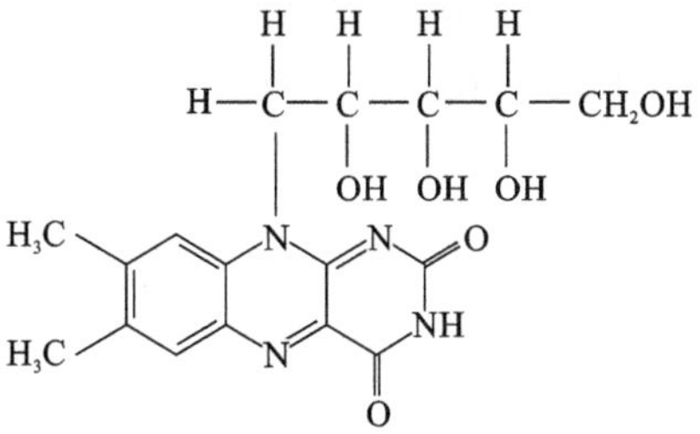

图 5-13　维生素 B_2

（二）生理功能及缺乏症

维生素 B_2 参与体内生物氧化与能量代谢，能促进糖、脂肪、蛋白质等多种物质的代谢，因此，当维生素 B_2 缺乏时，组织细胞呼吸、代谢强度均减弱，导致口腔、唇、皮肤、生殖器的炎症和功能障碍，称为核黄素缺乏病。另外，维生素 B_2 缺乏还会使眼睛充血，导致易流泪、易有倦怠感、头晕症状。

三、维生素 PP

（一）化学本质、性质、来源

维生素 PP 又称为癞皮病维生素，是吡啶的衍生物，包括烟酸（尼克酸）和烟酰胺（尼克酰胺）两种（图 5-14、图 5-15），在体内主要以酰胺的形式存在。烟酸在体内很容易转变成具有生物活性的烟酰胺。

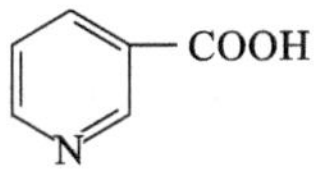

图 5-14　烟酸

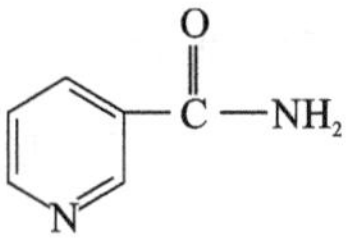

图 5-15　烟酰胺

维生素 PP 在体内性质稳定，不易被酸、碱或加热破坏。

烟酸广泛存在于动植物食物中，如动物肝、肾、瘦肉、乳类等，全谷、豆类、绿叶蔬菜中也有相当含量。烟酸也可以在体内由色氨酸转化而来，但转化率较低，因此，人体所需的维生素 PP 以从食物中摄取为主。

（二）生理功能及缺乏症

烟酰胺在体内与核糖、磷酸、腺嘌呤形成烟酰胺腺嘌呤二核苷酸（NAD^+，辅酶 I ）和烟酰胺腺嘌呤二核苷酸磷酸（$NADP^+$，辅酶 II ），两者是维生素 PP 在体内的活性形式。烟酰胺分子中的氮为五价，能可逆地接受电子变成三价氮。所以，烟酰胺每次可接受一个氢原子和一个电子。

NAD^+、$NADP^+$ 是多种不需氧脱氢酶的辅酶，在生物氧化过程中起到递氢体的作用，作为递氢体参与糖、脂肪、蛋白质的代谢。

维生素 PP 缺乏时易引起癞皮病，主要表现为皮肤裸露部位的对称性皮炎、腹泻及痴呆。以玉米为主食的地区易患维生素 PP 缺乏症，因为玉米中色氨酸含量较少。

抗结核病药物异烟肼的结构与维生素 PP 基本相似，两者有拮抗作用，因此长期服用异烟肼可引起维生素 PP 的缺乏。

Note

四、维生素 B$_6$

（一）化学本质、性质、来源

维生素 B$_6$ 是吡啶衍生物，包括吡哆醇、吡哆醛、吡哆胺（图 5-16），在体内都以磷酸盐形式存在，其在体内的活性形式主要是磷酸吡哆醛、磷酸吡哆胺，两者以加氨或脱氨而互相转化。

维生素 B$_6$ 在酸性溶液中较稳定，碱性溶液中易被破坏。

维生素 B$_6$ 在动植物中分布很广，麦胚芽、米糠、大豆、肝、肾、肉类及蛋黄中含量丰富。

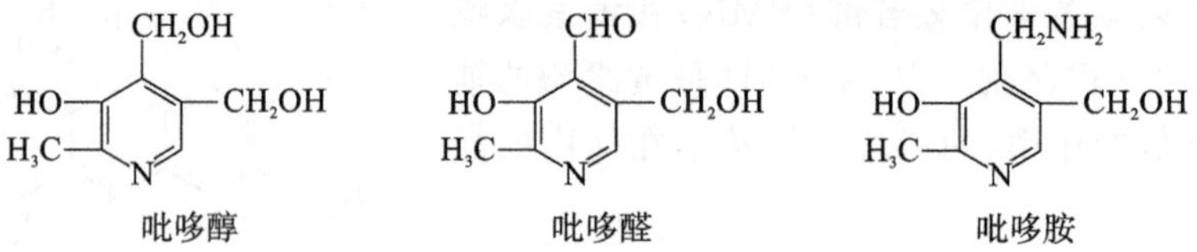

图 5-16　维生素 B$_6$

（二）生理功能及缺乏症

磷酸吡哆醛、磷酸吡哆胺是转氨酶的辅酶，在氨基酸转氨基过程中起传递氨的作用。磷酸吡哆醛还是某些氨基酸脱羧酶的辅酶，可促使氨基酸转变成许多重要的物质，如神经递质多巴胺、γ-氨基丁酸等，若维生素 B$_6$ 缺乏可引起周围神经出现脱髓鞘等变化，表现为呕吐、惊厥等现象，因此，在临床上常用维生素 B$_6$ 治疗小儿惊厥和妊娠呕吐。

磷酸吡哆醛是 ALA 合成酶的辅酶。ALA 合成酶是血红素合成的限速酶，因此，缺乏维生素 B$_6$ 可产生红细胞低色素性贫血。

体内单独缺乏维生素 B$_6$ 的情况较少见。当长期用异烟肼进行抗结核治疗时，异烟肼和吡哆醛可结合生成腙，从尿中排出，从而导致维生素 B$_6$ 缺乏症。

五、泛酸

（一）化学本质、性质、来源

泛酸是由 β-丙氨酸与二羟基二甲基丁酸通过肽键连接而成的有机酸（图 5-17），因广泛分布在自然界中而得名。

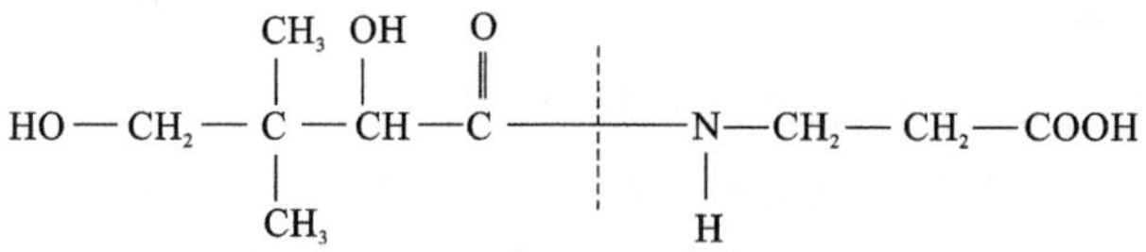

$$HO-CH_2-\underset{\underset{CH_3}{|}}{\overset{\overset{CH_3}{|}}{C}}-\underset{\underset{}{|}}{\overset{\overset{OH}{|}}{CH}}-\overset{\overset{O}{\|}}{C}-N-CH_2-CH_2-COOH$$
$$|$$
$$H$$

图 5-17　泛酸

在体内，泛酸与 3'-磷酸腺苷、5'-焦磷酸及巯基乙胺结合，形成辅酶 A（CoA）。

泛酸在中性溶液中对热稳定，对还原剂和氧化剂也较稳定，但易被酸碱破坏。

肉、奶、鱼类、谷物等动植物组织中均含有一定量的泛酸。

（二）生理功能及缺乏症

在体内，辅酶 A 主要起传递酰基的作用，是各种酰基转移酶的辅酶，其—SH 与酰基转移密切相关，因此，辅酶 A 常用 HSCoA 表示。

正常条件下，膳食中富含泛酸，并且人体肠道细菌能合成泛酸，因此，一般不会出现缺乏症。在治疗其他 B 族维生素缺乏症时，给予适量的泛酸能提高疗效。

六、生物素

（一）化学本质、性质、来源

生物素是由尿素与噻吩环相结合的一个双环化合物，侧链上有一个戊糖（图 5-18）。

生物素是无色针状晶体，高温和氧化剂能使其生物活性丧失，碱性环境中不稳定，酸性条件下稳定性较强。

生物素在食物中分布广泛，如肝、肾、牛奶等食物中生物素含量最高，其次为豆类、菜花等。另外，人体肠道细菌也可合成一部分生物素。

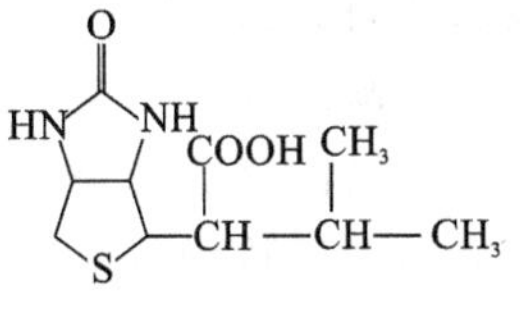

图 5-18　生物素

（二）生理功能及缺乏症

生物素是体内多种羧化酶的辅酶，如丙酮酸羧化酶、乙酰辅酶 A 羧化酶等。生物素与酶结合参与体内二氧化碳的固定和羧化过程，它也是某些微生物的生长因子，极微量即可使实验细菌生长。例如，链孢霉生长时需要极微量的生物素。

一般情况下，机体很少出现生物素缺乏症，可能是由于生物素既可以来源于食物又可由肠道细菌合成。但若时常食入生鸡蛋清或长期口服抗生素可引起生物素缺乏，表现为鳞屑皮炎、忧郁、脱毛、食欲不振、舌炎等。因为生鸡蛋清中含有一种抗生物素蛋白，它能与生物素结合生成一种无活性、稳定的化合物，该化合物难以被吸收，从而阻碍生物素的吸收。

知识链接

生物素缺乏病

生物素缺乏的常见症状包括皮炎、萎缩性舌炎、感觉过敏、肌肉痛、倦怠和轻度贫血。儿童缺乏生物素可引起严重蛋白质能量营养不良，婴儿缺乏生物素最严重的神经症状是躁狂、嗜睡症和发育迟缓，并可引起婴儿猝死综合征。妇女怀孕可引起血浆生物素水平降低。动物实验证明，母体缺乏生物素的亚临床表现是胎儿畸形，此时，母体生物素的缺乏程度很低，还未产生特征性的皮肤或中枢神经系统症状。为防止生物素缺乏对胎儿的致畸，应适当予以补充生物素。

七、叶酸

（一）化学本质、性质、来源

叶酸是由对氨基苯甲酸、蝶呤啶及 L-谷氨酸结合而成（图 5-19）。

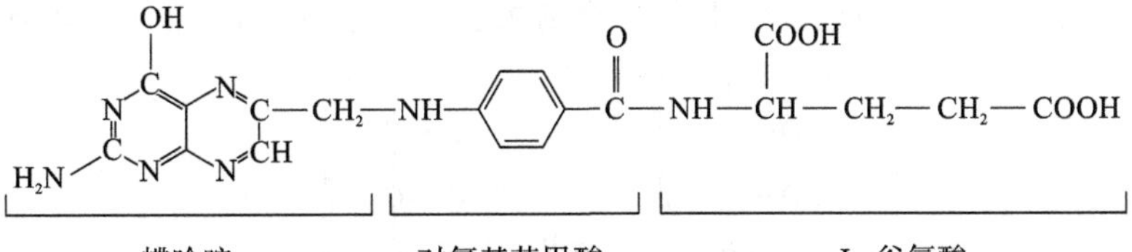

蝶呤啶　　　　　对氨基苯甲酸　　　　　L-谷氨酸

图 5-19　叶酸

叶酸较难溶于水，在光照、加热以及酸性条件下不稳定。因此，叶酸易被破坏。

叶酸因在植物叶片中含量丰富，故而得名。叶酸主要存在于新鲜绿叶蔬菜、新鲜水果中，豆类、谷类中以及动物性食物（如肝）中含量也较多；另外，人体肠道细菌也能合成叶酸。因此，体内一般不会出现叶酸缺乏症。

叶酸在人体小肠、肝等部位被还原为二氢叶酸（FH_2），进一步还原生成四氢叶酸（FH_4），FH_4 是叶酸在体内的活性形式。

（二）生理功能及缺乏症

叶酸是一碳单位转移酶的辅酶，它作为一碳单位的载体参与胆碱、嘌呤和胸腺嘧啶脱氧核苷酸、丝氨酸、甲硫氨酸等许多物质的合成。因此，体内叶酸缺乏时，会造成骨髓幼红细胞的 DNA 合成受阻，红细胞分裂增殖速度下降，细胞体积增大，细胞核内染色质疏松，骨髓内产生的幼红细胞大部分在成熟前就被破坏，由此造成的贫血被称为巨幼红细胞性贫血。

叶酸缺乏症常见于摄入量不足、需求量增加或者长期服用肠道抑菌类药物等。另外，小肠疾病能干扰食物叶酸的吸收和经肝肠循环的再循环过程，故叶酸缺乏是小肠疾病常见的一种并发症。

叶酸的结构中有与磺胺类药物结构相似的对氨基苯甲酸，故磺胺类药物在细菌体内合成叶酸的反应中起竞争性抑制作用，从而抑制细菌的生长、繁殖。

八、维生素 B_{12}

（一）化学本质、性质、来源

维生素 B_{12} 又名钴胺素，是唯一含有金属元素（钴）的维生素。进入人体后，钴离子可与不同的基团结合，与甲基结合形成甲基钴胺素，与 5′-脱氧腺苷结合形成 5′-脱氧腺苷钴胺素，与羟基结合形成羟钴胺素。

维生素 B_{12} 是粉红色晶体，临床上使用的维生素 B_{12} 注射液是红色液体。其在弱酸下很稳定，但遇强碱、强酸后极易被破坏。

维生素 B_{12} 在动物性食物如肝、肾中含量最高，植物性食物中不含维生素 B_{12}，因此，素食者易患维生素 B_{12} 缺乏症。胃壁细胞分泌的一种糖蛋白与维生素 B_{12} 的吸收密切相关，因此，某些疾病如萎缩性胃炎及胃大部切除的患者，在临床治疗时必须采用注射维生素 B_{12} 才有效。

（二）生理功能及缺乏症

甲基钴胺素是转甲基酶的辅酶，参与体内的转甲基反应和叶酸代谢，而转甲基酶催化 N^5-甲基四氢叶酸和同型半胱氨酸之间的转甲基反应，生成 FH_4 和甲硫氨酸，因此，维生素 B_{12} 通过增大 FH_4 的利用率来间接影响蛋白质的生物合成，从而促进红细胞的分裂与成熟。当维生素 B_{12} 不足时，叶酸利用率降低，造成叶酸相对缺乏，引起巨幼红细胞性贫血。因此，维生素 B_{12} 和叶酸在临床上用于巨幼红细胞性贫血的治疗。

九、维生素 C

（一）化学本质、性质、来源

维生素 C 又称为抗坏血酸，是六碳的多羟基酸性化合物（图 5-20）。C_2 和 C_3 之间的烯醇式羟基易解离出 H^+，呈酸性；这种烯醇式结构也使维生素 C 容易失去氢原子，因而具有较强的还原性。

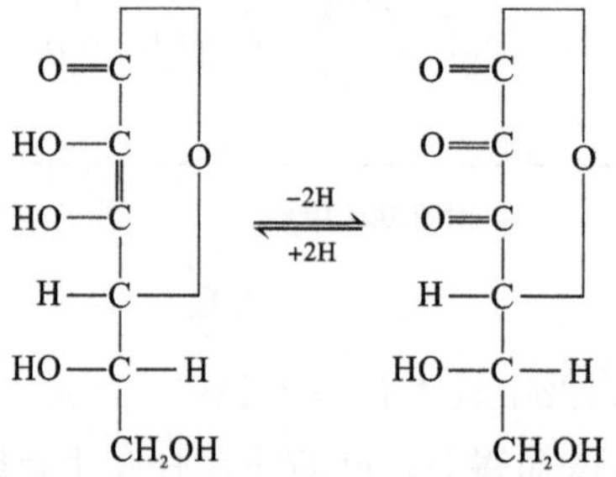

图 5-20　维生素 C

维生素 C 为无色片状晶体，在酸性环境中（pH＜4）较稳定，加热易氧化分解，在碱性条件下或遇到金属离子时更易被氧化。

猕猴桃、番茄、柑橘、辣椒、鲜枣等新鲜蔬菜、水果中含有丰富的维生素 C，但这些植物组织中含有维生素C氧化酶,能将维生素C氧化分解而失活,因此,蔬菜、水果储存时间过久时,维生素C会遭到破坏而降低其营养价值。

知识链接

维生素C的发现

在哥伦布发现美洲大陆之前,欧洲各国纷纷派遣船只远渡重洋。在那个时代,水手们在漫长的航行旅程中,吃的通常都是干面包、风干肉或是熏肉,伙食很单调。在海上航行时,水手中流行着一种可怕的疾病。得了这种病的人浑身无力、牙龈出血、肌肉疼痛,过一阵子就衰弱得无法继续工作,直到死去。人们称这种病为"坏血病"。而水手们吃了橘子和柠檬之后就再也不得坏血病了。很多年后人们才研究发现这是因为橘子和柠檬中含有丰富的维生素C,维生素C可以有效地预防坏血病。

(二) 生理功能及缺乏症

1. 参与体内的羟化反应

(1) 促进胶原蛋白的合成:胶原合成时,多肽链中的脯氨酸和赖氨酸羟化转变成羟脯氨酸和羟赖氨酸,是维持胶原蛋白空间结构的必备物质。胶原是细胞间质的重要组成成分。维生素C是羟化酶的辅助因子之一。因此,当维生素C缺乏时,羟化酶活性降低,出现胶原蛋白合成障碍,导致毛细血管破裂,血液流入邻近组织。这种情况在皮肤表面发生,则产生淤血、紫癜;在体内发生则引起疼痛和关节胀痛。严重时在胃肠道、鼻、肾脏及骨膜下面均可有出血现象,乃至死亡。临床上将此病症称为坏血病。

(2) 促进胆固醇的羟化:约40%的胆固醇可在肝内经过羟化反应转化为胆汁酸。维生素C能增强羟化作用,促进胆固醇的转化与排泄,防止胆固醇在动脉内壁沉积,甚至可以使沉积的粥样斑块溶解。

(3) 提高机体的应急能力:人体受到异常的刺激,如剧痛、寒冷、缺氧、精神强刺激等,会引发抵御异常刺激的紧张状态。该状态伴有一系列身体症状,包括交感神经兴奋、肾上腺髓质和皮质激素分泌增多。肾上腺髓质所分泌的肾上腺素和去甲肾上腺素是由酪氨酸转化而来的,本过程需要维生素C的参与。

2. 参与体内的氧化还原反应

维生素C能可逆地进行脱氢和加氢,在许多氧化还原反应中发挥作用。

(1) 保护巯基酶的活性和谷胱甘肽的还原状态:体内许多酶的催化活性依赖其巯基(—SH),维生素C能使巯基酶维持还原状态,以保持酶的活性,发挥抗氧化的作用。

谷胱甘肽是由谷氨酸、半胱氨酸和甘氨酸组成的短肽,在体内有氧化还原作用。它有两种存在形式,即氧化型和还原型,还原型对保证细胞膜的完整性起重要作用。维生素C是一种强抗氧化剂,其本身被氧化,而使氧化型谷胱甘肽还原为还原型谷胱甘肽,从而发挥抗氧化作用。

(2) 其他作用:维生素C能促进叶酸转变为具有活性的四氢叶酸;维生素C能治疗贫血,使难以吸收利用的三价铁还原成二价铁,促进肠道对铁的吸收,提高肝脏对铁的利用率,有助于治疗缺铁性贫血。另外,维生素C还可提高人体的免疫力,维生素C可增强中性粒细胞的趋化性和变形能力,提高杀菌能力。

案例导入 5-2

患者,女,14岁,平时喜食罐头食品,最近牙龈反复出血,皮下可见淤血。

分析思考:该女孩可能缺乏哪种维生素? 应该补充哪些食品?

案例解析

5-2

参考答案

目标检测

一、单项选择题

1. NAD$^+$中含有下列哪种维生素?(　　)

A. 核黄素　　　　B. 维生素 PP　　　C. 硫胺素　　　　D. 生物素

2. 坏血病患者应该多吃的食物是(　　)。

A. 水果和蔬菜　　B. 鱼肉和猪肉　　　C. 鸡蛋和鸭蛋　　D. 糙米和肝脏

3. 能够构成转氨酶辅酶的是(　　)。

A. 维生素 B$_{12}$　　B. 维生素 B$_2$　　　C. 维生素 B$_1$　　　D. 维生素 B$_6$

4. 不同维生素均具有各自特定的生理功能,下列功能属于维生素 C 的是(　　)。

A. 抗神经类、预防脚气病、预防唇及舌发炎

B. 预防癞皮病、形成辅酶Ⅰ及Ⅱ的成分、与氨基酸代谢有关

C. 预防皮肤病、促进脂类代谢

D. 预防及治疗坏血病、促进细胞间质生长

5. 下列维生素中最不稳定的一种是(　　)。

A. 维生素 B$_{12}$　　B. 维生素 B$_2$　　　C. 维生素 B$_1$　　　D. 维生素 B$_6$

6. 可在体内合成的维生素是(　　)。

A. 维生素 C　　　B. 维生素 A　　　C. 维生素 E　　　D. 维生素 B$_2$　　　E. 维生素 D

二、简答题

简述各种维生素药物的使用方法和注意事项。

参考文献

[1] 赵瑞巧. 生物化学[M]. 2 版. 北京:科学出版社,2010.

[2] 王易振,仲其军,贾祥捷. 生物化学[M]. 2 版. 武汉:华中科技大学出版社,2016.

[3] 查锡良. 生物化学[M]. 7 版. 北京:人民卫生出版社,2008.

(宾　巴)

Note

第六章 生物氧化

学习目标

1. 掌握：生物氧化、呼吸链、氧化磷酸化的概念，NADH 氧化呼吸链、琥珀酸氧化呼吸链的排列顺序。
2. 熟悉：呼吸链各复合体的组分及其作用；氧化磷酸化的影响因素。
3. 了解：生物氧化的特点，线粒体外氧化体系。

第一节 概　述

一、生物氧化的概念

物质在生物体内的氧化称为生物氧化（biological oxidation），主要是指糖、脂肪、蛋白质在体内氧化分解生成二氧化碳和水并逐步释放能量的过程。其中有相当一部分能量可使 ADP 磷酸化生成 ATP，供生命活动之需，其余能量主要以热能形式释放，用于维持体温。

二、生物氧化的特点

物质在体内外氧化的化学本质相同，其耗氧量、终产物（CO_2、H_2O）以及产生能量的量相同，但两者所进行的方式不同。体内生物氧化的特点有以下几点。

（1）生物氧化是在细胞内温和的环境（体温、pH 接近中性）中，在一系列酶的催化下逐步进行的。

（2）体内物质氧化时，能量逐步释放，这有利于机体捕获能量，提高 ATP 的生成效率。体外物质氧化（燃烧）产生的 CO_2、H_2O，由物质中的碳和氢直接与氧结合生成，能量是骤然释放的。生物氧化过程中进行的加水脱氢反应使物质能间接获得氧，并增加脱氢的机会。

（3）生物氧化中水的生成，是由物质代谢脱下的氢经呼吸链传递与氧结合产生的。

（4）CO_2 由有机酸脱羧生成。

三、生物体内氧化还原反应的类型

生物氧化中物质的氧化方式遵循氧化反应的一般规律，即加氧、脱氢、失电子反应。

（一）加氧反应

底物分子中直接加入氧原子或氧分子，如：

$$RCHO + \frac{1}{2}O_2 \longrightarrow RCOOH$$

醛　　　　　　　酸

（二）脱氢反应

底物分子脱去一对氢原子而被氧化。脱下的氢由氢受体接受,如:

$$CH_3CH(OH)COOH \longrightarrow CH_3COCOOH + 2H$$

　　　　乳酸　　　　　　　　丙酮酸

（三）失电子反应

底物分子失去电子,其化学价升高,如:

$$Fe^{2+} \longrightarrow Fe^{3+} + e$$

四、生物氧化过程中 CO_2 的生成

生物氧化的重要产物之一是 CO_2,人体内 CO_2 的生成并不是代谢物中碳原子与氧原子的直接化合,而主要来自糖类、脂类、蛋白质在体内代谢过程中产生的有机酸脱羧(decarboxylation)。根据脱去的羧基在有机酸分子中位置不同,分为 α-脱羧和 β-脱羧两种类型;又根据脱羧是否伴有氧化,可分为单纯脱羧和氧化脱羧两种类型。

（一）α-单纯脱羧

$$R-\overset{\alpha}{C}H-\boxed{COO}H \xrightarrow{\text{氨基酸脱羧酶}} R-CH_2NH_2 + CO_2$$
$$\underset{NH_2}{|}$$

　　　α-氨基酸　　　　　　　　　　　　　胺

（二）α-氧化脱羧

$$CH_3-\overset{\alpha}{C}O-\boxed{COO}H + HSCoA \xrightarrow[\substack{NAD^+ \quad\quad NADH+H^+}]{\text{丙酮酸脱氢酶系}} CH_3-CO\sim SCoA + CO_2$$

　　丙酮酸　　　　　　　　　　　　　　　　　　　　　　　乙酰辅酶A

（三）β-单纯脱羧

$$\begin{aligned} &\beta \quad CH_2-\boxed{COO}H \\ &\alpha \quad COCOOH \end{aligned} \xleftarrow{\text{丙酮酸羧化酶}} CH_3COCOOH + CO_2$$

　　草酰乙酸　　　　　　　　　　　　　　　丙酮酸

（四）β-氧化脱羧

$$\begin{aligned} &\alpha \ CHOH-COOH \\ &\beta \ CH-\boxed{COO}H \\ &\quad CH_2-COOH \end{aligned} \xrightarrow[\substack{NAD^+ \quad\quad NADH+H^+}]{\text{异柠檬酸脱氢酶}} \begin{aligned} &CO-COOH \\ &CH_2 \qquad + CO_2 \\ &CH_2-COOH \end{aligned}$$

　　异柠檬酸　　　　　　　　　　　　　　　α-酮戊二酸

第二节　线粒体生成 ATP 的生物氧化体系

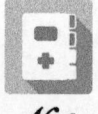

在线粒体内的生物氧化体系中,代谢物脱下的成对氢原子,通过线粒体内膜上的一系列酶和辅酶所组成的链锁反应逐步传递,最终与氧结合生成水,并伴随能量的释放。此过程与细胞摄取氧的呼吸过程

有关,故称为呼吸链或电子传递链(respiratory chain)。

一、呼吸链的组成和水的生成

(一) 呼吸链的主要成分

用胆酸、脱氧胆酸等反复处理线粒体内膜,可将呼吸链分离得到四种具有传递电子功能的酶复合体及以游离形式存在的辅酶 Q (CoQ)、细胞色素 c(Cytc)。复合体在线粒体的存在位置如图 6-1 所示。

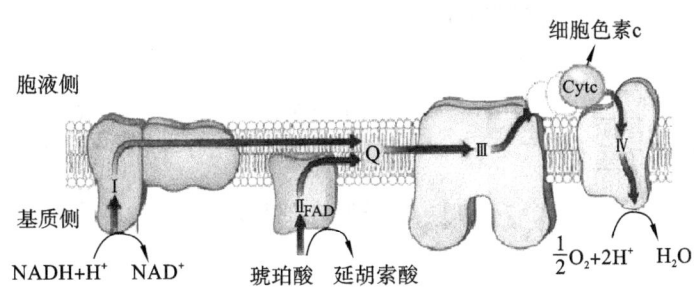

图 6-1 呼吸链各复合体的位置示意图

(1) 复合体 I：又称 NADH-泛醌还原酶,含有以黄素单核苷酸(FMN)为辅基的黄素蛋白和铁硫蛋白,作用是将氢从 NADH 传递给泛醌(辅酶 Q)。

(2) 复合体 II：又称琥珀酸-泛醌还原酶,含有以黄素腺嘌呤二核苷酸(FAD)为辅基的黄素蛋白、铁硫蛋白、细胞色素 b(Cytb),作用是将氢从琥珀酸传递给泛醌。

(3) 复合体 III：又称泛醌-细胞色素还原酶,含有 Cytb、Cytc_1 和铁硫蛋白,作用是将电子从泛醌传递给 Cytc。

(4) 复合体 IV：又称细胞色素氧化酶,含有 Cytaa_3 和 Cu^{2+},作用是将电子由 Cytc 传递给 Cytaa_3 再传递给氧。

辅酶 Q 和 Cytc 极易从线粒体内膜分离出来,不包含在上述复合体中,是可移动的电子传递体。

四种复合体的作用见表 6-1。

表 6-1 线粒体呼吸链复合体及作用

复合体	酶名称	多肽链数	辅基	主要作用
复合体 I	NADH-泛醌还原酶	39	FMN,Fe-S	将 NADH 的氢原子传递给泛醌
复合体 II	琥珀酸-泛醌还原酶	4	FAD,Fe-S	将琥珀酸中的氢原子传递给泛醌
复合体 III	泛醌-细胞色素还原酶	11	铁卟啉,Fe-S	将电子从还原型泛醌传递给 Cytc
复合体 IV	细胞色素氧化酶	13	铁卟啉,Cu	将电子从 Cytc 传递给氧

(二) 呼吸链的电子传递顺序和 H_2O 的生成

线粒体内重要的呼吸链有两条,即 NADH 氧化呼吸链和琥珀酸氧化呼吸链($FADH_2$ 氧化呼吸链)。

1. NADH 氧化呼吸链

由于人及动物细胞内的大多数不需氧脱氢酶如乳酸脱氢酶、苹果酸脱氢酶、丙酮酸脱氢酶系等都以 NAD^+ 作为辅酶,受氢后生成 $NADH+H^+$；$NADH+H^+$ 进入 NADH 氧化呼吸链进行氧化,该呼吸链是人体内主要的呼吸链。

该呼吸链由复合体 I、复合体 III、复合体 IV、CoQ 和 Cytc 组成。代谢物脱下的氢由 NAD^+ 接受生成 $NADH+H^+$,$NADH+H^+$ 脱下的 2H 经复合体 I 传给 CoQ 生成 QH_2,后者将 $2H^+$ 释放于介质中,而将 2 个电子传递给复合体 III,并经复合体 III 传递至 Cytc,再传至复合体 IV,最后将 2 个电子交给 $1/2O_2$,使氧激活,生成 O^{2-}。O^{2-} 再与介质中的 $2H^+$ 结合生成水(图 6-2)。

2. 琥珀酸氧化呼吸链($FADH_2$ 氧化呼吸链)

该呼吸链由复合体 II、复合体 III、复合体 IV、CoQ 和 Cytc 组成。当代谢物受到以 FAD 为辅基的脱

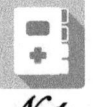

氢酶(琥珀酸脱氢酶、α-磷酸甘油脱氢酶等)催化时,其分子中脱下的2H被FAD接受生产FADH$_2$,经复合体Ⅱ传递给CoQ形成QH$_2$,后者将2H$^+$释放于介质中,而将2个电子传递给复合体Ⅲ,并经复合体Ⅲ传至Cytc,再传至复合体Ⅳ,最后将2个电子交给1/2O$_2$,使氧激活,生成O^{2-}。O^{2-}再与介质中的2H$^+$结合生成水(图6-2)。

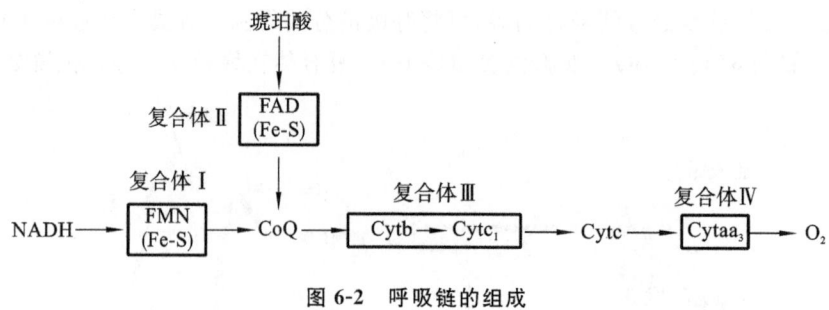

图6-2 呼吸链的组成

二、ATP 的生成

体内有机物代谢释放大量能量,一部分以热能形式散发,另一部分以高能键的形式储存在高能化合物中。

(一) 体内生成 ATP 的方式

体内生成 ATP 的方式主要有两种:氧化磷酸化和底物水平磷酸化。其中氧化磷酸化是体内 ATP 的主要生成方式。

1. 氧化磷酸化

代谢物脱下的氢,经呼吸链的传递最后与氧化合成水的过程中释放能量,偶联驱动 ADP 磷酸化生成 ATP 的过程,称为氧化磷酸化(oxidative phosphorylation)。

氧化磷酸化的偶联部位,即为电子传递链中产生 ATP 的部位(图6-3)。测定氧和无机磷的消耗量,即可计算出 P/O 值。P/O 值是指每消耗 1 摩尔氧原子所消耗的无机磷原子的摩尔数(或生成 ATP 的摩尔数),因为无机磷的消耗伴随着 ATP 的生成(ADP+H$_3$PO$_4$⟶ATP+H$_2$O)。

实验证明,代谢物脱下的氢经 NADH 呼吸链氧化生成水的 P/O 值为 2.5,即消耗 1 摩尔氧可生成 2.5 摩尔 ATP;经 FAD 呼吸链氧化生成水的 P/O 值为 1.5,即消耗 1 摩尔氧原子可生成 1.5 摩尔 ATP。

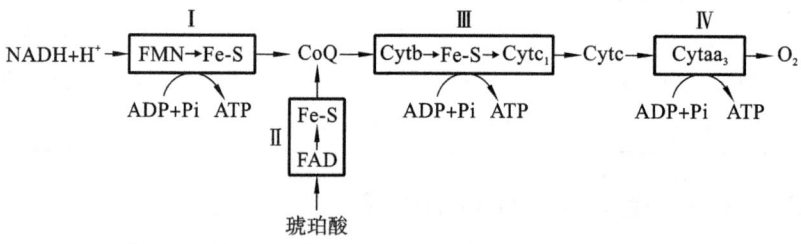

图6-3 氧化磷酸化的偶联部位

2. 底物水平磷酸化

某些代谢物在氧化过程中,因脱氢、脱水等作用,使分子内部能量重新分布和集中,形成高能磷酸键(~P),高能磷酸键直接传给 ADP(或其他核苷二磷酸)生成 ATP(或其他核苷三磷酸)的方式,称为底物水平磷酸化(substrate level phosphorylation)。例如:

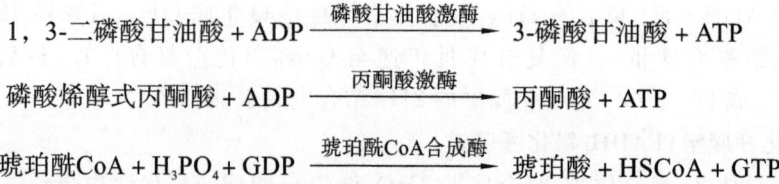

（二）影响氧化磷酸化的因素

1. 抑制剂

（1）呼吸链抑制剂：此类抑制剂以专一的结合部位抑制呼吸链的正常传递，影响氧化磷酸化作用，从而妨碍或破坏能量的供给，如：阿米妥（麻醉药）、鱼藤酮（杀虫剂）、大黄酸等抑制 $NADH \rightarrow Q$ 之间的氢传递，抗霉素 A 抑制 $Q \rightarrow Cytc$ 之间的电子传递，氰化物（CN^-）、叠氮化物、CO 和 H_2S 则抑制细胞 $Cytaa_3$ 与氧之间的电子传递。目前发生的城市火灾事故中，由于装饰材料中的 N 和 C 经高温可形成氰化物，因此伤员除因燃烧不完全造成 CO 中毒外，还存在 CN^- 中毒。

> **知识链接**
>
> ### CO 及其中毒机制
>
> CO 为无色、无味、无臭的气体，碳或含碳物质在氧不充分时燃烧，均可产生 CO。使用柴炉、煤炉、煤气热水器时，如通风不畅通或使用不当，可导致 CO 中毒。人体吸入 CO 后，一部分与血红蛋白结合，引起血红蛋白氧运输量明显减少；另一部分直接与细胞线粒体内的细胞色素 a_3 结合，抑制组织细胞内呼吸。故 CO 中毒时临床表现与血中 HBCO 水平可能不一致。血浆 HBCO 水平为 CO 中毒提供了一个明确的诊断依据，HBCO 只有在中毒后立即测定才具有可靠的临床意义。

（2）解偶联剂：此类物质并不影响呼吸链中的电子传递，而是解除氧化和磷酸化的偶联作用。如：2,4-二硝基苯酚（DNP）并不阻断氢和电子在呼吸链中的传递，但是使 ADP 不能磷酸化形成 ATP。感冒或患某种传染性疾病时，体温升高就是细菌或病毒产生某种解偶联剂，影响氧化磷酸化的正常进行，导致较多的能量转变成热能。哺乳类动物中存在含有大量线粒体的棕色脂肪组织，该组织线粒体内膜中存在解偶联蛋白（uncoupling protein，UCP），在内膜上形成质子通道，H^+ 可经此通道返回线粒体基质中，同时释放热能，因此棕色脂肪组织是产热御寒组织。新生儿硬肿症是因为缺乏棕色脂肪组织，不能维持正常体温而使皮下脂肪凝固引起的症状。

> **知识链接**
>
> ### 新生儿硬肿症
>
> 人、哺乳动物的棕色脂肪组织的线粒体内膜中含有丰富的解偶联蛋白，解偶联蛋白是机体内源性解偶联剂，能通过氧化磷酸化解偶联释放能量，使组织产热，因此棕色脂肪组织是机体的产热御寒组织。尤其对于新生儿，棕色脂肪组织的代谢是新生儿在寒冷环境中急需产热的主要能量来源，如小儿周围环境温度过低，散热过多，棕色脂肪容易耗尽，体温即会下降，皮下脂肪容易凝固变硬，同时低温时周围毛细血管扩张，渗透性增加，易产生水肿，结果发生硬肿。

2. 甲状腺素

甲状腺素诱导细胞膜上 Na^+，K^+-ATP 酶的生成，使 ATP 加速分解为 ADP 和 Pi，释放的能量将 Na^+ 泵到细胞外，而 K^+ 进入细胞内；ADP 增多促进氧化磷酸化。此外，甲状腺激素（T_3）还可使解偶联蛋白基因表达增加，从而引起耗氧和产热均增加。所以甲状腺功能亢进症患者表现为基础代谢率增高、怕热、易出汗等临床症状。

3. ATP/ADP 值

氧化磷酸化主要受 ATP/ADP 值的影响，当机体耗能增多时，ATP 分解生成 ADP，ATP/ADP 值降低，转运入线粒体后使氧化磷酸化速度加快；当机体耗能少时，ATP/ADP 值增高，使氧化磷酸化速度减慢。这种调节使机体能合理使用能源，避免能源物质浪费。

（三）胞液中 NADH 的氧化

胞液中产生的 NADH 不能自由透过线粒体内膜，故胞液中 NADH 所携带的氢必须借助穿梭机制

才能被转入线粒体。体内穿梭机制主要有 α-磷酸甘油穿梭和苹果酸-天冬氨酸穿梭两种。

（1）α-磷酸甘油穿梭：主要存在于脑和骨骼肌中。胞液中的 NADH 在磷酸甘油脱氢酶催化下，使磷酸二羟丙酮还原成 α-磷酸甘油，后者穿过线粒体外膜，再经过位于线粒体内膜近胞液侧的含 FAD 辅基的磷酸甘油脱氢酶催化，生成磷酸二羟丙酮和 $FADH_2$。磷酸二羟丙酮可穿出线粒体外膜至胞液，继续进行穿梭，而 $FADH_2$ 则进入琥珀酸氧化呼吸链，生成 1.5 分子 ATP。

（2）苹果酸-天冬氨酸穿梭：主要存在于肝和心肌中。胞液中的 NADH 在苹果酸脱氢酶的作用下，使草酰乙酸还原成苹果酸，后者通过线粒体内膜上的 α-酮戊二酸载体进入线粒体，又在线粒体内苹果酸脱氢酶的作用下重新生成草酰乙酸和 NADH。线粒体内生成的草酰乙酸经谷草转氨酶的作用生成天冬氨酸，后者经酸性氨基酸转运蛋白运出线粒体再转变成草酰乙酸，继续进行穿梭。NADH 进入 NADH 氧化呼吸链，生成 2.5 分子 ATP。

三、能量的转移、储存和利用

（一）高能化合物

生物氧化过程中释放的能量大约有 40% 以高能键的形式储存在高能化合物中，为完成各种生命活动提供能源。水解时释放能量大于 21 kJ/mol 的酯键称高能键，常用"～"符号表示。含有高能键的化合物称为高能化合物。生物体内能量的储存和利用都以 ATP 为中心，ATP 含有的高能键为高能磷酸键（～P）。此外体内还存在其他高能化合物如磷酸肌酸、乙酰磷酸、乙酰辅酶 A 等。

（二）能量的转移

为糖原、磷脂、蛋白质合成时提供能量的 UTP、CTP、GTP，一般不能从物质氧化过程中直接生成，只能在核苷二磷酸激酶的催化下，从 ATP 中获得～P。

$$ATP + UDP \rightleftharpoons ADP + UTP$$
$$ATP + CDP \rightleftharpoons ADP + CTP$$
$$ATP + GDP \rightleftharpoons ADP + GTP$$

（三）能量的储存和利用

ATP 可将～P 转移给肌酸生成磷酸肌酸（creatine phosphate, CP），作为肌肉和脑组织中能量的一种储存形式，当机体消耗 ATP 过多而致 ADP 增多时，磷酸肌酸将～P 转移给 ADP，生成 ATP，以供生理活动消耗（图 6-4）。

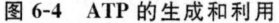

图 6-4　ATP 的生成和利用

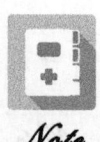

第三节　非线粒体氧化体系

除线粒体外,细胞的微粒体和过氧化物酶体及胞液也能进行生物氧化,但是在其氧化过程中不伴有偶联磷酸化,不能生成 ATP,主要与体内代谢物、药物和毒物的生物转化有关。

一、微粒体单加氧酶系

单加氧酶(monooxygenase)催化一个氧原子加到底物分子上(羟化),另一个氧原子被氢(来自 NADPH＋H$^+$)还原成水,故又称为混合功能氧化酶或羟化酶。

$$RH+NADPH+H^+ + O_2 \xrightarrow{\text{微粒体单加氧酶}} ROH+NADP^+ + H_2O$$

此酶在肝和肾上腺的微粒体中含量最多,参与类固醇激素、胆汁酸及胆色素等的生成,以及药物、毒物的生物转化过程。

二、超氧化物歧化酶

呼吸链电子传递过程中,氧由于接受电子不足,可产生超氧离子(O_2^-)(占 O_2 总量的 $1\%\sim4\%$),体内其他物质(如黄嘌呤)氧化时也可产生 O_2^-。O_2^- 可进一步生成 H_2O_2 和羟自由基($\cdot OH$),统称为反应氧族(ROS)。其化学性质活泼,可使磷脂分子中不饱和脂肪酸氧化生成过氧化脂质,损伤生物膜;过氧化脂质与蛋白质结合形成的复合物,积累成棕褐色的色素颗粒,称为脂褐素,与组织老化有关。

超氧物歧化酶(superoxide dismutase,SOD)可催化一分子 O_2^- 氧化生成 O_2,另一分子 O_2^- 还原生成 H_2O_2:

$$2O_2^- +2H \xrightarrow{\text{SOD}} H_2O_2 + O_2$$

体内还存在一种含硒的谷胱甘肽过氧化物酶,可使 H_2O_2 或过氧化物(ROOH)与还原型谷胱甘肽(G—SH)反应,生成氧化型谷胱甘肽,再由 NADPH 供氢使氧化型谷胱甘肽重新被还原。此类酶具有保护生物膜及血红蛋白免遭损伤的作用。

三、过氧化物酶体氧化体系

H_2O_2 有一定的生理作用,如粒细胞和吞噬细胞中的 H_2O_2 可以氧化杀死入侵的细菌;甲状腺细胞中产生的 H_2O_2 可使 $2I^-$ 氧化为 I_2,进而使酪氨酸碘化生成甲状腺激素。但 H_2O_2 过多,可氧化含硫的蛋白质,还可对生物膜造成损伤,因此须将 H_2O_2 及时清除。

（一）过氧化氢酶

过氧化氢酶(catalase)辅基含有 4 个血红素,催化反应如下:

$$2H_2O_2 \xrightarrow{\text{过氧化氢酶}} 2H_2O+O_2$$

（二）过氧化物酶

过氧化物酶(peroxidase)也是以血红素为辅基,它催化 H_2O_2 直接氧化酚类或胺类化合物,反应如下:

$$R+H_2O_2 \xrightarrow{\text{过氧化物酶}} RO+H_2O \quad \text{或} \quad RH_2+H_2O_2 \xrightarrow{\text{过氧化物酶}} R+2H_2O$$

临床上判断粪便中有无隐血时,就是利用白细胞中含有过氧化物酶的活性,将联苯胺氧化成蓝色化合物。

粪便隐血试验

　　临床上判断粪便中有无隐血时,就是利用血红蛋白中的亚铁血红素有类似过氧化物酶的活性,能催化过氧化氢放出新生态氧,将受体邻联甲苯胺氧化成邻甲偶氮苯而显蓝色,呈色的深浅反映了血红蛋白的多少,即出血量,灵敏度高的可检出 0.2～1 mg/L 的血红蛋白,相当于 1～5 mL 的出血。粪便隐血试验对消化道出血的诊断有重要价值,现在常作为消化道恶性肿瘤早期诊断的一个筛选指标。

目标检测

一、单项选择题

1. 可作为需氧脱氢酶的辅酶是（　　）。

A. NAD^+ 　　　　B. $NADP^+$ 　　　　C. FAD 　　　　D. 铁硫蛋白 　　　　E. CoQ

2. 下列化合物哪个不是呼吸链的成分？（　　）

A. FAD 　　　　B. 铁硫蛋白 　　　　C. CoQ 　　　　D. Cyt 　　　　E. CoA

3. 下列哪一个不是琥珀酸氧化呼吸链的成分？（　　）

A. FMN 　　　　B. 铁硫蛋白 　　　　C. CoQ 　　　　D. Cytc 　　　　E. $Cytc_1$

4. 人体各种活动能量的直接供给者是（　　）。

A. 蛋白质 　　　　B. 脂类 　　　　C. 葡萄糖 　　　　D. ATP 　　　　E. GTP

5. 下列物质中含有高能磷酸键的是（　　）。

A. 6-磷酸葡萄糖 　　　　　　B. 琥珀酰 CoA 　　　　　　C. α-磷酸甘油

D. 1,3-二磷酸甘油酸 　　　　E. 3-磷酸甘油酸

6. 在电子传递链中起递氢作用的维生素是（　　）。

A. 维生素 A 　　　　B. 维生素 B_1 　　　　C. 维生素 B_2 　　　　D. 维生素 B_6 　　　　E. 维生素 B_{12}

7. 在电子传递中将电子直接传给氧的是（　　）。

A. NAD^+ 　　　　B. Fe-S 　　　　C. Cytb 　　　　D. CoA 　　　　E. $Cytaa_3$

8. 电子在细胞色素间传递的顺序是（　　）。

A. c→b→c_1→aa_3→O_2 　　　　B. b→c_1→c→aa_3→O_2 　　　　C. c_1→c→b→aa_3→O_2

D. b→c→c_1→aa_3→O_2 　　　　E. aa_3→b→c_1→c→O_2

9. 线粒体中代谢物脱下的氢以 NAD^+ 作为接受体时,每消耗 $\frac{1}{2}$ mol O_2,生成 ATP 的摩尔数是（　　）。

A. 1.5 　　　　B. 2.5 　　　　C. 3.5 　　　　D. 4.5 　　　　E. 5.5

10. 线粒体氧化磷酸化解偶联意味着（　　）。

A. 线粒体氧化作用停止 　　　　　　B. 线粒体膜 ATP 酶被抑制

C. 线粒体三羧酸循环停止 　　　　　　D. 线粒体能利用氧,但不能生成 ATP

E. 线粒体膜钝化变性

11. 粉蝶霉素 A、鱼藤酮抑制呼吸链中（　　）。

A. NADH→CoQ 　　　　　　B. $Cytc_1$→Cytc 　　　　　　C. CoQ→Cytb

D. Cytb→$Cytc_1$ 　　　　　　E. $Cytaa_3$→O_2

12. 氰化物和一氧化碳中毒的机制是抑制（　　）。

A. Cytb 　　　　　　B. NADH 脱氢酶 　　　　　　C. 泛醌

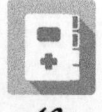

Note

D. 细胞色素 C 氧化酶　　　　　　　　　E. 琥珀酸脱氢酶

13. 下列对二硝基苯酚的描述正确的是(　　)。

A. 属于呼吸链阻断剂　　　　　　　　　　B. 是水溶性物质

C. 可破坏线粒体内外的 H^+ 浓度　　　　　D. 可抑制还原当量的转移

E. 可抑制 ATP 合成酶的活性

14. 甲亢患者,甲状腺素分泌增多,不会出现(　　)。

A. 产热增多　　　　　　　　B. ATP 分解加快　　　　　　　C. 耗氧量增多

D. 呼吸加快　　　　　　　　E. 氧化磷酸化反应受抑制

15. 调节氧化磷酸化的重要激素是(　　)。

A. 肾上腺素　　　B. 甲状腺素　　　C. 肾皮质激素　　　D. 胰岛素　　　E. 生长素

二、简答题

1. 试述影响氧化磷酸化的因素及其作用机制。

2. 描述 NADH 氧化呼吸链和琥珀酸氧化呼吸链的组成、排列顺序及氧化磷酸化偶联部位。

参 考 文 献

[1] 何旭辉,吕士杰. 生物化学[M]. 7 版. 北京:人民卫生出版社,2014.

[2] 王易振,仲其军,贾祥捷. 生物化学[M]. 2 版. 武汉:华中科技大学出版社,2016.

[3] 查锡良. 生物化学[M]. 7 版. 北京:人民卫生出版社,2008.

(王　锋)

第七章　糖　代　谢

学习目标

1. 掌握：糖酵解、有氧氧化、糖异生的概念及生理意义，磷酸戊糖途径的生理意义，血糖的正常参考范围及其调节方式。

2. 熟悉：糖原的合成和分解过程及其生理意义，血糖的来源和去路；糖代谢障碍与临床的关系及临床常见糖代谢障碍性疾病的检查方法。

3. 了解：糖在体内的重要生理功能，磷酸戊糖途径的基本过程。

案例导入7-1

患者，女，11岁。主诉：尿多（尤其是晚上）、口渴、食欲极好、易疲劳、四肢无力。医生检查发现：患者明显消瘦，舌干，呈中度脱水，但无淋巴结病变。实验室检查：血糖浓度16 mmol/L，尿糖＋＋＋＋，尿酮体＋＋。

分析思考：结合所学的生物化学知识解释患者体征及实验室检查结果。

第一节　概　述

一、糖的生理功能

（1）氧化供能：糖的主要生理功能是氧化供能。人体所需能量的$50\%\sim70\%$来自糖的氧化分解。

（2）提供碳源：糖代谢的中间产物可为体内其他含碳化合物的合成提供碳源。如脂肪酸、氨基酸等。

（3）构成组织细胞的成分：糖与脂类、蛋白质结合形成的糖复合物糖脂、糖蛋白、蛋白多糖等参与神经组织、结缔组织和生物膜的构成；核糖和脱氧核糖是核酸的基本成分。

（4）参与重要的生理活动：体内一些有特殊生理功能的糖蛋白如抗体、激素、酶、血型物质等，参与细胞的免疫、细胞间的信息传递、血液凝固等过程。

二、糖代谢概况

食物中的糖主要是淀粉，还有少量的蔗糖、麦芽糖、乳糖等双糖。多糖和双糖均需要在酶的催化作用下水解为单糖（主要是葡萄糖）才能被吸收入血，然后随血液循环运输到全身各个组织进行代谢。

糖代谢主要是指葡萄糖在体内一系列复杂的化学反应。葡萄糖的分解代谢与机体供氧状况有关。供氧充足时，葡萄糖进行有氧氧化，完全氧化分解生成CO_2和H_2O；缺氧时，进行糖酵解生成乳酸；在一些代谢旺盛的组织中可通过磷酸戊糖途径进行代谢。另外,葡萄糖代谢与血糖水平有关。血糖充足时,肝、肌肉等组织将葡萄糖合成糖原储存;血糖水平降低时,肝糖原分解为葡萄糖,非糖物质经糖异生作用补充血糖(图 7-1)。

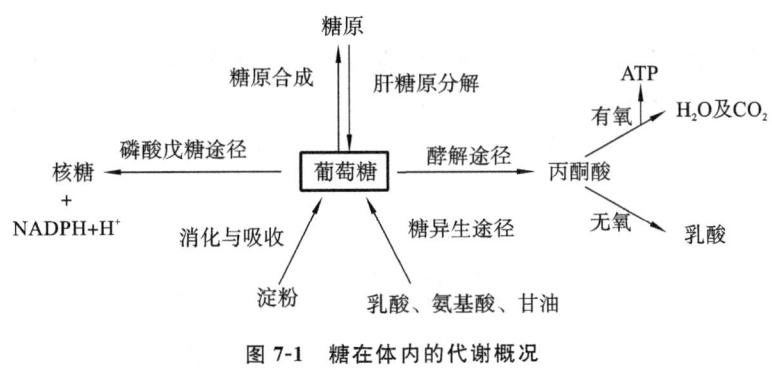

图 7-1　糖在体内的代谢概况

第二节　糖的分解代谢

糖的分解代谢主要有三条途径:①糖酵解,生成乳酸和少量 ATP;②有氧氧化,生成 CO_2 和 H_2O 及大量 ATP;③磷酸戊糖途径,生成 5-磷酸核糖和 NADPH。

一、糖的无氧氧化

在缺氧情况下,葡萄糖或糖原分解为乳酸的过程称为糖的无氧氧化,又称为糖酵解。

(一)糖酵解的反应过程

糖酵解的整个反应都在胞液中进行,是连续反应过程,可将其划分为两个阶段:第一个阶段是葡萄糖或糖原分解为丙酮酸,称为酵解途径;第二个阶段是丙酮酸还原生成乳酸。

1. 酵解途径

(1)葡萄糖→磷酸丙糖:此部分的特点是耗能,消耗 2 分子 ATP。

①葡萄糖磷酸化生成 6-磷酸葡萄糖:在己糖激酶催化下,由 ATP 提供磷酸基团,葡萄糖进行磷酸化生成 6-磷酸葡萄糖。研究发现,哺乳动物体内有 4 种己糖激酶的同工酶:Ⅰ、Ⅱ、Ⅲ、Ⅳ,其中Ⅰ、Ⅱ、Ⅲ型主要存在于肝外组织,特异性不强,对多种己糖都能起作用,但对葡萄糖有较强的亲和力,可保证大脑等重要组织器官在血糖浓度较低时仍能利用葡萄糖供能;Ⅳ型也称为葡萄糖激酶,存在于肝细胞中,特异性较强,只对葡萄糖起作用,但亲和力较低,只有在血糖浓度较高时才能发挥作用,对维持血糖水平恒定起着重要作用。此反应不可逆,己糖激酶是酵解途径的第一个关键酶。

$$葡萄糖 \xrightarrow[\text{Mg}^{2+}]{\text{己糖激酶}} 6\text{-磷酸葡萄糖}$$

ATP　　ADP

反应从糖原开始时,在磷酸化酶的催化下,糖原非还原端的葡萄糖残基磷酸化生成 1-磷酸葡萄糖,然后在磷酸葡萄糖变位酶的催化下生成 6-磷酸葡萄糖。此过程不需要消耗 ATP。

②6-磷酸葡萄糖转变为 6-磷酸果糖:该反应由磷酸己糖异构酶催化,是可逆反应。

$$6\text{-磷酸葡萄糖} \xrightleftharpoons{\text{磷酸己糖异构酶}} 6\text{-磷酸果糖}$$

③6-磷酸果糖磷酸化生成 1,6-二磷酸果糖:该反应由 6-磷酸果糖激酶催化,是不可逆反应,消耗 ATP。6-磷酸果糖激酶为酵解途径的第二个关键酶。

Note

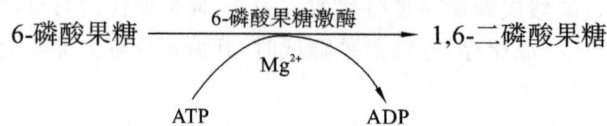

④1,6-二磷酸果糖裂解为两分子磷酸丙糖：反应由醛缩酶催化,生成 3-磷酸甘油醛和磷酸二羟丙酮,两者互为同分异构体,可在磷酸丙糖异构酶的催化下互相转变。但由于 3-磷酸甘油醛不断地进入下一步反应,所以磷酸二羟丙酮转变为 3-磷酸甘油醛进行代谢。故 1 分子 1,6-二磷酸果糖裂解相当于生成 2 分子 3-磷酸甘油醛。

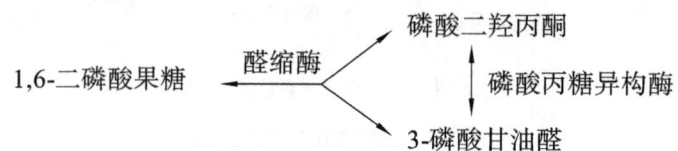

（2）磷酸丙糖→丙酮酸：此阶段的特点是氧化产能,生成 4 分子 ATP。

①3-磷酸甘油醛氧化生成 1,3-二磷酸甘油酸：在 3-磷酸甘油醛脱氢酶的催化下,3-磷酸甘油醛脱氢氧化再磷酸化,生成 1,3-二磷酸甘油酸,后者是一种高能磷酸化合物。反应脱下的 2H 由辅酶 NAD^+ 接受,生成 $NADH+H^+$。

$$3\text{-磷酸甘油醛} \xrightleftharpoons[\text{3-磷酸甘油醛脱氢酶}]{NAD^+ \quad\quad NADH+H^+ \atop Pi} 1,3\text{-二磷酸甘油酸}$$

②1,3-二磷酸甘油酸转变成 3-磷酸甘油酸：1,3-二磷酸甘油酸在磷酸甘油酸激酶的催化下,将分子内部的高能磷酸基团转移给 ADP 生成 ATP,自身转变成 3-磷酸甘油酸。此反应是酵解途径中以底物水平磷酸化方式生成 ATP 的第一个反应。

$$1,3\text{-二磷酸甘油酸} \xrightleftharpoons[\text{磷酸甘油酸激酶}]{ADP \quad\quad ATP} 3\text{-磷酸甘油酸}$$

③3-磷酸甘油酸转变成 2-磷酸甘油酸：反应由磷酸甘油酸变位酶催化。

$$3\text{-磷酸甘油酸} \xrightleftharpoons{\text{磷酸甘油酸变位酶}} 2\text{-磷酸甘油酸}$$

④2-磷酸甘油酸转变成磷酸烯醇式丙酮酸：在烯醇化酶的催化下,2-磷酸甘油酸脱水,分子内部能量重新分布,形成含有高能磷酸键的磷酸烯醇式丙酮酸。

$$2\text{-磷酸甘油酸} \xrightleftharpoons[\text{烯醇化酶}]{H_2O} \text{磷酸烯醇式丙酮酸}$$

⑤磷酸烯醇式丙酮酸转变成丙酮酸：在丙酮酸激酶的催化下,磷酸烯醇式丙酮酸的高能磷酸基团转移给 ADP 生成 ATP,自身转变为烯醇式丙酮酸,因不稳定而自动转变为丙酮酸,是不可逆反应。此反应是酵解途径中第二个以底物水平磷酸化方式生成 ATP 的反应。丙酮酸激酶是酵解途径中的第三个关键酶。

$$\text{磷酸烯醇式丙酮酸} \xrightarrow[\text{丙酮酸激酶}]{ADP \quad ATP} \text{烯醇式丙酮酸} \longrightarrow \text{丙酮酸}$$

2. 乳酸的生成

在无氧或缺氧情况下,乳酸脱氢酶催化丙酮酸接受 $NADH+H^+$ 提供的氢还原为乳酸,使 $NADH+H^+$ 再次成为 NAD^+,保证糖酵解的继续进行。

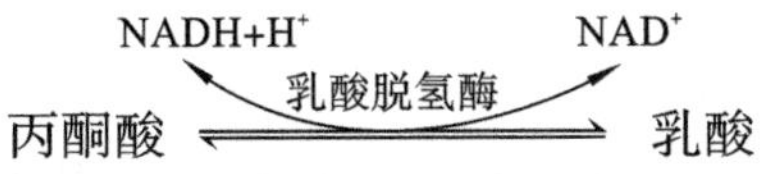

$$丙酮酸 \underset{乳酸脱氢酶}{\overset{NADH+H^+ \qquad NAD^+}{\rightleftharpoons}} 乳酸$$

糖酵解反应全过程如图 7-2 所示。

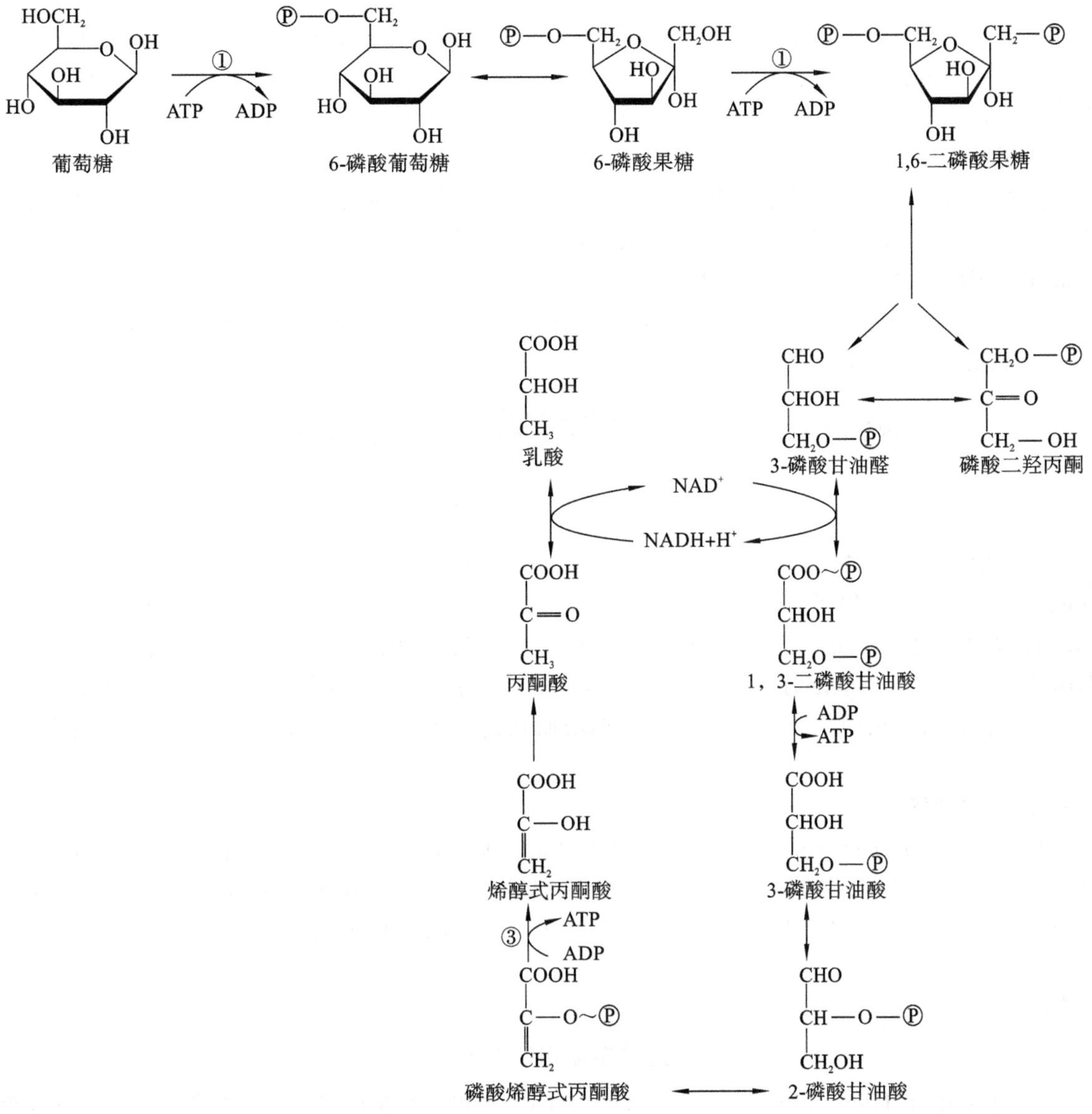

葡萄糖 — ① (ATP→ADP) → 6-磷酸葡萄糖 ⇌ 6-磷酸果糖 — ① (ATP→ADP) → 1,6-二磷酸果糖

1,6-二磷酸果糖 → 3-磷酸甘油醛 ⇌ 磷酸二羟丙酮

3-磷酸甘油醛 ⇌ (NAD^+ / $NADH+H^+$) 1,3-二磷酸甘油酸 → (ADP→ATP) 3-磷酸甘油酸 → 2-磷酸甘油酸 ⇌ 磷酸烯醇式丙酮酸 — ③ (ADP→ATP) → 烯醇式丙酮酸 → 丙酮酸

丙酮酸 ⇌ (NAD^+ / $NADH+H^+$) 乳酸

图 7-2 糖酵解的全过程

(二)糖酵解的生理意义

(1)糖酵解最主要的生理意义在于迅速提供能量,尤其对骨骼肌收缩更为重要。肌组织内 ATP 含量很低,收缩几秒钟即可耗竭。此时即使不缺氧气,因葡萄糖有氧氧化的反应过程比糖酵解长,来不及满足需要,而需要通过糖酵解迅速得到 ATP。当机体缺氧或剧烈运动使肌组织处于相对缺氧状态时,能量主要通过糖酵解获得。因此糖酵解是机体在缺氧条件下获得能量的有效方式。

(2)糖酵解是某些组织细胞获得能量的主要方式。如皮肤、肾髓质、视网膜、白细胞等代谢极为活跃,即使在氧供应充足的情况下,也主要靠糖酵解获得能量;成熟的红细胞没有线粒体,不能进行有氧氧化,只能依靠糖酵解供能。

二、糖的有氧氧化

在有氧条件下,葡萄糖或糖原彻底氧化为 CO_2 和 H_2O 的过程称为有氧氧化。有氧氧化是糖在体内分解产能的主要方式,大多数组织细胞通过该途径获得能量。

(一) 有氧氧化的反应过程

糖的有氧氧化过程可划分为三个阶段:第一阶段是葡萄糖或糖原经酵解途径生成丙酮酸,在胞液中进行;第二阶段是丙酮酸从胞液进入线粒体,然后氧化脱羧生成乙酰 CoA;第三阶段是乙酰 CoA 经三羧酸循环和氧化磷酸化生成 CO_2 和 H_2O,在线粒体内进行。

1. 丙酮酸的生成

此阶段的反应过程与糖酵解的第一阶段(酵解途径)相同,不同之处是 3-磷酸甘油醛脱下的 2H 去向不同,有氧时 2H 可经呼吸链传递给氧生成水,并产生 ATP。

2. 丙酮酸氧化脱羧生成乙酰 CoA

胞液中的丙酮酸进入线粒体后,在丙酮酸脱氢酶复合体的催化下氧化脱羧并与辅酶 A 结合生成乙酰 CoA。此反应不可逆,总反应式为

$$丙酮酸 + 辅酶A \xrightarrow[\substack{NAD^+ \quad NADH+H^+}]{\text{丙酮酸脱氢酶复合体}} 乙酰辅酶A + CO_2$$

丙酮酸脱氢酶复合体由丙酮酸脱氢酶、二氢硫辛酸乙酰基转移酶、二氢硫辛酸脱氢酶 3 种酶组成。丙酮酸由上述 3 种酶催化,经 5 步反应生成乙酰 CoA,其辅助因子有 TPP、FAD、NAD^+、HSCoA、硫辛酸,分别含有维生素 B_1、维生素 B_2、维生素 PP、泛酸、硫辛酸 5 种维生素,当这些维生素缺乏时,导致糖代谢障碍。如维生素 B_1 缺乏时,丙酮酸氧化脱羧不能顺利进行,丙酮酸在组织中堆积,机体能量供给不足,尤其是神经组织,出现神经肌肉兴奋性异常,心肌代谢功能紊乱,表现为多发性神经炎,典型的缺乏症为脚气病。

3. 三羧酸循环

三羧酸循环(tricarboxylic acid cycle,TAC)是指乙酰 CoA 和草酰乙酸缩合生成柠檬酸,又经过脱氢、脱羧反应生成草酰乙酸的循环过程。因循环是从含有三个羧基的柠檬酸开始的,故称为三羧酸循环,也称为柠檬酸循环。又因循环由 Krebs 首先提出,又称为 Krebs 循环.

知识链接

克雷布斯(H. A. Krebs)

克雷布斯(Hans Adolf Krebs)(1900—1981),德国生物化学家,在 1932 年发现了生成尿素的鸟氨酸循环,1937 年又发现了重要的三羧酸循环,并因此于 1953 年获得诺贝尔生理学或医学奖。

---

(1) 三羧酸循环的过程。

①柠檬酸的生成:乙酰 CoA 与草酰乙酸在柠檬酸合酶的催化下缩合生成柠檬酸。反应所需能量来自含有高能硫酯键的乙酰 CoA。柠檬酸合酶催化的反应不可逆,是三羧酸循环的第一个关键酶。

$$乙酰CoA+草酰乙酸 \xrightarrow[\substack{H_2O \quad CoA-SH}]{\text{柠檬酸合酶}} 柠檬酸$$

②异柠檬酸的生成:在顺乌头酸酶的催化下,柠檬酸先脱水生成顺乌头酸,再加水生成异柠檬酸。

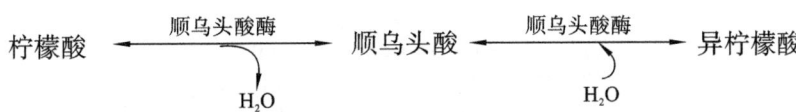

柠檬酸 ←(顺乌头酸酶 / H₂O)→ 顺乌头酸 ←(顺乌头酸酶 / H₂O)→ 异柠檬酸

③α-酮戊二酸的生成:在异柠檬酸脱氢酶的催化下,异柠檬酸脱氢、脱羧生成 α-酮戊二酸,脱下的氢由 NAD^+ 接受生成 $NADH+H^+$。该反应不可逆,异柠檬酸脱氢酶是三羧酸循环的第二个关键酶。

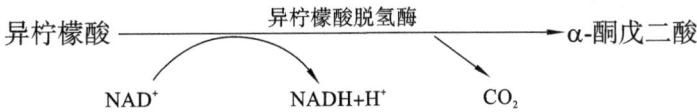

异柠檬酸 —(异柠檬酸脱氢酶 / NAD^+ → $NADH+H^+$ → CO_2)→ α-酮戊二酸

④琥珀酰 CoA 的生成:在 α-酮戊二酸脱氢酶复合体的催化下,α-酮戊二酸脱氢、脱羧生成琥珀酰 CoA。其反应过程和机制与丙酮酸氧化脱羧反应相同。该反应不可逆,α-酮戊二酸脱氢酶复合体是三羧酸循环的第三个关键酶。

α-酮戊二酸 + HSCoA —(α-酮戊二酸脱氢酶复合体 / NAD^+ → $NADH+H^+$ → CO_2)→ 琥珀酰CoA

⑤琥珀酸的生成:琥珀酰 CoA 是含有高能硫酯键的化合物,在琥珀酸硫激酶(也称为琥珀酰 CoA 合成酶)的催化下,转变成琥珀酸,同时将其能量转移给 GDP 生成 GTP。生成的 GTP 将其高能磷酸键转移给 ADP 生成 ATP。这是三羧酸循环过程中唯一的底物水平磷酸化反应。

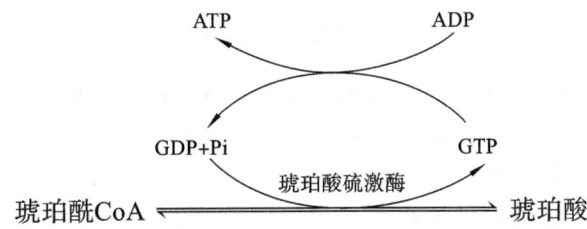

ATP   ADP

GDP+Pi   GTP

琥珀酰CoA ⇌(琥珀酸硫激酶)⇌ 琥珀酸

⑥延胡索酸的生成:在琥珀酸脱氢酶催化下,琥珀酸脱氢氧化为延胡索酸,脱下的氢被 FAD 接受生成 $FADH_2$。

琥珀酸 ←(琥珀酸脱氢酶 / FAD → $FADH_2$)→ 延胡索酸

⑦苹果酸的生成:在延胡索酸酶催化下,延胡索酸加水生成苹果酸。

延胡索酸 ←(延胡索酸酶 / H_2O)→ 苹果酸

⑧草酰乙酸的生成:在苹果酸脱氢酶催化下,苹果酸脱氢氧化为草酰乙酸,脱下的氢由 NAD^+ 接受生成 $NADH+H^+$。

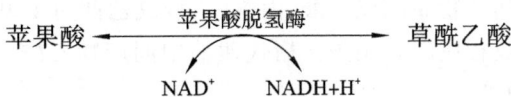

苹果酸 ←(苹果酸脱氢酶 / NAD^+ → $NADH+H^+$)→ 草酰乙酸

三羧酸循环的过程如图 7-3 所示。
(2)三羧酸循环的特点。
①三羧酸循环在线粒体内进行。
②每循环一次氧化 1 分子乙酰 CoA。

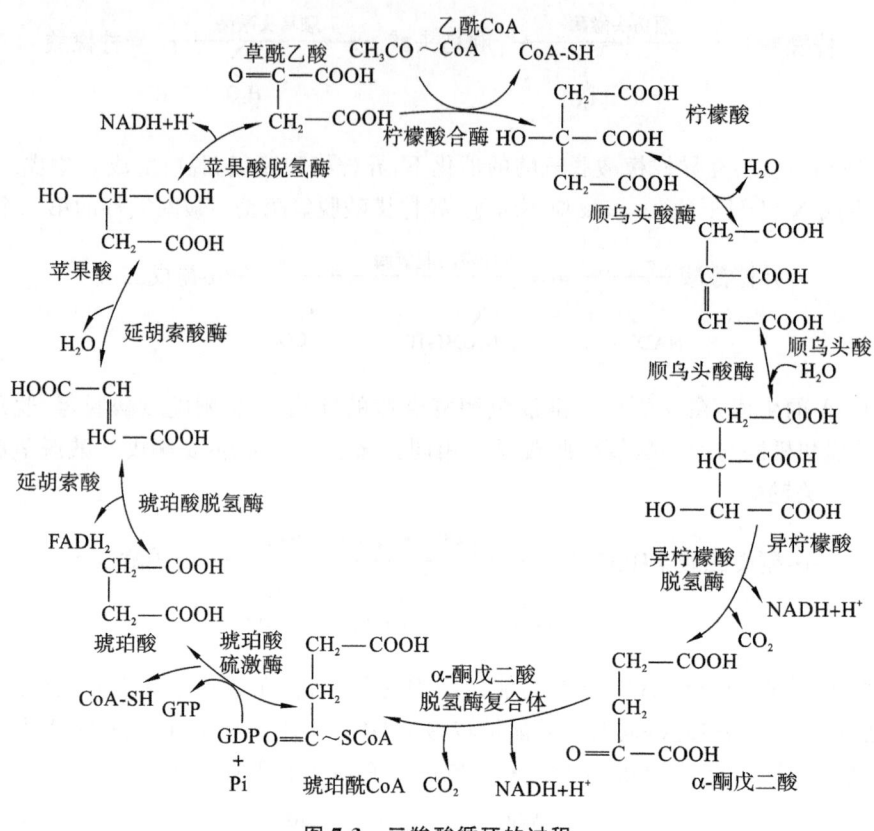

图 7-3　三羧酸循环的过程

③两次脱羧生成 2 分子 CO_2；四次脱氢生成 3 分子 $NADH+H^+$ 和 1 分子 $FADH_2$。

④产能 10 分子 ATP：反应过程中脱下的氢通过呼吸链传递给氧生成水并产生 ATP。$NADH+H^+$ 携带的一对氢进入 NADH 氧化呼吸链生成 2.5 分子 ATP，$FADH_2$ 携带的一对氢进入琥珀酸氧化呼吸链生成 1.5 分子 ATP，底物水平磷酸化产生 1 分子 GTP（相当于产生 1 分子 ATP），共 10 分子 ATP。

⑤3 个关键酶：柠檬酸合酶、异柠檬酸脱氢酶、α-酮戊二酸脱氢酶复合体催化的反应不可逆，是三羧酸循环的关键酶。

⑥中间物质的补充：单看三羧酸循环过程，中间物质可以循环使用而不消耗。但由于体内各代谢途径相互联系，它们不断参与其他代谢反应，如草酰乙酸可转变为天冬氨酸而用于蛋白质的合成，琥珀酰 CoA 可用于血红素合成，故应不断补充。补充中间物质的反应称为回补反应，草酰乙酸的回补反应尤为重要，主要是丙酮酸羧化为草酰乙酸，也可通过苹果酸脱氢生成。

（3）三羧酸循环的生理意义。

①三羧酸循环是糖、脂肪和蛋白质彻底氧化分解的共同途径：糖、脂肪、氨基酸在体内氧化分解均可产生乙酰 CoA，然后经三羧酸循环彻底氧化。但是三羧酸循环本身并不是释放能量生成 ATP 的主要环节，其主要作用在于通过脱氢反应，为氧化磷酸化生成 ATP 提供 $NADH+H^+$ 和 $FADH_2$。

②三羧酸循环是糖、脂肪、氨基酸代谢相互联系的枢纽：糖、脂肪和氨基酸可通过三羧酸循环相互转变、相互联系。如糖代谢的中间产物 α-酮戊二酸、丙酮酸、草酰乙酸可氨基化生成谷氨酸、丙氨酸、天冬氨酸；这些氨基酸脱氨基又生成相应的 α-酮酸。糖代谢的中间产物乙酰 CoA 可参与脂肪酸的合成，脂肪分解产生的甘油可转变为糖等。

③三羧酸循环为某些物质的合成提供原料：如琥珀酰 CoA 是血红素合成的原料。

（二）有氧氧化的生理意义

有氧氧化的主要生理意义是为机体提供能量。1 分子葡萄糖经有氧氧化可净生成 32 或 30 分子 ATP，是糖酵解产能的 16 倍或 15 倍（表 7-1）。

表 7-1 葡萄糖有氧氧化时 ATP 的生成

反应阶段	反应	递氢体	ATP 数
第一阶段	葡萄糖 → 6-磷酸葡萄糖		−1
	6-磷酸果糖 → 1,6-二磷酸果糖		−1
	3-磷酸甘油醛×2 → 1,3-二磷酸甘油酸×2	$NADH+H^+$	2.5×2 或 1.5×2*
	1,3-二磷酸甘油酸×2 → 3-磷酸甘油酸×2		1×2
	磷酸烯醇式丙酮酸×2 → 丙酮酸×2		1×2
第二阶段	丙酮酸×2 → 乙酰 CoA×2	$NADH+H^+$	2.5×2
第三阶段	异柠檬酸×2 → α-酮戊二酸×2	$NADH+H^+$	2.5×2
	α-酮戊二酸×2 → 琥珀酰 CoA×2	$NADH+H^+$	2.5×2
	琥珀酰 CoA×2 → 琥珀酸×2		1×2
	琥珀酸×2 → 延胡索酸×2	$FADH_2$	1.5×2
	苹果酸×2 → 草酰乙酸×2	$NADH+H^+$	2.5×2
合计			32(或 30)

注:* 糖酵解途径中产生的 $NADH+H^+$ 进入线粒体方式不同产生的 ATP 数不同。

知识链接

有氧运动与减肥

有氧运动是指人体在氧气充分供应的情况下进行的体育锻炼。是不是"有氧运动",衡量的标准是心率,心率保持在 150 次/分的运动为有氧运动。那么运动时达到多少心率才能有效减肥呢?通常应在最大心率(220−年龄)的 60%～75%。如一位 30 岁的人,其最大心率为 220−30＝190 次/分,则心率保持在 114～143 次/分的锻炼才有效并安全。常见的有氧运动项目:步行、快走、慢跑、滑冰、游泳、骑自行车、打太极拳、跳绳等。根据美国运动医学会的研究,脂肪供能在有氧运动后 15～20 分钟才开始启动,所以一般要求有氧运动持续 30 分钟,每周运动 2～5 次。专家建议的减肥速度是一星期 0.5 kg,这样减下来的体重不易反弹。

三、磷酸戊糖途径

磷酸戊糖途径是糖氧化分解的另一条重要途径。该途径的主要作用是产生 5-磷酸核糖和 NADPH,而不是产生 ATP。一些代谢较旺盛的组织,如肝、脂肪组织、泌乳期乳腺、肾上腺皮质、性腺、红细胞中该途径比较活跃。

(一)磷酸戊糖途径的反应过程

磷酸戊糖途径在细胞液中进行,反应过程可分为两个阶段:第一阶段是 6-磷酸葡萄糖氧化生成磷酸戊糖、NADPH 和 CO_2;第二阶段是一系列基团的转移反应。

1. 磷酸戊糖的生成

6-磷酸葡萄糖首先在 6-磷酸葡萄糖脱氢酶催化下脱氢生成 6-磷酸葡萄糖酸内酯,然后在内酯酶催化下水解为 6-磷酸葡萄糖酸,再由 6-磷酸葡萄糖酸脱氢酶催化脱氢、脱羧生成 5-磷酸核酮糖,后者在异构酶作用下转变为 5-磷酸核糖,或由差向异构酶催化转变为 5-磷酸木酮糖。该途径因生成了磷酸戊糖而得名。反应中两次脱氢均由 $NADP^+$ 接受,生成 $NADPH+H^+$,一次脱羧生成 1 分子 CO_2。6-磷酸葡萄糖脱氢酶是该途径的限速酶。

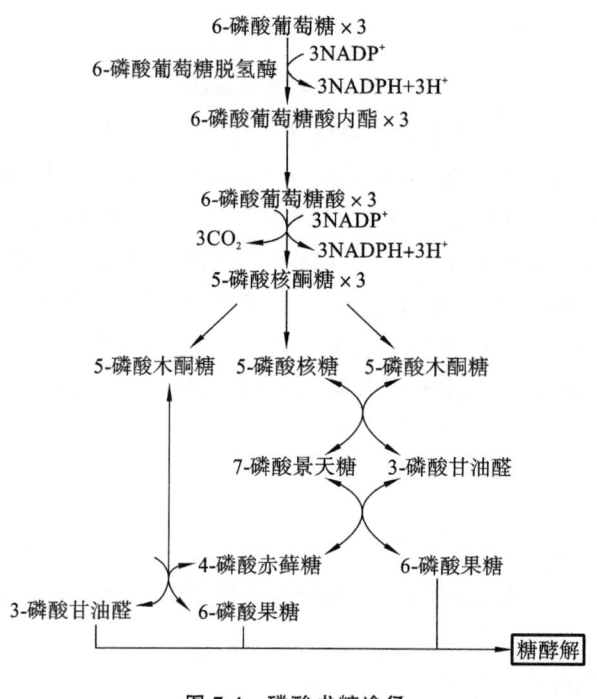

NADP⁺ 6-磷酸葡萄糖脱氢酶 NADPH+H⁺

6-磷酸葡萄糖 ——→ 6-磷酸葡萄糖酸内酯

内酯酶

6-磷酸葡萄糖酸

NADP⁺

6-磷酸葡萄糖酸脱氢酶

CO_2 NADPH+H⁺

5-磷酸核酮糖

异构酶   差向异构酶

5-磷酸核糖   5-磷酸木酮糖

2. 基团转移反应

第一阶段生成的 5-磷酸核糖用于合成核苷酸,NADPH 作为供氢体参与体内多种重要物质的合成。但 NADPH 的需求量远远大于 5-磷酸核糖的需求量,所以葡萄糖经此途径生成多余的核糖。第二阶段的意义就在于把过剩的核糖在转酮醇酶、转醛醇酶的催化下,经过一系列基团转移反应,生成 6-磷酸果糖和 3-磷酸甘油醛而进入糖酵解。

磷酸戊糖途径反应过程如图 7-4 所示。

图 7-4 磷酸戊糖途径

(二)磷酸戊糖途径的生理意义

1. 为核酸生物合成提供原料——5-磷酸核糖

核酸合成旺盛的组织,如损伤后处于修复和再生的组织,磷酸戊糖途径非常活跃。

2. 提供代谢所需的 NADPH＋H⁺

NADPH 与 NADH 不同,其携带的氢不是通过呼吸链产生 ATP,而是作为供氢体,参与体内多种代谢反应。

(1)作为供氢体参与脂肪酸、胆固醇等物质的合成:因而在脂类和胆固醇合成旺盛的组织中磷酸戊糖途径活跃。

(2)维持还原型谷胱甘肽(GSH)的含量:NADPH 是谷胱甘肽还原酶的辅酶,对维持细胞内 GSH

的含量有重要作用。GSH 是重要的抗氧化剂,能与氧化剂(如 H_2O_2)反应,自身被氧化成 GSSG,从而保护巯基蛋白或巯基酶免遭氧化。

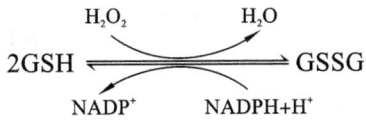

红细胞中的 GSH 有更重要的作用,可保护红细胞膜的完整性,有效防止溶血。有些人红细胞内先天缺乏 6-磷酸葡萄糖脱氢酶,导致 NADPH 生成减少,GSH 含量难以维持,进而导致红细胞易于破裂而发生溶血,因常在食用蚕豆或服用某些药物(伯胺喹啉、磺胺等)后诱发,故又称为蚕豆病。

(3)参与体内羟化反应:与药物、毒物、激素等非营养物质的生物转化有关。

> **知识链接**
>
> ### 蚕 豆 病
>
> 蚕豆病是一种 6-磷酸葡萄糖脱氢酶缺乏所导致的疾病。中国蚕豆病的最先发现者和命名人是华西医科大学儿科学专家杜顺德。他总结蚕豆病的特点如下:发病多在 3—5 月蚕豆成熟季节,婴幼儿多见,男孩多,大多在吃蚕豆后 2 天发生急性溶血性贫血。临床表现:早期有恶寒、微热、头昏、倦怠无力、食欲缺乏、腹痛,继而出现黄疸、贫血、尿呈酱油色,此后体温升高,倦怠乏力加重,溶血性贫血出现的同时,出现呕吐、腹泻和腹痛加剧,肝脏肿大,约 50% 患者脾大。只要不连续或一次进食大量的蚕豆即可避免蚕豆病,但有遗传性血红细胞缺陷症者,不宜进食蚕豆。

第三节 糖原的合成与分解

糖原是以葡萄糖为单位聚合而成的有分支的大分子多糖,葡萄糖通过 α-1,4-糖苷键形成直链,以 α-1,6-糖苷键形成分支。糖原是动物体内葡萄糖的储存形式。肝和肌肉是储存糖原的主要组织器官,肝糖原为 $70 \sim 100$ g,肌糖原为 $250 \sim 400$ g。肝糖原和肌糖原的生理意义有很大不同:肌糖原主要为肌肉收缩提供能量,肝糖原则主要维持血糖浓度的相对恒定,这对于依赖葡萄糖作为能量来源的组织如脑、红细胞等尤为重要。一个糖原分子中有一个还原端、许多个非还原端,每形成 1 个分支即多出 1 个非还原端,糖原的合成与分解均从非还原端开始。

一、糖原的合成

(一) 概念

由单糖(主要是葡萄糖)合成糖原的过程称为糖原的合成。主要在肝和肌肉组织的细胞液中进行。

(二) 反应过程

1. 葡萄糖磷酸化生成 6-磷酸葡萄糖

由己糖激酶或葡萄糖激酶催化,ATP 提供磷酸基团。

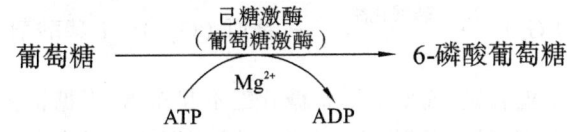

2. 6-磷酸葡萄糖转变为 1-磷酸葡萄糖

由磷酸葡萄糖变位酶催化。

$$\text{6-磷酸葡萄糖} \xleftarrow{\quad \text{磷酸葡萄糖变位酶} \quad} \text{1-磷酸葡萄糖}$$

3. 尿苷二磷酸葡萄糖(UDPG)的生成

在 UDPG 焦磷酸化酶催化下,1-磷酸葡萄糖与 UTP 作用,生成 UDPG,释放出焦磷酸。

$$\text{1-磷酸葡萄糖} \xrightarrow[\text{UDPG焦磷酸化酶}]{\text{UTP} \quad\quad \text{PPi}} \text{UDPG}$$

4. 糖原的生成

在糖原合酶催化下,UDPG 中的葡萄糖转移到糖原引物的非还原端,以 α-1,4-糖苷键连接。所谓糖原引物是指细胞内原有的较小的糖原分子。

$$\text{UDPG} + \text{糖原}(G_n) \xrightarrow{\quad \text{糖原合酶} \quad} \text{UDP} + \text{糖原}(G_{n+1})$$

上述反应反复进行,使糖链不断延长。但糖原合酶只能延长糖链,不能形成分支。当糖链长度达到 12~18 个葡萄糖残基时,分支酶把一段含有 6~7 个葡萄糖残基的糖链转移至邻近糖链上,以 α-1,6-糖苷键连接形成分支。因此在糖原合酶与分支酶的交替作用下,分支不断增多,糖原分子不断增大(图 7-5)。

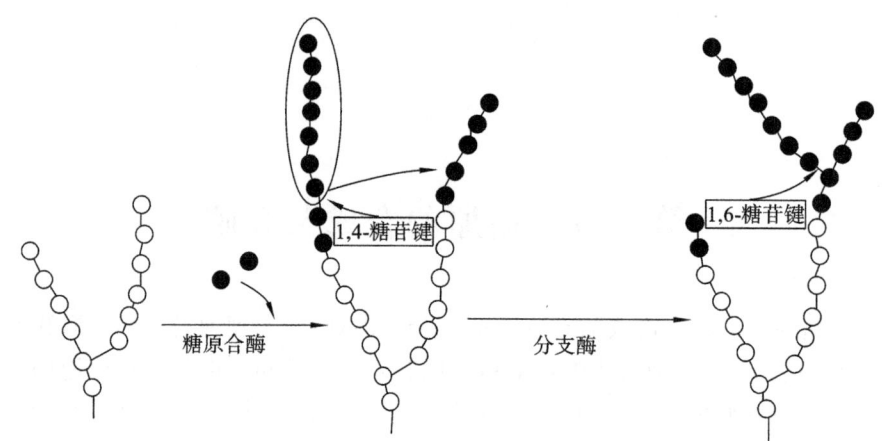

图 7-5　分支酶作用示意图

二、糖原的分解

(一)概念

肝糖原分解为葡萄糖的过程称为糖原的分解。反应在细胞液中进行。

(二)反应过程

1. 1-磷酸葡萄糖的生成

在磷酸化酶的催化下,从糖原分子的非还原端开始逐个水解糖链上的葡萄糖残基,生成 1-磷酸葡萄糖。

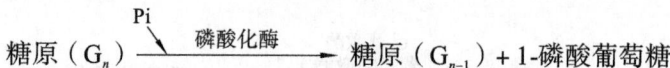

$$\text{糖原}(G_n) \xrightarrow[\text{磷酸化酶}]{\text{Pi}} \text{糖原}(G_{n-1}) + \text{1-磷酸葡萄糖}$$

磷酸化酶只能水解 α-1,4-糖苷键,而对 α-1,6-糖苷键不起作用,当糖链上的葡萄糖残基逐个被水解至距分支点约 4 个葡萄糖残基时,磷酸化酶不再发挥作用。此时由脱支酶将其中 3 个以 α-1,4-糖苷键

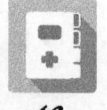

相连的葡萄糖残基转移至邻近糖链的末端,仍以 α-1,4-糖苷键相连;剩下的 1 个以 α-1,6-糖苷键连接的葡萄糖残基由脱支酶直接水解为游离葡萄糖。故脱支酶有两种酶活性:葡聚糖转移酶和 α-1,6-葡萄糖苷酶。除去分支后,磷酸化酶则继续发挥作用。因此在磷酸化酶和脱支酶的交替作用下,分支不断减少,糖原分子不断减小(图 7-6)。磷酸化酶是糖原分解的限速酶。

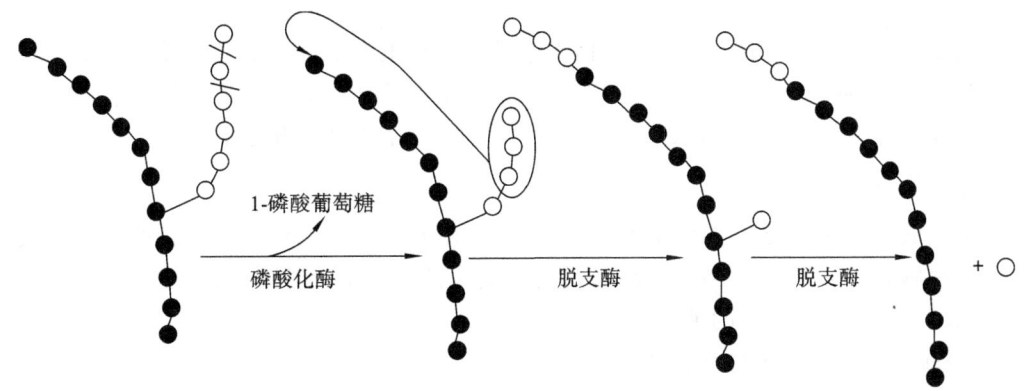

图 7-6 脱支酶作用示意图

2. 1-磷酸葡萄糖转变为 6-磷酸葡萄糖

反应由磷酸葡萄糖变位酶催化。

$$1\text{-磷酸葡萄糖} \xleftrightarrow{\text{磷酸葡萄糖变位酶}} 6\text{-磷酸葡萄糖}$$

3. 6-磷酸葡萄糖水解为葡萄糖

反应由葡萄糖-6-磷酸酶催化。

$$6\text{-磷酸葡萄糖} \xrightarrow[\text{葡萄糖-6-磷酸酶}]{H_2O \quad (\text{肝、肾}) \quad Pi} \text{葡萄糖}$$

葡萄糖-6-磷酸酶只存在于肝、肾中,肌肉中无此酶。所以肌糖原不能直接分解为葡萄糖,其分解生成的 6-磷酸葡萄糖可进入糖酵解生成乳酸,乳酸经过血液循环运输到肝,通过糖异生生成葡萄糖,间接补充血糖,但意义不大,因为肌糖原的主要生理意义是为肌肉收缩提供能量;而肝糖原可以分解为葡萄糖直接补充血糖。

肝糖原的分解对维持血糖浓度的相对恒定有重要作用,但肝细胞中的糖原不会彻底耗竭,当有葡萄糖供应时,保留下来的小分子糖原则作为引物合成糖原。

糖原合成和分解过程如图 7-7 所示。

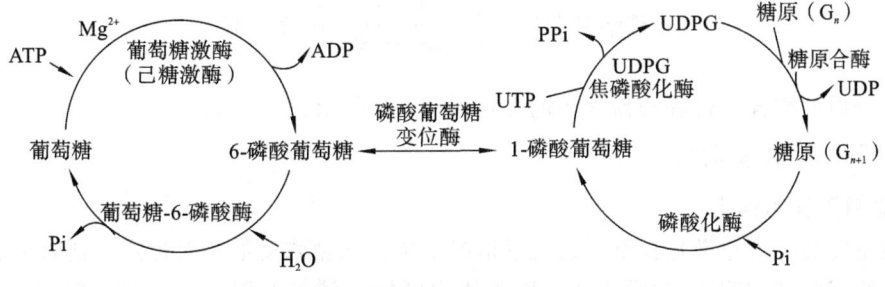

图 7-7 糖原合成和分解过程

第四节 糖 异 生

由非糖物质转变为葡萄糖或糖原的过程称为糖异生。在正常情况下肝脏是糖异生的主要器官,肾脏也可,但能力只有肝脏的 1/10;长期饥饿时肾脏糖异生能力大大增强,也成为糖异生的重要器官。糖异生的原料主要有乳酸、丙酮酸、甘油、生糖氨基酸、三羧酸循环的中间物质等。

(一) 糖异生途径

从丙酮酸生成葡萄糖的反应过程称为糖异生途径。糖异生途径与糖酵解途径的方向相反,但不是可逆反应。糖酵解途径中的 3 个不可逆反应,是糖异生途径的 3 个"能障",必须由另外的反应替代,催化这些反应的酶是糖异生途径中的关键酶。

1. 丙酮酸转变成磷酸烯醇式丙酮酸

丙酮酸转变成磷酸烯醇式丙酮酸也称为丙酮酸羧化支路。反应由丙酮酸羧化酶与磷酸烯醇式丙酮酸羧激酶催化,消耗能量。乳酸、三羧酸循环的中间物质转变为糖时,都需要经过此支路。

$$\text{丙酮酸} \xrightarrow[\substack{\text{ATP} \quad \text{（生物素）} \quad \text{ADP} \\ \text{Pi}}]{\substack{CO_2 \\ \text{丙酮酸羧化酶}}} \text{草酰乙酸} \xrightarrow[\substack{\text{GTP} \quad \text{GDP} \quad CO_2}]{\text{磷酸烯醇式丙酮酸羧激酶}} \text{磷酸烯醇式丙酮酸}$$

由于丙酮酸羧化酶仅存在于线粒体内,所以细胞液中的丙酮酸必须进入线粒体才能羧化为草酰乙酸。磷酸烯醇式丙酮酸羧激酶在线粒体和细胞液中均存在,因此草酰乙酸转变为磷酸烯醇式丙酮酸既可在线粒体中直接进行,也可在细胞液中进行。若在细胞液中进行,由于草酰乙酸不能直接透过线粒体膜,则需还原为苹果酸或经转氨基作用转变为天冬氨酸后才能出线粒体。

2. 1,6-二磷酸果糖转变为 6-磷酸果糖

反应由果糖二磷酸酶催化。

$$\text{1,6-二磷酸果糖} \xrightarrow[\text{果糖二磷酸酶}]{\substack{H_2O \qquad \qquad Pi}} \text{6-磷酸果糖}$$

3. 6-磷酸葡萄糖转变为葡萄糖

反应由葡萄糖-6-磷酸酶催化。

$$\text{6-磷酸葡萄糖} \xrightarrow[\text{葡萄糖-6-磷酸酶}]{\substack{H_2O \quad （肝、肾） \quad Pi}} \text{葡萄糖}$$

各种非糖物质的糖异生过程与糖酵解的关系如图 7-8 所示。

(二) 糖异生的生理意义

1. 维持血糖浓度的恒定

糖异生最主要的生理意义是在空腹或饥饿情况下维持血糖浓度的相对恒定。这对主要依赖葡萄糖供能的组织细胞(脑、红细胞等)非常重要。因为体内肝糖原储备有限,若仅靠肝糖原分解不超过 12 h 即被耗尽。事实上即使禁食 24 h,血糖仍能保持在正常范围,长期饥饿时也仅略有下降,这主要依赖糖异生将非糖物质转变为葡萄糖,不断补充血糖,以维持血糖浓度恒定。

2. 有利于乳酸的利用

乳酸是糖异生的重要原料,安静状态时乳酸生成较少。剧烈运动时,肌糖原酵解产生大量乳酸,由血液运输至肝脏进行糖异生,生成的葡萄糖释放入血可被肌肉组织摄取利用,此过程称为乳酸循环,也

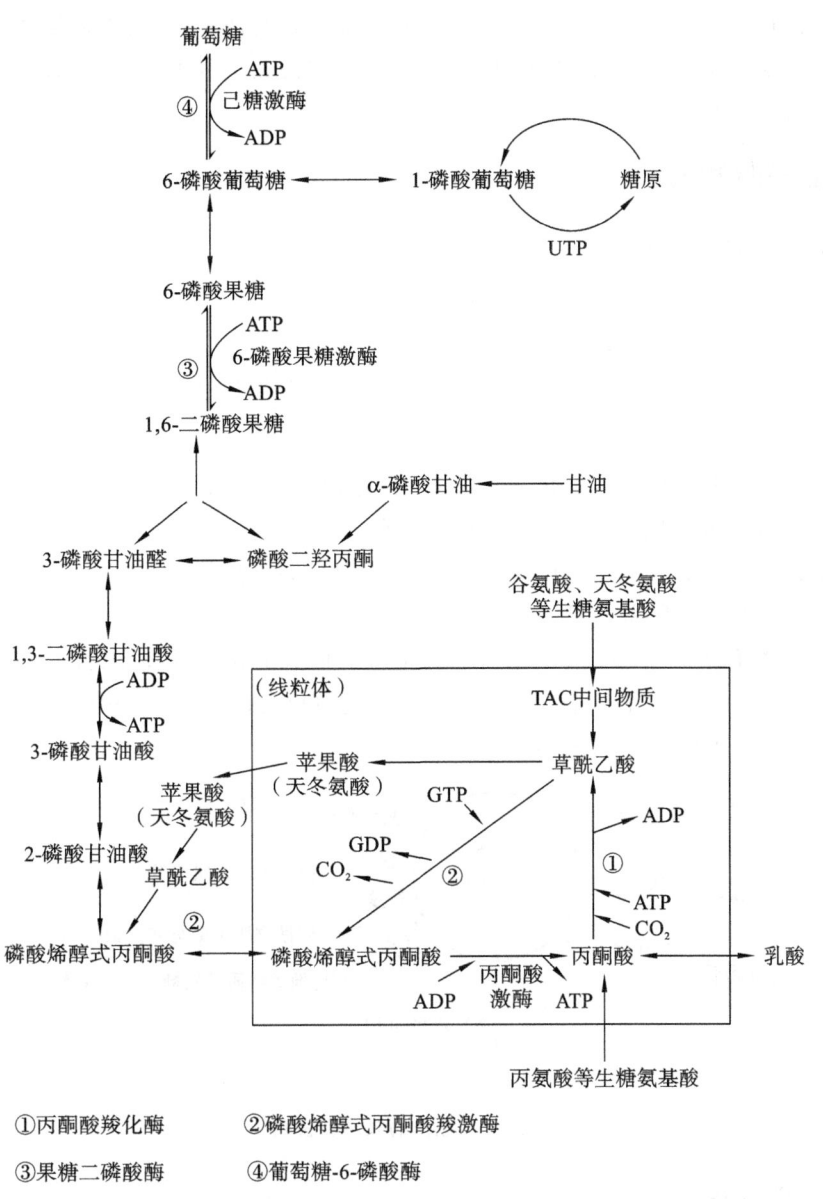

①丙酮酸羧化酶　　②磷酸烯醇式丙酮酸羧激酶

③果糖二磷酸酶　　④葡萄糖-6-磷酸酶

图 7-8　糖异生与糖酵解的关系

称 Cori 循环。对于乳酸的再利用、更新肝糖原及防止乳酸堆积引起的酸中毒具有重要意义。

3. 糖异生促进肾脏排 H⁺,有利于维持酸碱平衡

酸中毒时 H^+ 能激活肾小管上皮细胞中的磷酸烯醇式丙酮酸羧激酶,促进糖异生进行,由于三羧酸循环中间代谢物进行糖异生作用,造成 α-酮戊二酸含量降低,促使谷氨酸和谷氨酰胺脱氨生成 α-酮戊二酸补充三羧酸循环,产生的氨则分泌进入肾小管,与原尿中 H^+ 结合成 NH_4^+,随尿排出体外,降低原尿中 H^+ 的浓度,加速排 H^+ 保 Na^+ 作用,有利于维持酸碱平衡。

第五节　血　　糖

血糖(blood sugar)是指血液中的葡萄糖,是体内糖的运输形式,全身各组织细胞均需从血液中获得葡萄糖作为能源,特别是脑组织、红细胞等,因几乎没有糖原储存,必须随时由血液供给葡萄糖。血糖浓度降低,势必影响这些组织的生理功能。

正常成人空腹血糖浓度为 3.9～6.1 mmol/L(葡萄糖氧化酶法)。一天中血糖浓度稍有变动,餐后稍有升高,但 2 h 后恢复正常;短时间内不进食,血糖仍能维持在正常水平。血糖浓度的相对恒定依赖其来源和去路的动态平衡。

一、血糖的来源和去路

(一) 血糖的来源

(1) 食物中的糖消化吸收:血糖的主要来源。

(2) 肝糖原分解:空腹时血糖的重要来源。

(3) 糖异生:长时间的空腹或饥饿状态下血糖浓度维持相对恒定的主要方式。

(二) 血糖的去路

(1) 氧化分解:葡萄糖在细胞内氧化分解供能,是血糖最主要的去路。

(2) 合成糖原:在肝和肌肉等组织中合成糖原储存。

(3) 转变为非糖物质:葡萄糖在体内可转变为脂肪、某些氨基酸等。

(4) 转变为其他糖类物质:如核糖、氨基多糖等。

当血糖浓度超过肾糖阈(8.89 mmol/L),即肾小管对糖的最大重吸收能力时,糖可随尿排出,出现糖尿。另外,当肾功能障碍导致肾小管重吸收能力下降时,血糖浓度不升高的情况下,也会出现糖尿,称为肾性糖尿。糖尿不是血糖的正常去路(图 7-9)。

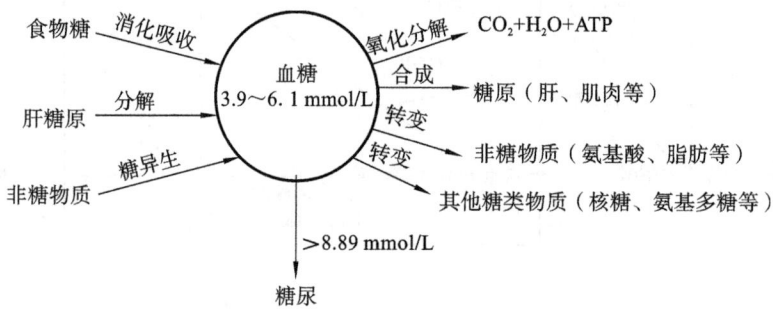

图 7-9 血糖的来源和去路

考点提示
血糖浓度
的调节。

二、血糖浓度的调节

血糖的来源和去路之所以保持动态平衡,是因为机体有一套精细的调节机制,体内各组织器官的物质代谢相互协调。

(一) 器官调节

参与血糖浓度调节的器官有肝、肌肉和脂肪组织等,其中肝是最主要的器官。进食后,血糖浓度升高,肝通过加强糖原合成、抑制糖原分解及糖异生,使血糖仅暂时升高,很快便恢复正常。当血糖浓度降低时,肝通过加强肝糖原分解、糖异生补充血糖,以维持血糖浓度的相对稳定。

(二) 激素的调节作用

调节血糖的激素分为两大类,即降血糖激素和升血糖激素。胰岛素是唯一的降血糖激素,胰高血糖素、糖皮质激素、肾上腺素、生长素等是升血糖激素。两类激素通过对糖代谢途径的影响,使血糖来源和去路达到动态平衡,从而使血糖浓度维持在正常水平。其作用见表 7-2。

Note

表 7-2 激素对血糖浓度的调节

激素	生化作用
降血糖激素	
胰岛素	1.促进肌肉、脂肪细胞摄取葡萄糖
	2.促进糖有氧氧化
	3.促进糖原合成,抑制糖原分解
	4.促进糖转变为脂肪,抑制脂肪动员
	5.抑制糖异生
升血糖激素	
胰高血糖素	1.抑制肝糖原合成,促进肝糖原分解
	2.促进糖异生
	3.促进脂肪动员,减少糖的利用
糖皮质激素	1.促进肌肉蛋白质分解,加速糖异生
	2.抑制肝外组织摄取利用葡萄糖
肾上腺素	1.促进肝糖原分解、肌糖原酵解
	2.促进糖异生
生长素	1.促进糖异生
	2.抑制肌肉和脂肪组织利用葡萄糖

(三) 神经系统的调节

交感神经兴奋时,肾上腺素分泌增多,血糖浓度升高。迷走神经兴奋时,胰岛素分泌增多,血糖浓度降低。

三、糖代谢异常

糖代谢异常在临床上表现为高血糖和低血糖。

(一) 高血糖

空腹血糖浓度高于 6.9 mmol/L 称为高血糖。如血糖浓度过高,超过肾糖阈则出现糖尿。引起高血糖、糖尿的原因分为生理性和病理性两大类。

1. 生理性高血糖

一次摄入大量的糖或情绪激动使交感神经兴奋,肾上腺素分泌增多,均可引起一过性高血糖,甚至糖尿。临床上静脉注射葡萄糖速度过快,也可使血糖浓度迅速升高并出现糖尿。

2. 病理性高血糖

升高血糖浓度的激素分泌增多或胰岛素分泌减少均可导致高血糖,以致出现糖尿。病理性高血糖及糖尿表现为持续性的高血糖和糖尿,特别是空腹血糖浓度高于正常范围,临床上多见于糖尿病。此外,慢性肾炎、肾病综合征等导致肾小管对糖的重吸收能力下降,即肾糖阈下降,也可出现糖尿(但此时血糖正常)。

(二) 低血糖

空腹血糖浓度低于 3.0 mmol/L 称为低血糖。引起低血糖的主要原因:胰岛 β 细胞增生或肿瘤,导致胰岛素分泌过多;垂体或肾上腺皮质功能减退导致对抗胰岛素的激素如糖皮质激素等分泌不足;肝功能严重障碍(如肝癌)和长期饥饿等。

脑组织主要以葡萄糖作为能源,并且几乎没有糖原储存,所以对低血糖极其敏感,即使轻度低血糖也会出现头昏、倦怠、四肢和口周麻木、记忆减退、心慌、出冷汗等临床症状,严重时会出现昏迷甚至死

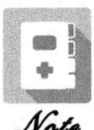

亡。若发现低血糖患者,应迅速使其口服葡萄糖或其他糖类物质,严重时静脉注射葡萄糖。

（三）糖尿病及其诊断标准

糖尿病是因为胰岛素绝对或相对不足或(和)胰岛素受体缺陷所致的代谢性疾病。临床上分为 1 型(胰岛素依赖型)和 2 型(非胰岛素依赖型)。其中 1 型糖尿病多发生于青少年,因胰岛素分泌缺乏,依赖外源性胰岛素补充以维持生命;2 型糖尿病多见于中、老年人,其胰岛素的分泌量并不低,甚至还偏高,临床表现为机体对胰岛素不够敏感,即胰岛素抵抗。在糖尿病患者中,2 型糖尿病所占比例约为 95%。科学家的研究提示,糖尿病有遗传倾向。糖尿病的遗传不是疾病本身,而是对糖尿病的易感性,必须有某些环境因素的作用,才能发生糖尿病。

糖尿病的诊断标准:有典型糖尿病症状(多尿、多饮和不能解释的体重下降)者,任意血糖≥11.1 mmol/L 或空腹血糖(FPG)≥7.0 mmol/L,为糖尿病患者。

目标检测

参考答案

一、名词解释

1. 糖酵解　2. 糖的有氧氧化　3. 糖异生　4. 血糖

二、单项选择题

1. 下列哪组酶参与了糖酵解途径中的三个不可逆反应?（　　）

A. 葡萄糖激酶、己糖激酶、磷酸果糖激酶

B. 甘油磷酸激酶、磷酸果糖激酶、丙酮酸激酶

C. 葡萄糖激酶、己糖激酶、丙酮酸激酶

D. 己糖激酶、磷酸果糖激酶、丙酮酸激酶

2. 糖原中一个葡萄糖基转变为 2 分子乳酸,可净得几分子 ATP?（　　）

A. 1　　　　　　　　B. 2　　　　　　　　C. 3　　　　　　　　D. 4

3. 成熟红细胞中糖酵解的主要功能是（　　）。

A. 调节红细胞的带氧状态　　　　　　B. 供应能量

C. 提供磷酸戊糖　　　　　　　　　　D. 提供合成用原料

4. 与糖酵解途径无关的酶是（　　）。

A. 己糖激酶　　　　　　　　　　　　B. 磷酸果糖激酶

C. 磷酸烯醇式丙酮酸羧激酶　　　　　　D. 丙酮酸激酶

5. 合成糖原时葡萄糖残基的直接供体是（　　）。

A. 1-磷酸葡萄糖　　　　　　　　　　B. CDPG

C. GDPG　　　　　　　　　　　　　D. UDPG

6. 沟通糖的分解代谢、糖异生、糖原合成和分解各条代谢途径的物质是（　　）。

A. 6-磷酸葡萄糖　　　　　　　　　　B. 磷酸二羟丙酮

C. 1-磷酸葡萄糖　　　　　　　　　　D. 1,6-二磷酸果糖

7. 与丙酮酸异生为葡萄糖无关的酶是（　　）。

A. 果糖二磷酸酶　　　　　　　　　　B. 烯醇化酶

C. 丙酮酸激酶　　　　　　　　　　　D. 磷酸己糖异构酶

8. 1 分子葡萄糖经磷酸戊糖途径代谢可生成（　　）。

A. 1 分子 NADH　　　　　　　　　　B. 2 分子 NADH

C. 2 分子 NADPH　　　　　　　　　D. 2 分子 CO_2

9. 肌糖原不能直接分解为葡萄糖的原因是（　　）。

A. 肌肉组织缺乏己糖激酶　　　　　　B. 肌肉组织缺乏葡萄糖激酶

C. 肌肉组织缺乏糖原合酶　　　　　　D. 肌肉组织缺乏葡萄糖-6-磷酸酶

10. 三羧酸循环的反应场所在（　　）。

A. 细胞液　　　　B. 细胞核　　　　C. 线粒体　　　　D. 高尔基体

11. 一分子乙酰 CoA 经三羧酸循环净生成的 ATP 数为（　　）。

A. 2　　　　　　B. 3　　　　　　C. 6　　　　　　D. 10

12. 对糖酵解和糖异生都起催化作用的酶是（　　）。

A. 丙酮酸激酶　　　　　　　　B. 丙酮酸羧化酶

C. 3-磷酸甘油醛脱氢酶　　　　D. 果糖二磷酸酶

13. 降血糖的激素是（　　）。

A. 胰高血糖素　　　　　　　　B. 肾上腺素

C. 胰岛素　　　　　　　　　　D. 肾上腺皮质激素

14. 糖异生的主要生理意义在于（　　）。

A. 防止酸中毒　　　　　　　　B. 由乳酸等物质转变为糖原

C. 更新肝糖原　　　　　　　　D. 维持饥饿情况下血糖浓度的相对稳定

15. 调节人体血糖浓度最重要的器官是（　　）。

A. 心　　　　　　B. 肝　　　　　　C. 脾　　　　　　D. 肺

三、简答题

1. 糖的分解代谢有哪些途径？试简述其生理意义。

2. 试比较糖酵解和糖的有氧氧化（反应场所、反应条件、终产物、关键酶、能量变化、生理意义）。

3. 6-磷酸葡萄糖在体内可进行哪些代谢途径？

4. 简述乳酸异生为葡萄糖的基本过程。

5. 简述血糖的来源和去路。

6. 机体如何调节血糖浓度的相对恒定？

参 考 文 献

[1] 赵瑞巧. 生物化学[M]. 2 版. 北京：科学出版社，2010.

[2] 王易振，仲其军，贾祥捷. 生物化学[M]. 2 版. 武汉：华中科技大学出版社，2016.

[3] 查锡良. 生物化学[M]. 7 版. 北京：人民卫生出版社，2008.

（宾　巴）

Note

第八章 脂类代谢

1. 掌握:脂肪动员、酮体的概念,酮体的生成和利用的部位,酮体生成的生理意义;血浆脂蛋白的分类、组成和生理功能。

2. 熟悉:脂类的生理功能;脂解激素和抗脂解激素;脂肪酸的氧化过程;脂肪酸 β-氧化的过程和能量的生成;脂肪酸的合成原料、部位;胆固醇的合成部位、原料、限速酶及转化产物;血脂的概念和种类;血浆脂蛋白的概念和功能。

3. 了解:脂类的分布;甘油三酯的合成代谢。

脂类(lipids)是脂肪和类脂的总称。脂肪(fat)是一分子甘油和三分子脂肪酸通过酯键形成的酯,故称为甘油三酯(triglyceride,TG),又称为三酰甘油。类脂(lipoid)主要包括磷脂、糖脂、胆固醇及胆固醇酯等。脂肪和类脂在化学组成上差异很大,但均难溶于水而易溶于有机溶剂。体内脂类代谢障碍常导致临床上许多疾病的发生,如肥胖、脂肪肝、高脂血症、动脉粥样硬化、冠心病等。

眩晕症患者,主诉不能进食、乏力、眩晕、恶心呕吐,经检查血酮体明显增高,尿中酮体强阳性。

临床诊断:酮症酸中毒。

问题:试分析其酮症产生的原因。

第一节 概　　述

一、脂类的含量和分布

脂肪主要分布在人体的脂肪组织,如皮下、大网膜、肠系膜和一些脏器的周围。成年男性脂肪占体重的 $10\% \sim 20\%$,女性稍高。机体脂肪的含量会随着年龄、营养状况和运动量等变化而增减,所以又称为储存脂或可变脂。

类脂主要分布在生物膜和神经组织中,约占体重的 5%,其含量一般不受营养状况和能量消耗的影响,所以又称为固定脂或基本脂。

二、脂类的生理功能

（一）脂肪的生理功能

1. 储能与供能

脂肪在体内主要用于储能和氧化供能，1 g 脂肪在体内完全氧化可释放 38.9 kJ 的能量，比同等重量的糖或蛋白质约多 1 倍，另外脂肪含水分少，其体积只是同重量糖原体积的 1/4，因而在单位体积内可储存较多的能量。正常膳食时，脂肪供能约占人体能量的 25%，但在空腹时，体内所需能量的 50% 以上由脂肪供给，若禁食 1～3 天，则 85% 的能量来自脂肪的分解。

2. 提供必需脂肪酸

机体不能合成，必须由食物供给的不饱和脂肪酸称为必需脂肪酸，如亚油酸、亚麻酸。必需脂肪酸具有维持上皮组织营养、降低血脂、防止动脉粥样硬化和血栓形成的作用，还是合成前列腺素、血栓素等调节物质的原料。

3. 维持体温和保护作用

脂肪不易导热，机体皮下脂肪组织可防止热量过多散失而保持体温。脏器周围的脂肪组织能缓冲外界的机械撞击，对内脏有固定和保护作用。

4. 协助脂溶性维生素的吸收

脂溶性维生素在肠道内可溶于食物脂肪中，随同脂肪消化产物一起被肠黏膜吸收。

知识拓展

必需脂肪酸

必需脂肪酸是机体最重要的膳食脂肪酸，n-6 系亚油酸（18:2）和 n-3 系 α-亚麻酸（18:3）是人体必需的两种脂肪酸。它们都是多不饱和脂肪酸，其中以亚油酸最为重要，它在一定程度上可以替代亚麻酸。事实上，n-6 系与 n-3 系中许多脂肪酸，如花生四烯酸（ARA）、n-3 系二十碳五烯酸（EPA）和二十二碳六烯酸（DHA）等都是人体不可缺少的，但人体可利用亚油酸和 α-亚麻酸合成这些脂肪酸。

中国营养学会《膳食营养素参考摄入量》建议，n-6 系与 n-3 系脂肪酸的比为（4～6）:1。食物中通常含有脂肪酸的混合物，亚油酸在以下植物油中含量较多：红花籽油、花生油、芝麻油、葵花籽油等。α-亚麻酸最好的来源是深海鱼和亚麻籽油。

（二）类脂的生理功能

1. 参与生物膜的构成

磷脂和胆固醇是所有生物膜（如细胞膜、线粒体膜、核膜和内质网膜）的重要组成成分，生物膜的完整性是细胞进行各种正常活动的重要保证。

2. 转变为重要的生理活性物质

如胆固醇在体内可转变为胆汁酸、类固醇激素、维生素 D_3 等生理活性物质。

第二节　脂肪代谢

脂肪是体内含量最多的脂类物质，各组织中的脂肪不断地进行新陈代谢，以肝脏和脂肪组织代谢最为活跃。脂肪的合成代谢和分解代谢是脂类代谢的主要内容。

一、脂肪的分解代谢

（一）脂肪动员

脂肪在脂肪酶的作用下逐步水解为甘油和游离脂肪酸（free fatty acid，FFA），并释放入血供其他组织氧化利用，此过程称为脂肪动员（fat mobilization）。脂肪的分解代谢是从脂肪动员开始的。脂肪动员过程如下。

$$甘油三酯 \xrightarrow[甘油三酯脂肪酶]{H_2O \quad 脂肪酸} 甘油二酯 \xrightarrow[甘油二酯脂肪酶]{H_2O \quad 脂肪酸} 甘油一酯 \xrightarrow[甘油一酯脂肪酶]{H_2O \quad 脂肪酸} 甘油$$

在脂肪动员的过程中甘油三酯脂肪酶活性最低，是甘油三酯分解的限速酶，其活性受到多种激素的调节。胰高血糖素、肾上腺素、去甲肾上腺素，肾上腺皮质激素、甲状腺素等能激活脂肪酶，促进脂肪动员，称为脂解激素；胰岛素、前列腺素 E_2 等抑制脂肪酶的活性，称为抗脂解激素。这两类激素的协同作用使体内脂肪的水解速度得到有效的调节。进食、饥饿或交感神经兴奋时肾上腺素等脂解激素分泌增多，脂肪分解加速；进食后胰岛素分泌增多，脂肪分解作用降低。

（二）甘油的代谢

脂肪水解后得到的甘油，经血液循环运到肝、肾等器官利用。在甘油磷酸激酶催化下，甘油磷酸化生成 α-磷酸甘油，再脱氢生成磷酸二羟丙酮，磷酸二羟丙酮是糖酵解的中间产物，可沿糖代谢途径继续氧化分解并释放能量，也可沿糖异生途径转变为葡萄糖或糖原。

$$
\begin{array}{c}
CH_2OH \\
| \\
CHOH \\
| \\
CH_2OH
\end{array}
\xrightarrow[甘油磷酸激酶]{ATP \quad ADP}
\begin{array}{c}
CH_2OH \\
| \\
CHOH \\
| \\
CH_2O-\text{\textcircled{P}}
\end{array}
\xrightarrow[\text{α-磷酸甘油脱氢酶}]{NAD^+ \quad NADH+H^+}
\begin{array}{c}
CH_2OH \\
| \\
C=O \\
| \\
CH_2O-\text{\textcircled{P}}
\end{array}
$$

（三）脂肪酸的氧化分解

在供氧充足的条件下，脂肪酸在体内分解成 CO_2 和 H_2O 并释放大量能量。除脑组织和成熟的红细胞外，大多数组织均能氧化脂肪酸，但以肝和肌肉组织最为活跃。脂肪酸氧化的主要部位在细胞线粒体。脂肪酸的氧化过程大致分为脂肪酸的活化、脂酰 CoA 进入线粒体、脂酰基的 β-氧化（脂肪酸的 β-氧化）及乙酰 CoA 进入三羧酸循环彻底氧化等四个阶段。

1. 脂肪酸的活化

脂肪酸在脂酰 CoA 合成酶的催化下，生成脂酰 CoA 的过程，称为脂肪酸的活化。反应在细胞液中进行，需要 CoA 参与，由 ATP 供能。脂肪酸的活化过程如下：

$$R—COOH+HSCoA+ATP \xrightarrow[Mg^{2+}]{\text{脂酰CoA合成酶}} R—CO\sim SCoA+AMP+PPi$$

2. 脂酰 CoA 进入线粒体

催化脂肪酸氧化的酶系存在于线粒体基质内，故活化的脂酰 CoA 需由细胞液进入线粒体才能氧化。长链脂酰 CoA 不能自由透过线粒体内膜，但借助于线粒体内膜上的载体肉碱（carnitine）转运可进入线粒体基质（图 8-1）。

3. 脂酰 CoA 的 β-氧化

脂酰 CoA 进入线粒体基质后进行氧化，氧化发生在脂酰基的 β-碳原子上，故称为 β-氧化。以 CoA 为载体的脂酰基每进行一次 β-氧化，经过脱氢、加水、再脱氢、硫解 4 步连续反应，生成 1 分子乙酰 CoA 和少了两个碳原子的脂酰 CoA。如此反复，直至完全氧化为乙酰 CoA（图 8-2）。

（1）脱氢：脂酰 CoA 在脂酰 CoA 脱氢酶催化下脱氢，生成 α、β-烯脂酰 CoA，其受氢体是 FAD，生成

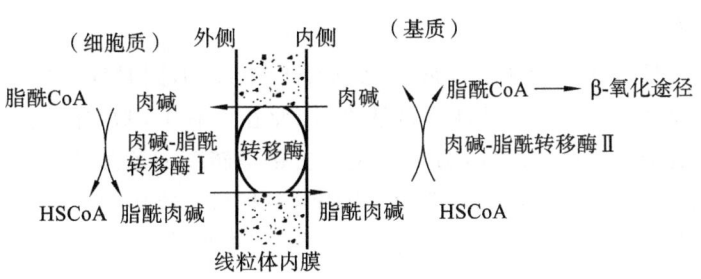

图 8-1 脂酰 CoA 进入线粒体示意图

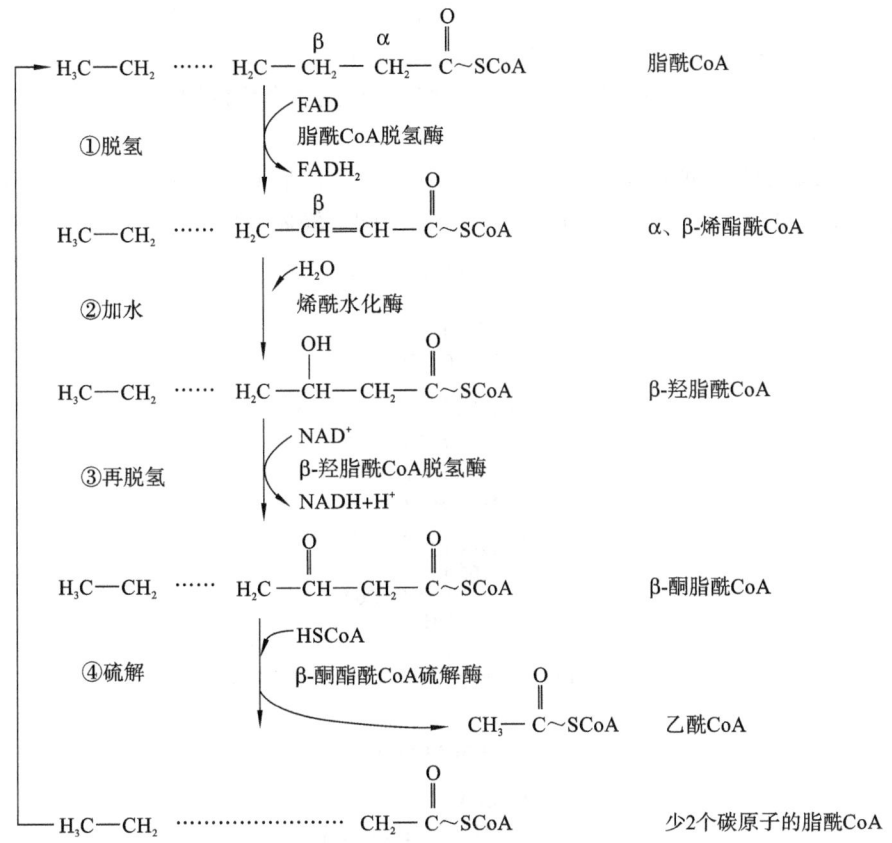

图 8-2 脂酰 CoA 的 β-氧化过程

$FADH_2$,后者经氧化磷酸化生成 1.5 分子 ATP。

(2)加水:经水化酶催化,α、β-烯脂酰 CoA 加 1 分子水生成 β-羟脂酰 CoA。

(3)再脱氢:在 β-羟脂酰 CoA 脱氢酶催化下,β-羟脂酰 CoA 脱去 β-碳原子上的 2 个氢原子,生成 β-酮脂酰 CoA,此次受氢体是 NAD^+,生成 $NADH+H^+$,后者经氧化磷酸化生成 2.5 分子 ATP。

(4)硫解:β-酮脂酰 CoA 在硫解酶的催化下,其碳链在 α-碳原子与 β-碳原子间断裂,生成 1 分子乙酰 CoA 和少了两个碳原子的脂酰 CoA。后者再次进行 β-氧化,如此反复,直至脂酰 CoA 完全氧化生成乙酰 CoA。

4. 乙酰 CoA 进入三羧酸循环

脂肪酸氧化所产生的乙酰 CoA,经过三羧酸循环彻底氧化生成 CO_2 和 H_2O,每分子乙酰 CoA 产生 10 分子 ATP,以满足机体能量的需要。

脂肪酸是人体极其重要的能源物质。现以 16 碳的软脂酸为例计算 ATP 的生成量。软脂酸经过活化消耗 2 分子 ATP,7 次 β-氧化,生成 7 分子 $FADH_2$、7 分子 $NADH+H^+$ 及 8 分子乙酰 CoA,因此,1 分子软脂酸彻底氧化净生成 $7\times(2.5+1.5)+8\times10-2=106$ 分子 ATP。

（四）酮体的代谢

脂肪酸在心肌、骨骼肌等组织中能被彻底氧化成 CO_2 和 H_2O，同时释放能量。由于肝脏内 β-氧化酶系的活性很高，同时又含有丰富的合成酮体的酶类，因此在肝脏中，脂肪酸的 β-氧化生成大量的乙酰 CoA，除彻底氧化并释放能量供肝利用外，另一个代谢去路是转变成乙酰乙酸、β-羟丁酸和丙酮三种物质。其中乙酰乙酸约占 30%，β-羟丁酸约占 70%，丙酮含量极微。酮体（ketone bodies）是脂肪酸在肝脏中分解代谢特有的中间产物，是乙酰乙酸、β-羟丁酸和丙酮三种物质的统称。

1. 酮体的生成

在肝细胞线粒体内，以乙酰 CoA 为原料合成酮体。酮体合成的基本过程分以下三步进行。

（1）2 分子乙酰 CoA 在乙酰乙酰 CoA 硫解酶的催化下，缩合成乙酰乙酰 CoA。

（2）乙酰乙酰 CoA 在羟甲基戊二酸单酰 CoA 合成酶（HMG-CoA 合成酶）催化下再缩合 1 分子乙酰 CoA 生成羟甲基戊二酸单酰 CoA（HMG-CoA），此反应是酮体合成的限速步骤。HMG-CoA 合成酶是酮体生成的限速酶。

（3）HMG-CoA 在裂解酶的催化下，裂解生成乙酰乙酸和乙酰 CoA。乙酰乙酸在 β-羟丁酸脱氢酶催化下还原为 β-羟丁酸，乙酰乙酸也可脱羧生成少量的丙酮。酮体的生成过程如图 8-3 所示。

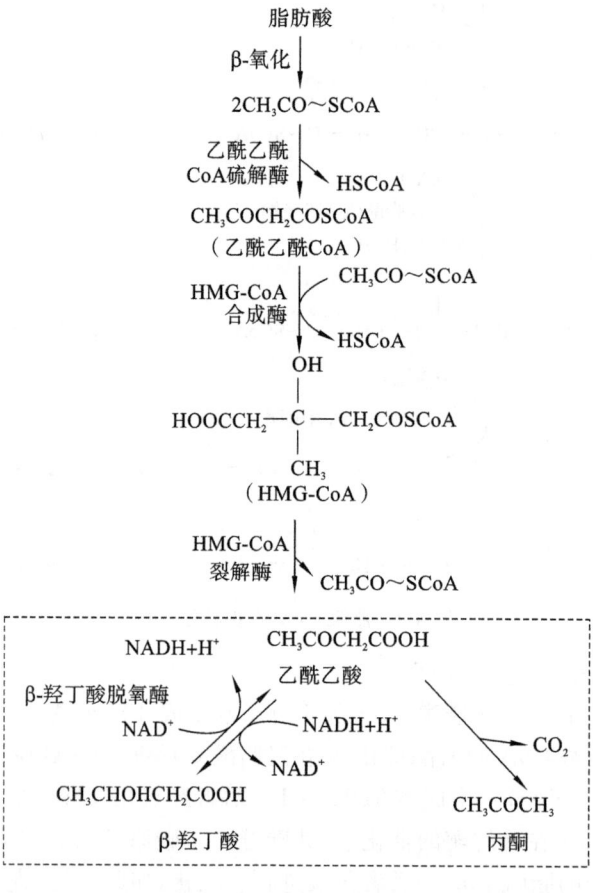

图 8-3 酮体的生成过程

2. 酮体的利用

肝内生酮肝外利用，这是酮体代谢的特点。肝有丰富的酮体生成酶系，但无氧化利用酮体的酶，因此酮体生成后透过肝细胞膜，随血液运至肝外组织，被乙酰乙酸硫激酶或琥珀酸单酰 CoA 转硫酶催化，乙酰乙酸转变为乙酰乙酰 CoA，再被硫解酶作用，生成 2 分子乙酰 CoA，后者进入三羧酸循环氧化供能，这是酮体利用的最主要途径；而 β-羟丁酸经 β-羟丁酸脱氢酶催化生成乙酰乙酸后，再进入上述途径氧化分解。正常情况下，丙酮量少，易挥发，经肺呼出。酮体利用的过程如图 8-4 所示。

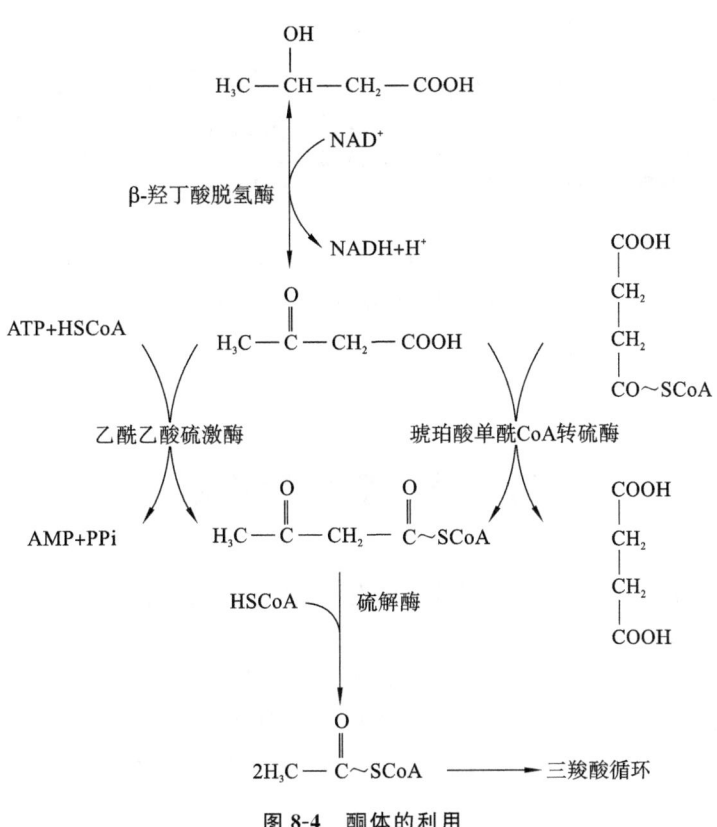

图 8-4　酮体的利用

3. 酮体生成的生理意义

酮体是肝内氧化脂肪酸的一种特有中间产物,是肝输出脂类能源的一种形式。酮体分子小,易溶于水,能够通过血脑屏障及肌肉的毛细血管,是心肌、脑和骨骼肌等组织的重要能源。长期饥饿状态下,脑组织所需要的能量约 75% 由酮体提供。

正常人血中酮体含量少,仅 0.03~0.5 mmol/L,但是在饥饿、低糖高脂膳食及糖尿病时,由于机体不能利用葡萄糖氧化供能,脂肪动员加强,脂肪酸 β-氧化增加,酮体生成过多。当肝内酮体生成量超过肝外组织的利用能力时,可使血中酮体升高,称为酮血症(ketonemia),如果尿中出现酮体,称为酮尿症(ketonuria)。由于 β-羟丁酸、乙酰乙酸都是酸性较强的物质,血中浓度过高,可导致血液 pH 下降,引起酮症酸中毒。丙酮在体内含量过高时,可随呼吸排至体外,可闻到患者呼出气中有烂苹果味。

二、脂肪的合成代谢

人体内许多组织都能合成脂肪,肝和脂肪组织是合成脂肪最活跃的部位。肝合成的脂肪很快以脂蛋白的形式运出,在脂肪组织中脂肪合成后被储存。脂肪的合成在细胞液中进行,其合成过程包括 α-磷酸甘油的生成、脂肪酸的合成和甘油三酯的合成。

（一）α-磷酸甘油的生成

体内 α-磷酸甘油的来源有两种:①来自糖代谢,由糖代谢的中间产物磷酸二羟丙酮还原生成的 α-磷酸甘油,是其主要来源。②细胞内甘油的再利用,肝细胞中的甘油在甘油磷酸激酶的催化下活化形成 α-磷酸甘油。

（二）脂肪酸的合成

在肝、肾、脑、肺、乳腺及脂肪组织的细胞液中,均含有脂肪酸合成酶系,其中在肝中该酶活性最高,所以肝的合成能力最强。乙酰 CoA 是合成脂肪酸的直接原料,主要来自糖的氧化分解;合成中所需的供氢体为由磷酸戊糖途径提供的 NADPH+H[+],此外,尚需 CO_2、Mg、ATP 和生物素参加。

（三）甘油三酯的合成

甘油三酯是以 α-磷酸甘油和脂酰 CoA 为原料,在细胞的内质网中由脂酰转移酶催化合成的。反应

过程如下。

$$CH_2O \atop | \atop CHOH \atop | \atop CH_2O—\textcircled{P}} \xrightarrow[\alpha\text{-磷酸甘油} \atop \text{脂酰转移酶}]{2RCO\sim CoA \quad 2HSCoA} {CH_2OCOR \atop | \atop CHOCO \atop | \atop CH_2O—\textcircled{P}} \xrightarrow[\text{磷脂酸磷酸酶}]{H_2O \quad P} {CH_2OCOR \atop | \atop CHOCO \atop | \atop CH_2OH} \xrightarrow[\text{脂酰转移酶}]{RCO\sim CoA \quad HSCoA} {CH_2OCOR \atop | \atop CHOCO \atop | \atop CH_2OCOR}$$

α-磷酸甘油脂酰转移酶是甘油三酯合成的限速酶。甘油三酯分子所含的 3 个脂酰基可以是相同的脂肪酸，也可以是不同的脂肪酸，可以是饱和脂肪酸，也可以是不饱和脂肪酸。甘油三酯中 2 位碳上的脂肪酸多为不饱和脂肪酸或必需脂肪酸。

第三节 胆固醇代谢

胆固醇是人体重要的脂类物质之一，它既是细胞膜、血浆脂蛋白的重要成分，又是类固醇激素、胆汁酸及维生素 D_3 等的前体。

胆固醇分布在全身各组织中，正常人体含胆固醇 140 g 左右，但其分布不均匀，肾上腺中胆固醇含量特别高，这与皮质激素的合成有关。脑和神经组织的胆固醇含量也很高，其量约占全身胆固醇总量的 1/4。肝、肾、肠等内脏及皮肤、脂肪组织亦含有较多的胆固醇，其中以肝脏的含量最高，肌肉组织中胆固醇的含量较低。

体内的胆固醇有两个来源，即内源性胆固醇和外源性胆固醇。外源性胆固醇由膳食摄入，全部来自动物性食品，其中以禽卵和动物的脏器及脑髓含量最多。内源性胆固醇由机体自身合成，正常人 50% 以上胆固醇来自机体自身合成。

（一）胆固醇的生物合成

1. 合成部位与原料

成年人除脑组织及成熟红细胞外，其他各组织均可合成胆固醇。人体每天合成胆固醇的总量为 1～1.5 g，肝是合成胆固醇的主要场所，其合成量占总量的 70%～80%，其次为小肠，可占总量的 10%。

胆固醇合成的原料是乙酰 CoA，凡能生成乙酰 CoA 的物质均可合成胆固醇，如葡萄糖、脂肪酸及某些氨基酸等。此外还需要由 ATP 提供能量，由 $NADPH+H^+$ 提供氢。

2. 合成过程

胆固醇的合成过程很复杂，可概括为 3 个阶段。

（1）甲基二羟戊酸的生成：3 分子乙酰 CoA 在细胞液中缩合生成 β-羟甲基戊二酸单酰 CoA（HMG-CoA），后者经 HMG-CoA 还原酶的催化，生成甲基二羟戊酸（MVA）。HMG-CoA 还原酶是胆固醇合成的限速酶。

（2）鲨烯的生成：MVA 先经磷酸化，后脱羧、脱羟基成为活泼的焦磷酸化合物（5 碳），再相互缩合，增长碳链，成为含 30 碳的多烯烃化合物——鲨烯。

（3）胆固醇的合成：鲨烯通过载体蛋白携带从细胞液进入内质网，在多种酶的催化下环化成羊毛脂固醇，最后转变成胆固醇（图 8-5）。

胆固醇合成过程的限速酶是 HMG-CoA 还原酶，各种因素（食物胆固醇、饥饿与饱食、激素等）对胆固醇合成的调节，主要是通过对 HMG-CoA 还原酶活性的影响来实现的。

（二）胆固醇的转化与排泄

胆固醇与糖、脂肪和蛋白质不同，在体内不能彻底氧化供能，而是作为生物膜的主要成分。此外，胆固醇可以转变为多种具有重要生理作用的活性物质。

（1）转变为胆汁酸：胆固醇的主要去路是进入肝脏转变为胆汁酸。正常成人每天合成的胆固醇有

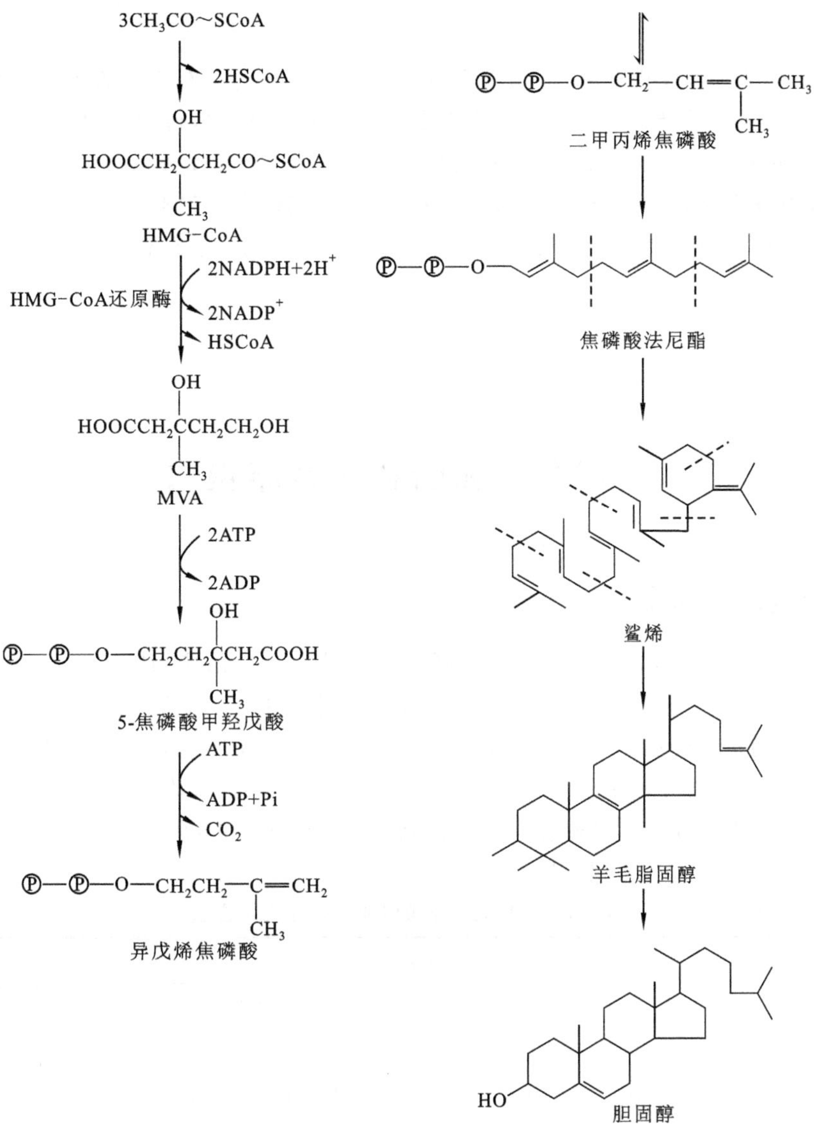

3CH₃CO~SCoA

2HSCoA

OH
|
HOOCCH₂CCH₂CO~SCoA
|
CH₃

HMG-CoA

HMG-CoA还原酶

2NADPH+2H⁺

2NADP⁺
HSCoA

OH
|
HOOCCH₂CCH₂CH₂OH
|
CH₃

MVA

2ATP

2ADP

OH
|
Ⓟ—Ⓟ—O—CH₂CH₂CCH₂COOH
|
CH₃

5-焦磷酸甲羟戊酸

ATP

ADP+Pi
CO₂

Ⓟ—Ⓟ—O—CH₂CH₂—C—CH₂
|
CH₃

异戊烯焦磷酸

Ⓟ—Ⓟ—O—CH₂—CH=C—CH₃
|
CH₃

二甲丙烯焦磷酸

Ⓟ—Ⓟ—O

焦磷酸法尼酯

鲨烯

羊毛脂固醇

HO 胆固醇

图 8-5　胆固醇合成的主要过程

40%左右在肝脏转变为胆汁酸。胆汁酸随胆汁进入肠道,协助脂类物质的消化吸收。

（2）转变为类固醇激素：胆固醇是合成类固醇激素的前体。胆固醇在肾上腺皮质的球状带、束状带及网状带细胞内可以合成醛固醇、皮质醇和雄激素,在睾丸间质细胞合成睾酮,在卵巢的卵泡内膜细胞及黄体中可合成雌二醇及黄体酮。

（3）转变为维生素 D₃：在皮下,胆固醇可转变为 7-脱氢胆固醇,后者经日光或紫外线照射转变为维生素 D₃,参与调节钙、磷代谢。

（4）胆固醇的排泄：一部分胆固醇可直接随胆汁进入肠道,经粪便排出；在肠道经肠道细菌还原为粪固醇后排出体外。

知识拓展

正确认识胆固醇

胆固醇又称胆甾醇,是一种环戊烷多氢菲的衍生物。早在 18 世纪人们已从胆石中发现了胆固醇,1816 年化学家本歇尔将这种具脂类性质的物质命名为胆固醇。胆固醇不仅是机体的组成成分,而且还起着很重要的作用:参与细胞膜和神经纤维的组成；是合成激素的原料；是体内合成维生素 D₃ 的原料；促进脂肪的消化；有助于血管壁的修复和保持完整。人体每天需要

Note

的胆固醇，饮食摄入占较少部分，其余需要通过肝脏自主合成。人体内的胆固醇含量偏高或偏低都不好，可能预示着肝脏有问题或身体存在其他健康风险。体内胆固醇过多，就会附着在血管内壁上，日积月累将阻碍血液流动，严重时会形成血栓，引发心血管疾病，导致高血压、心脏病等。如果血液中的胆固醇含量偏低，血管壁会变得脆弱，有可能引起脑出血。低胆固醇者易患肿瘤，应激能力降低，免疫力下降，使正常的抗病能力减弱，或者导致性激素合成减少，影响正常性功能。

第四节　血脂和血浆脂蛋白

一、血脂的组成与含量

血脂为血浆中脂类物质的总称。其组成包括甘油三酯（TG）、磷脂（PL）、胆固醇（Ch）及胆固醇酯（CE）、游离脂肪酸（FFA）等。血脂来源有两种：一种是外源性脂类，即从食物摄取入血；另一种是内源性脂类，由肝细胞、脂肪细胞及其他组织细胞合成后释放入血。血脂含量可以反映体内脂类代谢的情况。正常成人血脂含量的变化范围较大，可受膳食、年龄、性别、职业以及代谢等影响。某些疾病可影响血脂含量，如糖尿病患者和动脉粥样硬化患者的血脂含量一般明显偏高，所以测定血脂含量具有重要的临床意义。正常人空腹时的血脂含量见表 8-1。

表 8-1　正常成人空腹时血脂的组成及含量

组成	血浆含量		空腹时主要来源
	mg/dL	mmol/L	
总脂	400~700(500)		
甘油三酯	10~150(100)	0.11~1.69(1.13)	肝
总胆固醇	100~250(200)	2.59~6.47(5.17)	肝
胆固醇酯	70~200(145)	1.18~5.17(3.75)	
游离胆固醇	40~70(55)	1.03~1.81(1.42)	
总磷脂	150~250(200)	48.44~80.73(64.58)	肝
卵磷脂	50~200(100)	16.1~42.0(22.6)	肝
神经磷脂	50~200(100)	4.8~13.0(6.4)	肝
脑磷脂	15~35(20)		肝
游离脂肪酸	5~20(15)		脂肪组织

注：括号内为均值。

正常情况下，血浆脂类的来源与去路虽然处于平衡状态，但这种平衡是很容易偏离的。例如进食高脂肪膳食后，血脂含量大幅度上升。但这种膳食所造成的影响只是暂时的，通常在 12 h 内可逐渐趋于正常。正是由于这种原因，临床上的血脂测定要求在正常膳食的情况下，空腹 12~14 h 后采血，这样才能较为可靠地反映患者的真实血脂水平。另一方面，短期饥饿和糖尿病患者的血脂水平常升高，这是储存脂肪被大量动员的结果。

二、血浆脂蛋白

脂类在体内的运输都是通过血液循环进行的。肠道吸收的脂类或由肝脏合成的脂类以及由脂肪动

员的脂肪酸都要形成脂蛋白,才能在血液中运输。因此,血浆中脂类都是以各种脂蛋白的形式存在,脂蛋白是脂类在血液中的运输形式。血浆中的脂类与载脂蛋白结合组成的复合体称为血浆脂蛋白。

（一）血浆脂蛋白的分类

血浆脂蛋白即脂类与载脂蛋白组成的微粒,由于各种脂蛋白组成脂类的比例及蛋白质的含量不同,其密度、颗粒大小、表面电荷、电泳行为以及免疫性不同。根据这些不同可采用适当的方法将它们分开,通常分离血浆脂蛋白的方法有两种,即超速离心法和电泳法。

1. 超速离心法（亦称密度法）

超速离心法是分离血浆脂蛋白的一种经典方法。由于在不同的脂蛋白中,蛋白质和各种脂类所占的比例不同,因而其密度也不同。血浆在一定密度的盐溶液中进行超速离心时,各种脂蛋白因密度不同表现出不同的沉浮情况,用这种方法可将血浆脂蛋白分为四类:密度由高到低依次为高密度脂蛋白（high density lipoprotein,HDL）、低密度脂蛋白（low density lipoprotein,LDL）、极低密度脂蛋白（very low density lipoprotein,VLDL）和乳糜微粒（chylomicron,CM）。

2. 电泳法

由于组成各种脂蛋白的载脂蛋白的种类不同,其表面电荷量不同,在电场中具有不同的电泳迁移率,按其电泳迁移率的快慢,可将血浆脂蛋白分为 α-脂蛋白（α-lipoprotein,α-LP）、前 β-脂蛋白（preβ-lipoprotein,preβ-LP）、β-脂蛋白（β-lipoprotein,β-LP）和乳糜微粒（CM）四种。

血浆脂蛋白的分类、性质、组成及功能见表 8-2。

表 8-2　血浆脂蛋白的分类、性质、组成及功能

分类		超速离心法 乳糜微粒 电泳法 乳糜微粒	极低密度脂蛋白 前 β-脂蛋白	低密度脂蛋白 β-脂蛋白	高密度脂蛋白 α-脂蛋白
性质	相对密度	<0.95	0.95~1.005	1.006~1.062	1.063~1.210
	颗粒直径/nm	80~500	25~79	20~24	7.5~10
组成/（%）	蛋白质	0.5~2	5~10	20~25	50
	脂类	98~99	90~95	75~80	50
	磷脂	5~7	15	20	25
	甘油三酯	80~95	50~70	10	5
	胆固醇及胆固醇酯	4~5	15~19	48~50	20~22
合成部位		小肠黏膜细胞	肝细胞	血浆	肝、肠、血浆
生理功能		转运外源性甘油三酯及胆固醇运送至肝、脂肪组织	将肝合成的内源性甘油三酯运输到脂肪及全身各组织	将内源性胆固醇从肝运至全身各组织细胞	从肝外组织将胆固醇转运到肝中进行代谢

（二）血浆脂蛋白的生理功能

1. 乳糜微粒

CM 是由小肠黏膜上皮细胞利用食物中消化吸收的脂类（主要是甘油三酯）所合成的脂蛋白,含甘油三酯的量为 80%～95%,经淋巴进入血液循环,是运输外源性甘油三酯的主要形式,其生理功能是转运外源性甘油三酯及胆固醇运送至肝和脂肪组织。

正常人 CM 在血浆中代谢迅速,半衰期为 5～15 min,一般情况下,空腹 12～14 h 后血浆中不含 CM。人体食入大量脂肪后,血中 CM 增多,故饭后血浆混浊,数小时后血浆变澄清,这种现象称为脂肪的廓清。这是由于在肝外组织毛细血管内皮细胞表面,存在有脂蛋白脂肪酶（LPL）,反复催化脂蛋白中甘油三酯水解产生甘油和脂肪酸,使 CM 逐渐变小,血液变清,通常将脂蛋白脂肪酶称为廓清因子。

2. 极低密度脂蛋白

极低密度脂蛋白（VLDL）主要由肝细胞合成,含甘油三酯的量为 50%～70%。肝细胞主要利用以

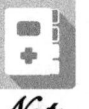

葡萄糖为原料生成的甘油三酯，也可利用脂肪组织动员的脂肪酸和甘油合成的甘油三酯加上载脂蛋白以及磷脂、胆固醇等形成 VLDL。VLDL 释放入血后，其甘油三酯被各组织利用，所以 VLDL 是转运内源性甘油三酯的主要形式，其生理功能是将肝合成的内源性甘油三酯运输到脂肪及全身各组织。VLDL 在血浆中转运时，不断水解脱脂，组成比例发生变化，转变成中密度脂蛋白（IDL），最后转变成低密度脂蛋白。正常成人空腹血浆中含量较低。

3. 低密度脂蛋白

低密度脂蛋白是在血浆中由极低密度脂蛋白转变而来的，它是转运内源性胆固醇的主要形式，即将胆固醇从肝运至全身各组织细胞。低密度脂蛋白是正常成人空腹血浆中主要的脂蛋白，约占血浆脂蛋白总量的 2/3。血浆低密度脂蛋白含量增高的人，易诱发动脉粥样硬化。

4. 高密度脂蛋白

高密度脂蛋白主要由肝合成，小肠也可合成。它的主要功能是从肝外组织将胆固醇转运到肝中进行代谢，这种将胆固醇从肝向外转运的过程，称为胆固醇的逆向转运。通过这种机制，机体可将外周组织中衰老细胞膜中的胆固醇转运到肝中代谢并排出体外。正常成人空腹血浆中高密度脂蛋白含量较为稳定，约占血浆脂蛋白总量的 1/3。血浆高密度脂蛋白含量增高的人，动脉粥样硬化的发病率较低。

第五节　脂类代谢与疾病

一、高脂血症

血脂高于正常参考值上限的称为高脂血症。临床上常见的高脂血症主要是高甘油三酯血症和高胆固醇血症。由于血脂在血中以脂蛋白形式运输，所以高脂血症也可认为是高脂蛋白血症。一般以成人空腹 12~14 h，血浆甘油三酯浓度超过 2.26 mmol/L（200 mg/dL），胆固醇浓度超过 6.7 mmol/L（260 mg/dL）为标准。高脂血症分为原发性和继发性两大类，原发性高脂血症可能与脂蛋白代谢中的关键酶、载脂蛋白和脂蛋白受体的遗传性缺陷有关。如 LDL 受体先天性缺陷导致 LDL 不能正常代谢，血中胆固醇浓度增高，是家族性高胆固醇血症的主要原因。继发性高脂血症常继发于其他疾病，如糖尿病、肾病、甲状腺功能减退、肥胖、嗜酒、肝病和某些药物引起的疾病等。

二、脂肪肝

正常人肝中脂类含量约占肝重的 5%，其中磷脂约占 3%，甘油三酯约占 2%。如果肝中脂类含量超过 10%，且主要是甘油三酯堆积，组织学上证实肝实质细胞脂肪化超过 30% 时即为脂肪肝。形成脂肪肝的常见原因有以下几种：①肝细胞内甘油三酯来源过多，如长期食用高脂低糖饮食或高糖高热量饮食；②肝细胞内合成甘油磷脂的原料缺乏，甘油磷脂是构成 VLDL 的成分，导致 VLDL 合成障碍，肝细胞内的甘油三酯不能运出而使其含量升高；③肝功能障碍，影响 VLDL 的合成和释放。上述这些原因都可导致肝细胞内甘油三酯的堆积而形成脂肪肝，影响肝的正常功能。

三、动脉粥样硬化

动脉粥样硬化是心血管系统常见疾病之一。经化学分析证实，动脉粥样硬化主要是血浆胆固醇增多而沉积在大、中动脉内膜上所致。如同时伴有动脉壁损伤或胆固醇转运障碍，则易在动脉内膜形成脂斑层，继续发展即可使动脉管腔狭窄。这些情况如发生在冠状动脉，则引起心肌缺血，进而发生心肌梗死。目前发现高脂血症、动脉粥样硬化与血浆胆固醇浓度及 LDL 浓度呈正相关，但与血浆中 HDL 浓度升高呈负相关。因此临床上认为 HDL 是抗动脉粥样硬化的"保护因子"，若患者血中 LDL 含量升高，并伴随 HDL 含量降低，即是动脉粥样硬化最危险的因素。

目标检测

参考答案

一、名词解释

1. 必需脂肪酸 2. 脂肪动员 3. 酮体 4. 血脂 5. 血浆脂蛋白

二、单项选择题

1. 要真实反映血脂的情况,应在饭后(   )。

A. 3～6 h 采血   B. 8～10 h 采血   C. 12～14 h 采血   D. 24 h 后采血   E. 立即采血

2. 某物质以乙酰 CoA 为原料在肝细胞线粒体内合成,生成过多时可导致酸中毒。下列关于该物质叙述错误的是(   )。

A. 只能在肝中生成   B. 只能在肝外组织被利用

C. 是脂肪酸在肝中氧化的病理性代谢产物   D. 除丙酮外均为酸性物质

E. 可作为脑组织的能源物质

3. 转运内源性甘油三酯的血浆脂蛋白是(   )。

A. CM   B. VLDL   C. HDL   D. LDL   E. IDL

4. 乙酰 CoA 的去路不包括(   )。

A. 合成脂肪酸   B. 进入三羧酸循环   C. 合成胆固醇

D. 合成酮体   E. 转变为葡萄糖

5. 脂肪酸 β-氧化、酮体生成及胆固醇合成的共同中间产物是(   )。

A. 乙酰 CoA   B. 乙酰乙酰 CoA   C. HMG-CoA

D. 乙酰乙酸   E. 甲基二羟戊酸

6. 胆固醇的生理功能不包括(   )。

A. 氧化供能   B. 参与构成生物膜   C. 转化为类固醇激素

D. 转化为胆汁酸   E. 转变为维生素 D_3

7. 可由呼吸道呼出的酮体是(   )。

A. 乙酰乙酸   B. β-羟丁酸   C. 乙酰乙酰 CoA

D. CoA   E. 丙酮

8. 下列哪种激素不能促进脂肪分解? (   )

A. 肾上腺素   B. 胰高血糖素   C. 促甲状腺素(TSH)

D. 促肾上腺皮质激素(ACTH)   E. 胰岛素

9. 下列哪种脂肪酸可在体内合成? (   )

A. 亚油酸   B. 亚麻酸   C. 花生四烯酸   D. 软脂酸   E. 以上都不是

10. 与动脉粥样硬化发病风险度呈负相关的是(   )。

A. CM   B. LDL   C. HDL   D. VLDL   E. IDL

11. 正常人空腹血浆中主要的脂蛋白是(   )。

A. CM   B. LDL   C. HDL   D. VLDL   E. 以上都不是

12. 在脂肪酸 β-氧化过程中将脂酰基载入线粒体的是(   )。

A. ACP   B. 肉碱   C. 柠檬酸   D. 乙酰 CoA   E. 丙酮酸

三、简答题

1. 脂类包括哪些物质? 有何生理功能?

2. 酮体代谢的特点和生理意义是什么?

3. 为什么在长期饥饿或糖尿病状态下,血液中酮体浓度会升高?

4. 根据超速离心法,血浆脂蛋白分为哪四类? 各有何生理功能?

5. 胆固醇在体内可转变成哪些有重要生理活性的物质?

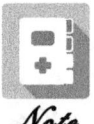
Note

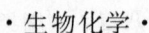

6. 简述脂肪肝形成的常见原因。

参 考 文 献

[1] 王易振,仲其军,贾祥捷.生物化学[M].2 版.武汉:华中科技大学出版社,2016.

[2] 陈辉,张雅娟.生物化学[M].2 版.北京:高等教育出版社,2015.

[3] 黄川峰,李红,刘长海.生物化学[M].2 版.北京:军事医学科学出版社,2015.

[3] 相蓉,邹丽平,余少培.生物化学[M].北京:中国科学技术出版社,2014.

(王晓斐)

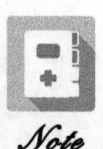

第九章 氨基酸代谢

本章PPT

学习目标

1. 掌握:氮平衡的类型、必需氨基酸的概念;氨基酸的脱氨基作用;氨的来源、去路及转运方式;尿素合成的原料、部位及基本过程。

2. 熟悉:蛋白质的生理功能;α-酮酸的代谢;氨基酸的脱羧基作用及具有生理活性的胺类;一碳单位的概念、载体及功用。

3. 了解:氨基酸代谢的概况;含硫氨基酸代谢生成的活性甲基及活性硫酸根;芳香族氨基酸代谢生成的重要活性物质及其代谢异常引起的苯丙酮酸尿症、白化病等遗传性疾病。

蛋白质是机体的重要组成成分,是生命的物质基础,其重要作用是其他物质无法取代的,氨基酸是蛋白质的基本组成单位,体内细胞不停地利用氨基酸合成蛋白质。因为蛋白质的分解或转化均需首先水解为氨基酸,然后再进一步代谢,所以氨基酸代谢是蛋白质代谢的中心内容。

案例导入 9-1

患者,男,49岁,近3个月来反复发作昏迷。问病史,得知患者每次发病前均进食高蛋白食物。此次入院肝功能检查结果如下:

丙氨酸转氨酶(ALT):135 U/L。

天冬氨酸转氨酶(AST):45 U/L。

总胆红素:15.2 μmol/L。

白蛋白/球蛋白(A/G):1.4:1。

血氨:150 μmol/L。

球蛋白:27.4 g/L。

诊断结果:肝性脑病。

分析思考:

请从生化角度探讨该病的发病机制。

案例解析 9-1

第一节 蛋白质的营养作用

一、蛋白质的生理功能

(一)维持组织细胞的生长、更新和修复

蛋白质参与构成机体的各种组织细胞。人体膳食中必须提供优质和一定量的蛋白质,才能维持机

体生长发育、更新修补和增殖的需要,特别是组织损伤时,更需要从食物蛋白中获得修补的原料。

(二) 合成生理活性物质

蛋白质构成有重要生理功能的物质,如酶、肽类激素、抗体、受体、血红蛋白、肌动蛋白等,并参与机体的物质代谢、免疫、血液凝固、血液运输、肌肉收缩等几乎所有的生命活动。

(三) 氧化供能

在长期饥饿或禁食情况下,1 g 蛋白质完全氧化可产生 17 kJ 的能量。一般来说,成人每天约有 18% 的能量来自蛋白质,但是蛋白质的这种功能可由糖或脂肪代替,因此氧化供能仅是蛋白质的一种次要功能。

二、蛋白质的生理需求量

(一) 氮平衡

人体每天摄入氮量与排出氮量之间的对比关系称为氮平衡(nitrogen balance)。摄入的氮量主要来源于食物中的蛋白质,用于体内蛋白质的合成;排出的氮量来源于尿液及粪便中的含氮物,主要来自体内蛋白质的分解代谢,因此,氮平衡可以反映体内蛋白质合成与分解代谢的状况。机体的氮平衡可出现以下三种情况。

1. 氮的总平衡

摄入氮＝排出氮,反映机体蛋白质合成与分解处于平衡状态,即氮的"收支"平衡,见于正常成人的蛋白质代谢情况。

2. 氮的正平衡

摄入氮＞排出氮,反映机体蛋白质合成大于分解,部分摄入的氮用于合成体内蛋白质。儿童、孕妇及恢复期患者属于此种情况。

3. 氮的负平衡

摄入氮＜排出氮,反映机体蛋白质合成小于分解,饥饿或消耗性疾病患者属于此种情况。

(二) 正常人体需求量

根据氮平衡实验计算,在不进食蛋白质时,成人每天最低分解约 20 g 蛋白质。由于食物蛋白质与人体蛋白质组成的差异,不可能全部被利用,故成人每天最低需要 30 g 蛋白质。为长期保持总氮平衡,仍然需要增量才能满足要求,我国营养学会推荐成人每天的蛋白质需求量为 80 g。

三、蛋白质的营养价值

食物蛋白质的营养价值即有效利用率,与必需氨基酸密切相关。组成人体蛋白质的氨基酸有 20 种,其中有 8 种氨基酸人体不能合成。这些人体需要但又不能自身合成,必须由食物供给的氨基酸,称为必需氨基酸,它们是缬氨酸、异亮氨酸、亮氨酸、苏氨酸、甲硫氨酸、赖氨酸、苯丙氨酸和色氨酸。其余 12 种氨基酸在人体内可以合成,不一定需要由食物供给,称为非必需氨基酸。精氨酸和组氨酸虽然能够自身合成,但合成量不多,长期缺乏或需求量增加,也会造成氮的负平衡。

蛋白质的营养价值是指食物在体内的利用率,其高低主要取决于必需氨基酸的种类和比例。含必需氨基酸种类多且数量足的蛋白质的营养价值高,反之则低。由于动物蛋白质所含必需氨基酸的种类和比例与人体需求相近,故营养价值高。若将营养价值较低的蛋白质混合食用,则必需氨基酸可以互相补充而提高营养价值,这种现象称为食物蛋白质的互补作用。例如,谷类蛋白质含赖氨酸少而含色氨酸较多,豆类蛋白质含赖氨酸较多而含色氨酸较少,两者混合食用即可提高营养价值。在某些特殊情况下(如患疾病时)可进行混合氨基酸输液来保证氨基酸的需求。

氨基酸制剂及其应用

氨基酸制剂是人为地按物质含量和比例以各种结晶氨基酸为原料配制而成的氨基酸混合液,其主要成分是必需氨基酸。根据其作用和用途主要分为营养型和治疗型两类。治疗型主要用于肝病、肾病及创伤等。肝病需提供支链氨基酸,常用复合氨基酸注射液(6AA),主要含亮氨酸、异亮氨酸和缬氨酸三种支链氨基酸,以纠正血浆中支链氨基酸与芳香族氨基酸的失衡;肾功能不良则以提供必需氨基酸为主,常用 9AA 型;对于改善术后患者营养状况,或用于蛋白质摄入不足、吸收障碍及低蛋白血症患者,常用含 18AA 的复合氨基酸注射液,以纠正患者的负氮平衡。

第二节 蛋白质的消化、吸收与腐败

一、蛋白质的消化

蛋白质的消化部位是胃和小肠,受多种酶催化水解成氨基酸和少量短肽,然后再被吸收,消化液中的蛋白酶按水解肽键的位置不同分为内肽酶和外肽酶两类。内肽酶种类多,它从多肽链内部水解肽键,如胃蛋白酶、胰蛋白酶、糜蛋白酶、弹性蛋白酶;外肽酶包括氨基肽酶和羧基肽酶,它从肽链的 N-末端或C-末端开始水解肽键。

二、氨基酸的吸收

食物中的蛋白质经消化后生成的氨基酸主要在小肠被吸收,吸收机制不完全清楚。一般认为氨基酸吸收是消耗能量的主动吸收过程,同时需要载体;另外是通过 γ-谷氨酰基循环,转运 1 分子氨基酸消耗 3 分子 ATP。

三、蛋白质的腐败

蛋白质的腐败作用(putrefaction)指食物中未被吸收的蛋白质、多肽或氨基酸在结肠下部细菌的作用下所发生的代谢作用。除少数腐败产物(如维生素 K、维生素 B_{12}、维生素 B_6、叶酸、生物素及少量脂肪酸等)具有一定营养作用外,大多数腐败产物对人体有害,如氨、胺类、酚类、吲哚、甲基吲哚、硫化氢及甲烷等。正常情况下,腐败产生的有害物质大部分随粪便排出,小部分被吸收,经肝脏的生物转化作用而解毒,故不会发生中毒现象。但是,腐败产物生成过多或肝功能低下时,会对机体产生毒害作用,其中以胺类和氨的危害最大。

(一) 胺类的生成

氨基酸在细菌氨基酸脱羧酶的作用下,脱羧基生成胺类。如精氨酸和鸟氨酸脱羧生成腐胺、赖氨酸脱羧生成尸胺、组氨酸脱羧生成组胺等。对于人体,胺是有毒的,如组胺具有降低血压作用,酪胺及色胺则有升高血压的作用等。若未经肝脏分解的酪胺和苯乙胺进入脑组织,可分别经 β-羟化酶作用,转化为多巴胺和苯乙醇胺。它们的化学结构与儿茶酚胺类似,称为假神经递质。当肝功能障碍时,假神经递质增多,干扰儿茶酚胺正常的神经递质作用,导致大脑受到异常抑制,这可能是肝昏迷症状产生的原因之一。

(二) 氨的生成

氨有两个来源:一是未被吸收的氨基酸在肠道细菌作用下脱氨基生成氨,这是肠道氨的重要来源;

·生物化学·

二是血液中尿素渗入肠道,受肠道细菌脲酶的水解而生成氨。这些氨均可被吸收进入血液,在肝中合成尿素。氨的吸收主要在结肠(占 3/4)进行,其受肠腔 pH 的影响,故降低结肠的 pH 可减少肠道内氨的吸收。当肠道 pH＞6 时,肠道氨吸收增多。临床上通过降低结肠部位的 pH,将 NH_3 转变为 NH_4^+ 以铵盐形式排出,可减少氨的吸收,这是酸性灌肠的依据。严重肝功能障碍的患者,因不能及时处理吸收入体内的氨及其他毒性腐败产物,常可引起肝性脑病,称为肝性脑病的氨中毒学说。当发生肠梗阻时,腐败产物被吸收后肝脏解毒不全,也可导致机体中毒。

第三节　氨基酸的一般分解代谢

一、体内氨基酸的代谢概况

食物蛋白质经消化吸收后生成的氨基酸,组织中蛋白质分解产生的氨基酸,以及机体合成的非必需氨基酸混为一体,在各种体液中参与代谢,共同构成氨基酸代谢库。体内氨基酸的主要功能是合成蛋白质或转变成其衍生物,正常人尿中排出的氨基酸极少。正常情况下,体内氨基酸的来源和去路处于动态平衡,其代谢概况如图 9-1 所示。

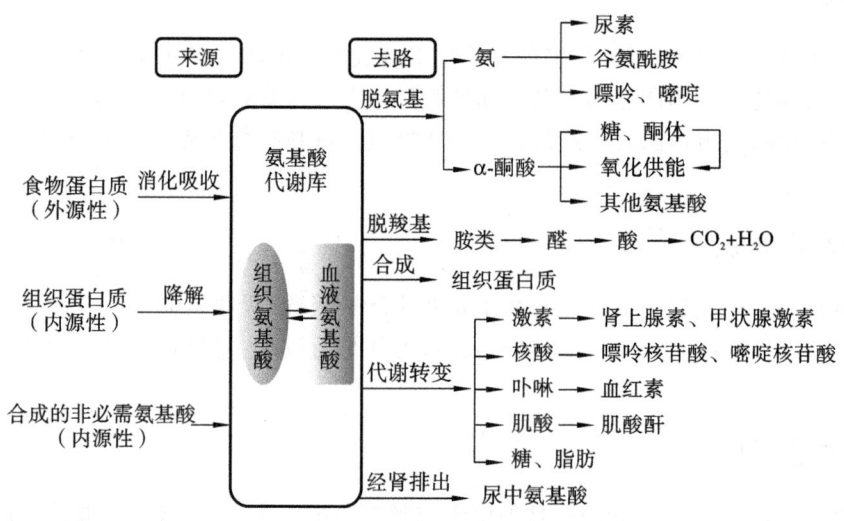

图 9-1　体内氨基酸的代谢概况

二、氨基酸的脱氨基作用

氨基酸脱去氨基生成 α-酮酸和氨的过程,称为氨基酸的脱氨基作用。氨基酸的脱氨基作用是氨基酸分解代谢的主要途径,可以在大多数组织中进行,其方式有转氨基作用、氧化脱氨基作用、联合脱氨基作用和嘌呤核苷酸循环等,其中以联合脱氨基作用最为重要。

(一) 转氨基作用

在转氨酶的作用下,一种 α-氨基酸脱掉氨基生成相应的 α-酮酸,而另一种 α-酮酸得到此氨基生成相应的氨基酸的过程,称为转氨基作用。反应通式如下:

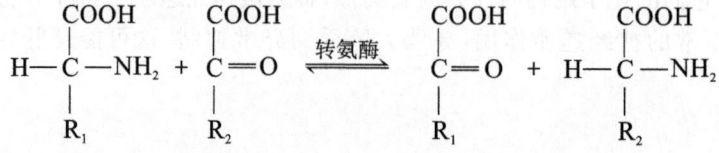

转氨酶又称氨基转移酶,其辅酶是维生素 B_6 的活性形式磷酸吡哆醛或磷酸吡哆胺,通过磷酸吡哆醛与磷酸吡哆胺分子互变起着传递氨基的作用。

转氨酶种类多,分布广,专一性强。如最为重要的丙氨酸转氨酶(ALT)和天冬氨酸转氨酶(AST)。其催化的反应式如图 9-2 所示。

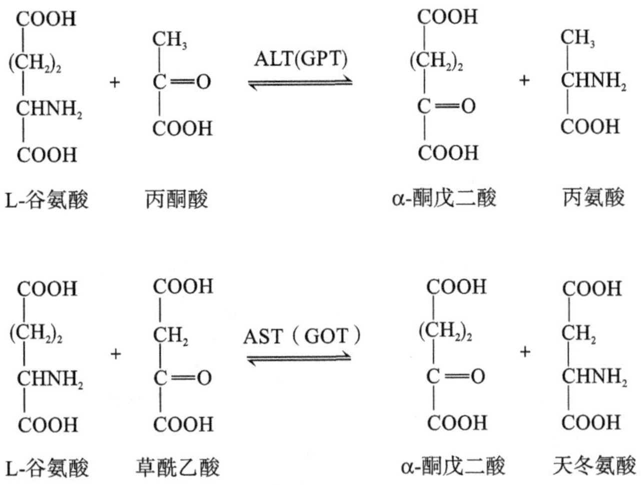

图中化学结构式：

L-谷氨酸 + 丙酮酸 ⇌(ALT(GPT)) α-酮戊二酸 + 丙氨酸

L-谷氨酸 + 草酰乙酸 ⇌(AST(GOT)) α-酮戊二酸 + 天冬氨酸

图 9-2　ALT 与 AST 催化的反应过程

ALT 和 AST 在体内分布广泛,但各组织中含量不同,如 ALT 在肝脏中活性最高,而 AST 在心肌细胞中活性最高(表 9-1)。

表 9-1　正常成人组织中 ALT 和 AST 的活性　　　　(单位:克)

组织	ALT(GPT)	AST(GOT)	组织	ALT(GPT)	AST(GOT)
肝	44000	142000	胰	2000	28000
肾	19000	91000	脾	1200	14000
心	7100	156000	肺	700	10000
骨骼肌	4800	99000	血清	16	20

从表中可知,正常时转氨酶主要存在于细胞内,血清中转氨酶活性很低,当病理改变引起细胞膜通透性增强、组织坏死或细胞破裂时,转氨酶大量释放,血清转氨酶活性明显增高。如急性肝炎患者血清 ALT 活性明显增强,心肌梗死患者血清中 AST 活性明显上升。因此,临床上常以此作为急性肝炎、心肌梗死等相关疾病诊断的参考指标之一,也可作为观察疗效和预后的重要指标。

(二) 氧化脱氨基作用

氧化脱氨基作用是指在酶催化下氨基酸在氧化的同时脱去氨基的过程。体内催化氨基酸氧化脱氨基的酶有几种,以 L-谷氨酸脱氢酶最为重要。L-谷氨酸脱氢酶广泛分布于肝、肾、脑等组织,催化 L-谷氨酸氧化脱氨生成 α-酮戊酸和氨。

其反应为

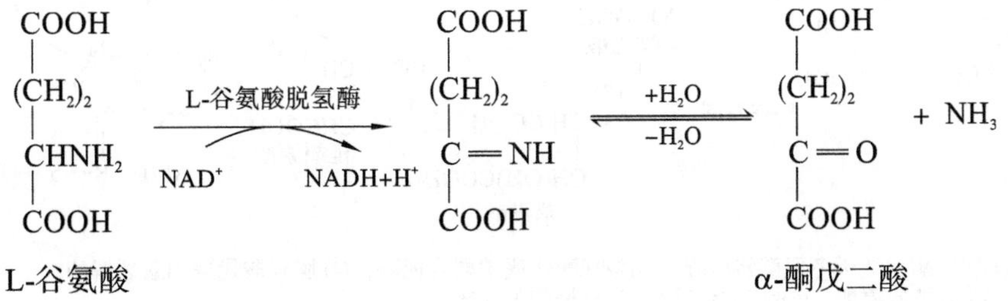

L-谷氨酸 —(L-谷氨酸脱氢酶, NAD^+ → $NADH+H^+$)→ (中间产物) ⇌($+H_2O$/$-H_2O$) α-酮戊二酸 + NH_3

(三) 联合脱氨基作用

由 L-谷氨酸脱氢酶和转氨酶联合催化的联合脱氨基作用:L-氨基酸先与 α-酮戊二酸经转氨基作用

生成相应的 α-酮酸及谷氨酸,谷氨酸经 L-谷氨酸脱氢酶作用重新生成 α-酮戊二酸,同时释放游离氨,这种转氨基与氧化脱氨基作用联合进行的脱氨方式,称为 L-谷氨酸脱氢酶和转氨酶联合催化的联合脱氨基作用(图 9-3)。即转氨基作用与氧化脱氨基作用的偶联。联合脱氨基作用是体内氨基酸脱氨基的主要方式,在肝、肾、脑等组织中尤为活跃。

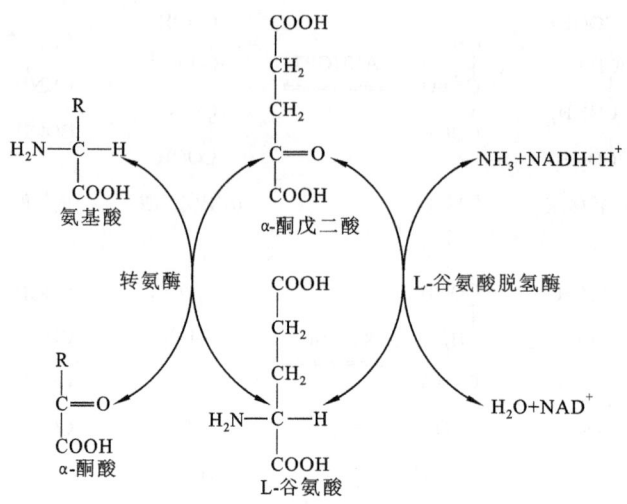

图 9-3　联合脱氨基作用

(四) 嘌呤核苷酸循环

联合脱氨基作用能使大部分氨基酸脱去氨基。但是,在骨骼肌和心肌组织中,L-谷氨酸脱氢酶活性不高,氨基酸以另一种联合方式脱氨基,即嘌呤核苷酸循环(purine nucleotide cycle)(图 9-4)。该循环中,L-氨基酸在相应转氨酶催化下,将氨基转移给 α-酮戊二酸生成谷氨酸;谷氨酸在 AST 的催化下,将氨基转移给草酰乙酸生成天冬氨酸;天冬氨酸在腺苷酸代琥珀酸合成酶的催化下,与次黄嘌呤核苷酸(IMP)反应生成腺苷酸代琥珀酸,后者在裂解酶的催化下释放出延胡索酸并生成腺嘌呤核苷酸(AMP),AMP 在腺苷酸脱氨酶的催化下释放出游离氨并转化为 IMP,参与下次循环。该循环为不可逆反应。

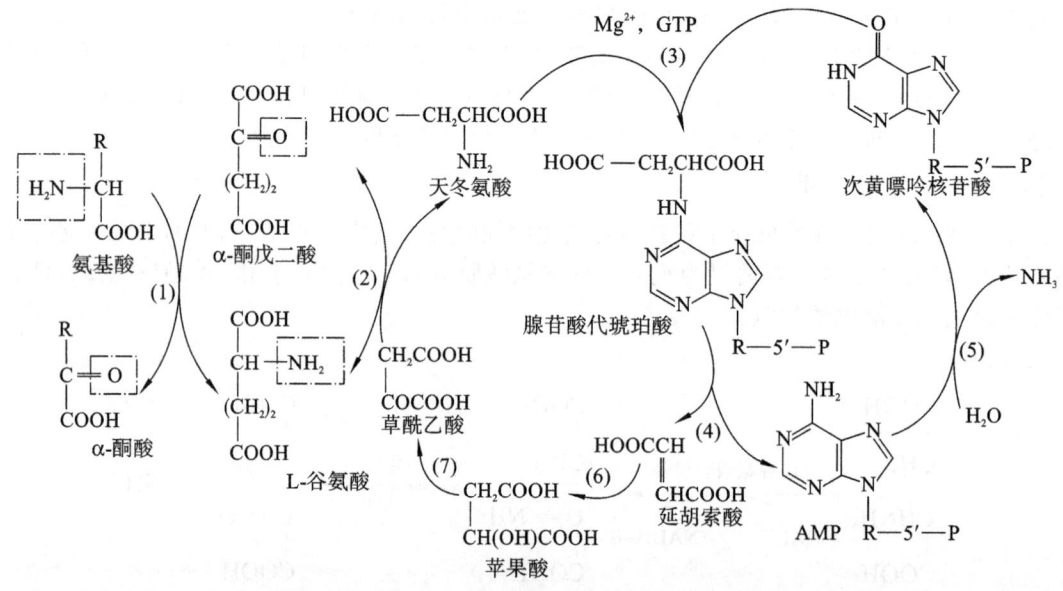

(1)转氨酶;(2)天冬氨酸转氨酶;(3)腺苷酸代琥珀酸合成酶;(4)腺苷酸代琥珀酸裂解酶;
(5)腺苷酸脱氨酶;(6)延胡索酸酶;(7)苹果酸脱氢酶

图 9-4　嘌呤核苷酸循环

三、α-酮酸的代谢

氨基酸脱氨基后生成的 α-酮酸主要有以下三个方面的代谢途径。

(一)合成非必需氨基酸

α-酮酸可经氨基化生成相应的非必需氨基酸。例如,丙酮酸、草酰乙酸、α-酮戊二酸可以分别转变成丙氨酸、天冬氨酸、谷氨酸。

(二)转变成糖和脂类

各种氨基酸脱氨基后产生的 α-酮酸因结构差异而有不同的代谢途径。在体内可转变为糖的氨基酸称为生糖氨基酸;可转变为酮体的氨基酸称为生酮氨基酸;既能生糖,又能生酮的氨基酸称为生糖兼生酮氨基酸。例如,丙氨酸脱去氨基生成丙酮酸,丙酮酸可经糖异生途径转变成葡萄糖,所以丙氨酸是生糖氨基酸;亮氨酸经过一系列代谢转变为乙酰 CoA 或乙酰乙酰 CoA,它们可以进一步转变为酮体或脂肪酸,所以亮氨酸是生酮氨基酸;苯丙氨酸与酪氨酸经代谢转变既可生成延胡索酸,又可生成乙酰乙酸,所以这两种氨基酸是生糖兼生酮氨基酸。

(三)氧化供能

在体内,α-酮酸也可通过三羧酸循环彻底氧化生成 CO_2 和 H_2O,同时释放能量供机体生理活动需要。

第四节　氨　的　代　谢

氨是机体正常代谢的产物,也是一种毒物,氨能渗透进入细胞膜和血脑屏障,脑组织对氨尤为敏感。正常人血氨浓度极低,不超过 0.06 mmol/L。正常状态下,机体不会发生氨的聚积而导致氨中毒,是因为体内氨能够通过各种途径进行代谢,使氨的来源和去路处于相对平衡,将血氨浓度保持在正常范围(图 9-5)。

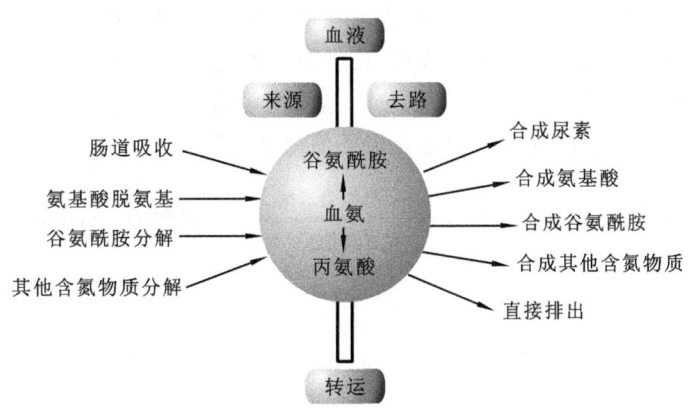

图 9-5　血氨的来源、去路与转运

一、氨的来源

(一)氨基酸脱氨基作用及胺的分解产生

氨基酸脱氨基作用产氨是体内氨的主要来源。另外,体内的胺类如肾上腺素、多巴胺等的分解也会产生氨。

（二）肠道吸收

肠道产氨量大，每天可产生 4 g 氨，主要来自蛋白质的腐败作用及尿素的分解。食物中的蛋白质大约 95％被消化吸收，未被消化的蛋白质及未被吸收的氨基酸在肠道细菌作用下的分解代谢，称为腐败作用。腐败作用的产物大多数是对机体有害的，包括氨、胺类、酚类、吲哚等。二者均可被吸收入血。

NH_3 比 NH_4^+ 更易透过肠黏膜细胞而被吸收。当肠道 pH 偏高时，NH_4^+ 趋于转变为 NH_3，增加 NH_3 的吸收。故临床上对高血氨患者通常采用弱酸性透析液做结肠透析，禁止用碱性肥皂水灌肠，目的是减少氨的吸收。

（三）肾小管上皮细胞分泌

肾小管上皮细胞中谷氨酰胺经谷氨酰胺酶水解生成谷氨酸和氨。这部分氨或排入原尿随尿液排出体外，或被重吸收入血成为血氨，取决于血液与原尿的相对 pH，由于血液的 pH 是相对恒定的，因此实际上取决于原尿的 pH。氨容易透过生物膜，而 NH_4^+ 不易透过生物膜。所以酸性尿有利于 NH_3 与 H^+ 结合成为 NH_4^+，以铵盐的形式随尿排出体外，这对调节机体的酸碱平衡起着重要作用。相反，碱性尿则有利于 NH_3 被重吸收入血，可引起血氨浓度升高。临床上血氨浓度升高的患者不能使用碱性利尿药。

二、氨的转运

氨是有毒物质，各组织产生的氨需以无毒的形式经血液运输到肝合成尿素，或运输到肾，以铵盐的形式排出体外。氨在血液中的转运形式有丙氨酸和谷氨酰胺两种。

1. 丙氨酸-葡萄糖循环

肌肉组织中的氨基酸经转氨基作用将氨基转移给丙酮酸生成丙氨酸。丙氨酸经血液运送到肝进行联合脱氨基作用，释放出的氨用于合成尿素；转氨基后生成的丙酮酸经糖异生途径生成葡萄糖。葡萄糖由血液运送到肌肉组织，经糖分解途径转变为丙酮酸，可再接受氨基生成丙氨酸。这样丙氨酸和葡萄糖反复地在肌肉组织和肝之间进行氨的转运，故将此途径称为丙氨酸-葡萄糖循环。经此循环，肌肉组织中的氨以无毒的丙氨酸形式运输到肝，成为肝脏进行糖异生的原料；同时，肝又为肌肉组织提供了生成丙氨酸的葡萄糖，为肌肉活动提供能量。

2. 以谷氨酰胺形式转运

谷氨酰胺是体内另一种重要的转运氨的形式。在脑和肌肉等组织中，氨与谷氨酸在谷氨酰胺合成酶的催化下生成谷氨酰胺，并由血液运往肝或肾，再经谷氨酰胺酶分解为谷氨酸和氨。氨在肝脏合成尿素，在肾脏以铵盐形式排出体外。因此，谷氨酰胺既是氨的解毒产物，又是氨的储存和运输形式。临床上对氨中毒患者可服用或输入谷氨酸盐，通过合成谷氨酰胺以降低血氨浓度。

$$谷氨酸 + NH_3 + ATP \underset{谷氨酰胺酶}{\overset{谷氨酰胺合成酶}{\rightleftharpoons}} 谷氨酰胺 + ADP + Pi$$

三、氨的去路

（一）合成尿素

正常情况下，体内氨的主要去路是在肝内合成无毒的尿素，由肾排出。动物实验发现，将犬的肝脏切除，则血液及尿液中尿素水平显著下降；肝功能衰竭患者血氨浓度明显升高，血液及尿液中尿素水平明显下降。所以说在肝脏合成尿素是体内氨的最主要去路。

氨在肝中合成尿素的途径为鸟氨酸循环。基本过程可分为四步：

1. 氨基甲酰磷酸的合成

在 Mg^{2+}、ATP 及 N-乙酰谷氨酸（N-acetyl glutamic acid，AGA）存在的条件下，肝细胞线粒体内的氨基甲酰磷酸合成酶Ⅰ（carbamoyl phosphate synthetase-1，CPS-1）利用 NH_3、CO_2、H_2O 合成活泼的高能化合物氨基甲酰磷酸。反应为不可逆过程。氨基甲酰磷酸合成酶Ⅰ是变构酶，AGA 为该酶的变构激

活剂。

$$NH_3+CO_2+H_2O+2ATP \xrightarrow[\text{Mg}^{2+},\text{N-乙酰谷氨酸}]{\text{氨基甲酰磷酸合成酶 I}} H_2N-COO{\sim}PO_3H_2+2ADP+Pi$$

2. 瓜氨酸的合成

氨基甲酰磷酸与鸟氨酸在鸟氨酸氨基甲酰转移酶催化下生成瓜氨酸。此反应仍在线粒体中进行，为不可逆反应。

$$
\begin{array}{c}
NH_2 \\
| \\
(CH_2)_3 \\
| \\
CHNH_2 \\
| \\
COOH \\
\text{鸟氨酸}
\end{array}
+ \ H_2N-COO{\sim}\text{P}
\xrightarrow{\text{鸟氨酸氨基甲酰转移酶}}
\begin{array}{c}
NH_2 \\
| \\
C=O \\
| \\
NH \\
| \\
(CH_2)_3 \\
| \\
CHNH_2 \\
| \\
COOH \\
\text{瓜氨酸}
\end{array}
+ \ H_3PO_4
$$

3. 精氨酸的合成

线粒体中生成的瓜氨酸进入细胞质。在精氨酸代琥珀酸合成酶的催化下，ATP 供能，使瓜氨酸与天冬氨酸反应生成精氨酸代琥珀酸。后者经精氨酸代琥珀酸裂解酶催化裂解成精氨酸及延胡索酸。延胡索酸经加水、脱氢转变成草酰乙酸。草酰乙酸在 AST 催化下接受谷氨酸分子上的氨基重新生成天冬氨酸，参与下一次循环。由此可知，氨基酸通过转氨基作用，均可以天冬氨酸的形式参与尿素的合成。

$$
\begin{array}{c}
NH_2 \\
| \\
C=O \\
| \\
NH \\
| \\
(CH_2)_3 \\
| \\
CHNH_2 \\
| \\
COOH \\
\text{瓜氨酸}
\end{array}
+
\begin{array}{c}
COOH \\
| \\
CHNH_2 \\
| \\
CH_2 \\
| \\
COOH \\
\text{天冬氨酸}
\end{array}
\xrightarrow[\text{ATP} \quad \text{AMP+PPi}]{\text{精氨酸代琥珀酸合成酶}}
\begin{array}{c}
NH_2 \quad COOH \\
| \quad\quad | \\
C=N-CH \\
| \quad\quad\quad | \\
NH \quad\quad CH_2 \\
| \quad\quad\quad COOH \\
(CH_2)_3 \\
| \\
CHNH_2 \\
| \\
COOH \\
\text{精氨酸代琥珀酸}
\end{array}
\xrightarrow{\text{精氨酸代琥珀酸裂解酶}}
\begin{array}{c}
NH_2 \\
| \\
C=NH \\
| \\
NH \\
| \\
(CH_2)_3 \\
| \\
CHNH_2 \\
| \\
COOH \\
\text{精氨酸}
\end{array}
+
\begin{array}{c}
COOH \\
| \\
CH \\
\| \\
CH \\
| \\
COOH \\
\text{延胡索酸}
\end{array}
$$

4. 尿素的生成

细胞质中精氨酸酶催化精氨酸水解生成尿素和鸟氨酸。鸟氨酸通过线粒体内膜上的载体转运再次进入线粒体，进入下一次循环。

$$
\begin{array}{c}
\boxed{\begin{array}{c} NH_2 \\ | \\ C=NH \\ | \\ NH \end{array}} \\
| \\
(CH_2)_3 \\
| \\
CHNH_2 \\
| \\
COOH \\
\text{精氨酸}
\end{array}
\xrightarrow[\text{H}_2\text{O}]{\text{精氨酸酶}}
\begin{array}{c}
NH_2 \\
| \\
C=O \\
| \\
NH_2 \\
\text{尿素}
\end{array}
+
\begin{array}{c}
NH_2 \\
| \\
(CH_2)_3 \\
| \\
CHNH_2 \\
| \\
COOH \\
\text{鸟氨酸}
\end{array}
$$

尿素合成的总反应归结为

Note

$$2NH_3+CO_2+3ATP+3H_2O \longrightarrow \underset{NH_2}{\overset{NH_2}{C=O}} +2ADP+AMP+4Pi$$

现将尿素合成的中间步骤及其细胞定位总结于图 9-6。

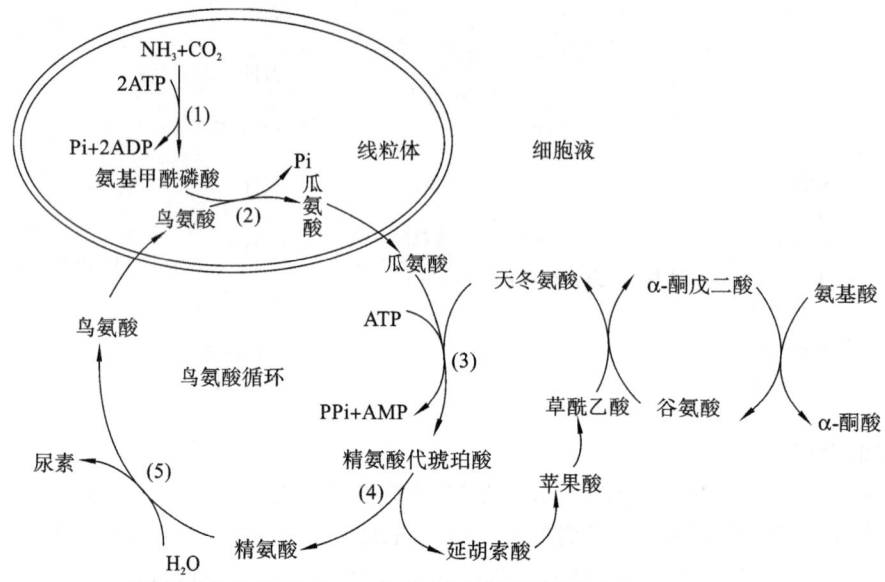

(1)氨基甲酰磷酸合成酶Ⅰ；(2)鸟氨酸氨基甲酰磷酸转移酶；
(3)精氨酸代琥珀酸合成酶；(4)精氨酸代琥珀酸裂解酶；(5)精氨酸酶

图 9-6　鸟氨酸循环

　　综上所述,尿素的生成是在肝细胞的线粒体和细胞质两部分中进行的。合成 1 分子尿素需消耗 4 个高能磷酸键,相当于 4 分子 ATP。精氨酸代琥珀酸合成酶是尿素合成的限速酶,尿素分子中的两个氮原子,一个来源于 NH_3,一个来源于天冬氨酸。

（二）合成非必需氨基酸或其他含氮物

　　氨可经氧化脱氨基或联合脱氨基作用的逆反应生成非必需氨基酸,也可提供氮源参与嘌呤、嘧啶等含氮物的合成。

（三）合成铵盐随尿排出

　　少部分氨在肾脏以铵盐形式排出体外。

考点提示
氨中毒与
肝性脑病
的机制。

四、高血氨症和氨中毒

　　正常情况下,血氨的来源与去路保持动态平衡,肝脏合成尿素是维持这个平衡的关键。肝功能严重受损时,尿素合成障碍,血氨浓度增高,称为高血氨（hyperammonemia）。血氨增高时,NH_3 进入脑组织与 α-酮戊二酸结合生成谷氨酸,NH_3 可进一步与谷氨酸结合生成谷氨酰胺,高血氨时,脑中的 α-酮戊二酸消耗过多,影响到正常的三羧酸循环,脑组织 ATP 生成减少,能量供给障碍导致脑功能障碍出现昏迷。上述为肝性脑病的"氨中毒学说"。严重肝病患者应严格控制食物蛋白质的摄入,是防治肝性脑病的重要措施之一。因此,对于血氨水平较高的患者,临床上常根据不同的发病原因采用不同的降氨措施。一方面控制氨的产生,如限制蛋白质进食量,防止消化道出血,清洁净化肠道,口服广谱抗生素抑制肠道细菌及其腐败作用,用酸性盐水灌肠或服用使肠道酸化的药物以减少肠道氨的生成和吸收等。另一方面增加氨的消耗,如给予谷氨酸钠以结合氨生成谷氨酰胺,给予精氨酸钠或鸟氨酸钠以促进氨转化为尿素等。

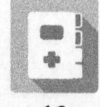

第五节　个别氨基酸代谢

由于氨基酸结构上侧链（R 基团）的不同，所以各种氨基酸还有其自身特殊的代谢过程。本节介绍几种有重要生理功能的代谢产物和特殊氨基酸的代谢途径。

一、氨基酸的脱羧基作用

部分氨基酸可在脱羧酶作用下脱羧基生成相应的胺类和 CO_2，称为脱羧基作用。脱羧酶的辅酶也是磷酸吡哆醛。一些胺本身就是重要的生物活性物质，或可转变为生物活性物质，具有重要的生理功能。

（一）γ-氨基丁酸

γ-氨基丁酸（GABA）是由谷氨酸脱羧生成的，催化此反应的酶是谷氨酸脱羧酶，该酶在脑及肾组织中活性较强。

$$谷氨酸 \xrightarrow[\quad\searrow CO_2\quad]{谷氨酸脱羧酶} γ\text{-}氨基丁酸$$

γ-氨基丁酸是抑制性神经递质，对中枢神经有抑制作用。临床上用维生素 B_6 治疗妊娠性呕吐和小儿惊厥，就是因为维生素 B_6 参与构成谷氨酸脱羧酶的辅酶磷酸吡哆醛，从而促进 γ-氨基丁酸的生成，使过度兴奋的神经受到抑制。

（二）组胺

组胺是由组氨酸脱羧生成的。组胺在体内分布广泛，乳腺、肺、肝、肌肉及胃黏膜中含量较高。肥大细胞及嗜碱性粒细胞在过敏反应、创伤等情况下可产生过量的组胺。组胺是一种强烈的血管扩张剂，并能使毛细血管的通透性增加，造成血压下降，甚至休克；组胺还可使平滑肌收缩，引起支气管痉挛而发生哮喘；组胺还可刺激胃蛋白酶及胃酸的分泌。

$$组氨酸 \xrightarrow[\quad\searrow CO_2\quad]{组氨酸脱羧酶} 组胺$$

（三）5-羟色胺

5-羟色胺（5-HT）是色氨酸的代谢产物。色氨酸通过色氨酸羟化酶的作用首先生成 5-羟色氨酸，再经脱羧酶作用生成 5-羟色胺。

$$色氨酸 \xrightarrow{色氨酸羟化酶} 5\text{-}羟色氨酸 \xrightarrow[\quad\searrow CO_2\quad]{5\text{-}羟色氨酸脱羧酶} 5\text{-}羟色胺$$

5-羟色胺广泛存在于体内各种组织中，特别是在脑中含量较高，胃肠、血小板及乳腺细胞中也有 5-羟色胺。脑中的 5-羟色胺是一种重要的神经递质，对中枢起抑制作用；在外周组织，5-羟色胺具有收缩血管的作用。

（四）牛磺酸

牛磺酸是半胱氨酸的代谢产物。半胱氨酸首先氧化成磺酸丙氨酸，再经磺酸丙氨酸脱羧酶催化脱去羧基生成牛磺酸。牛磺酸是结合胆汁酸的组成成分。脑中含有较多牛磺酸。

$$半胱氨酸 \xrightarrow{3(O)} 磺酸丙氨酸 \xrightarrow[\quad\searrow CO_2\quad]{磺酸丙氨酸脱羧酶} 牛磺酸$$

二、一碳单位代谢

某些氨基酸在分解代谢过程中可以产生含有一个碳原子的有机基团,称为一碳单位,如甲基(—CH_3)、亚甲基(—CH_2—)、次甲基(=CH—)、甲酰基(—CHO)及亚氨甲基(—CH=NH)等。

(一) 一碳单位的来源

一碳单位主要来源于某些氨基酸的分解代谢。丝氨酸、甘氨酸、组氨酸和色氨酸等在代谢过程中均可产生一碳单位。一碳单位生成的同时,即结合在 FH_4 的 N^5、N^{10} 位上。各种不同的一碳单位在酶的催化下可以相互转变(图9-7)。

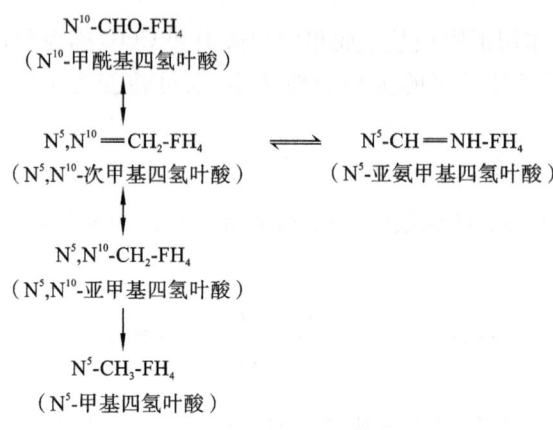

图 9-7 一碳单位的相互转变

(二) 一碳单位的载体

一碳单位在体内不能单独存在,需要四氢叶酸(FH_4)作为载体。FH_4分子上的 N^5 和 N^{10} 是一碳单位的结合位点,两者结合后形成 N^5-甲基四氢叶酸(N^5-CH_3-FH_4)、N^5,N^{10}-亚甲基四氢叶酸(N^5,N^{10}-CH_2-FH_4)、N^5,N^{10}-次甲基四氢叶酸(N^5,N^{10}=CH-FH_4)等形式在体内运输。

(三) 一碳单位的生理作用

(1)一碳单位是嘌呤和嘧啶核苷酸合成的原料,在核酸生物合成中具有重要作用,与细胞的增殖、组织生长和机体发育等重要过程密切相关。如果人体缺乏叶酸,一碳单位无法正常转运,核苷酸合成障碍,导致红细胞 DNA 及蛋白质合成受阻,产生巨幼红细胞性贫血。

(2)一碳单位将氨基酸代谢与核酸代谢联系在一起。一碳单位来自蛋白质分解产生的某些氨基酸,又可作为核苷酸合成的原料,因此可作为蛋白质与核酸代谢的桥梁。

三、含硫氨基酸的代谢

含硫氨基酸包括甲硫氨酸(蛋氨酸)、半胱氨酸和胱氨酸。这三种氨基酸的代谢相互联系,甲硫氨酸可转变成半胱氨酸和胱氨酸,半胱氨酸和胱氨酸也可以互相转变,但是后两者不能转变成甲硫氨酸,所以甲硫氨酸是必需氨基酸。

(一) 甲硫氨酸的代谢

(1)甲硫氨酸参与甲基转移作用:甲硫氨酸在腺苷转移酶的催化下与 ATP 反应,生成 S-腺苷甲硫氨酸(SAM),SAM 是体内最重要的甲基直接供体。含有活性 S-甲基的甲硫氨酸可通过各种转甲基作用生成多种含甲基的生理活性物质。

(2)甲硫氨酸循环:甲硫氨酸活化生成 SAM,后者在甲基转移酶催化下,将甲基转移至甲基受体,使其甲基化成多种生物活性物质。SAM 去甲基后生成 S-腺苷同型半胱氨酸。后者再水解脱去腺苷生成同型半胱氨酸。同型半胱氨酸再接受 N^5-CH_3-FH_4 上的甲基,重新生成甲硫氨酸。此过程称为甲硫氨酸循环。

该循环的生理意义是 SAM 提供甲基参与体内甲基化反应；N^5-CH_3-FH_4 作为体内甲基的间接供体，为同型半胱氨酸提供甲基使甲硫氨酸再生。这不仅减少了甲硫氨酸的净消耗，通过重复利用以满足机体对甲基化供体的需要，而且促进体内广泛存在的甲基化反应，有利于四氢叶酸的再生和重新利用。

在上述循环中，虽然同型半胱氨酸可接受甲基生成甲硫氨酸，但体内不能合成同型半胱氨酸，它只能由甲硫氨酸转变生成，所以甲硫氨酸实际上不能在体内合成，必须由食物供给。

N^5-CH_3-FH_4 可将甲基转移给同型半胱氨酸生成甲硫氨酸和 FH_4，使 FH_4 重新被利用。催化此反应的酶是 N^5-CH_3-FH_4 同型半胱氨酸甲基转移酶，辅酶为维生素 B_{12}。缺乏维生素 B_{12} 会影响 N^5-CH_3-FH_4 同型半胱氨酸甲基转移酶的活性，N^5-CH_3-FH_4 上的甲基不能转移给同型半胱氨酸，这不仅影响甲硫氨酸的合成，也使 FH_4 利用率下降而影响一碳单位代谢，进而妨碍核酸生物合成，导致细胞增殖分化障碍，使红细胞分裂成熟受阻，所以缺乏维生素 B_{12} 同缺乏叶酸一样会引起巨幼红细胞性贫血。同时，同型半胱氨酸在血液中浓度升高，可能是动脉粥样硬化和冠心病的独立危险因子。

（3）甲硫氨酸为肌酸合成提供甲基：肌酸由甘氨酸接受精氨酸提供的脒基和 SAM 提供的甲基合成。在肌酸激酶(CK)催化下，肌酸接受 ATP 的高能磷酸键形成磷酸肌酸。肌酸与磷酸肌酸是能量储存与利用的重要化合物。

（二）半胱氨酸与胱氨酸的代谢

（1）半胱氨酸与胱氨酸的互变：半胱氨酸含有巯基(—SH)，胱氨酸含有二硫键(—S—S—)，两者可经氧化还原相互转变。二硫键对于维持许多蛋白质空间构象与活性结构的稳定性有很重要的作用。例如，胰岛素、牛核糖核酸酶等就是以链间及链内二硫键连接的，若二硫键断裂即失去其生物活性。辅酶 A、琥珀酸脱氢酶、乳酸脱氢酶等体内许多重要的酶的活性与半胱氨酸的巯基密切相关，故其又有巯基酶之称。有些毒物（如碘乙酸、芥子气和重金属等）可与巯基结合，抑制酶的活性而致毒。

（2）谷胱甘肽(GSH)的生成：由谷氨酸与半胱氨酸及甘氨酸合成谷胱甘肽(glutathione,GSH)，其活性基团是半胱氨酸残基的巯基具有还原性，因此，谷胱甘肽(GSH)可作为重要的还原剂保护体内的酶和蛋白质及核酸等大分子免遭氧化损伤。

（3）转变成牛磺酸：半胱氨酸经转化可生成牛磺酸，在肝内用于合成结合胆汁酸。

（4）生成活性硫酸根：含硫氨基酸氧化分解均可产生硫酸根，半胱氨酸是主要来源。半胱氨酸分解代谢生成丙酮酸、氨和 H_2S，H_2S 经氧化生成硫酸根。体内生成的硫酸根一部分以无机盐的形式随尿排出，一部分生成活化硫酸根 3′-磷酸腺苷-5′-磷酰硫酸（3′-phospho-adenosine-5′-phospho-sulfate, PAPS）。PAPS 可提供硫酸根参与生物转化的结合反应，如类固醇激素通过与 PAPS 结合形成硫酸酯而灭活。

四、芳香族氨基酸的代谢

芳香族氨基酸包括苯丙氨酸、酪氨酸和色氨酸。苯丙氨酸和色氨酸为必需氨基酸。

（一）苯丙氨酸代谢

正常情况下，苯丙氨酸的主要代谢是经苯丙氨酸羟化酶(phenylalanine hydroxylase)催化生成酪氨酸，然后再生成一系列代谢产物。苯丙氨酸羟化酶主要存在于肝等组织中，催化的反应不可逆，故酪氨酸不能转变成苯丙氨酸。

若苯丙氨酸羟化酶先天性缺失，则苯丙氨酸羟化生成酪氨酸这一主要代谢途径受阻，于是大量的苯丙氨酸走次要代谢途径，即转氨生成苯丙酮酸，导致血中苯丙酮酸含量增高，并从尿中大量排出，这就是苯丙酮酸尿症(phenylketonuria,PKU)。苯丙酮酸的堆积对中枢神经系统有毒性，使患儿智力发育受阻，这是氨基酸代谢中最常见的一种遗传疾病，其发病率为(8~10)/100000，治疗原则是早期发现，并适当控制膳食中苯丙氨酸的含量。

苯丙酮酸尿症

苯丙酮酸尿症患儿出生时大多表现正常,新生儿期无明显特殊的临床症状。未经治疗的患儿 3～4 个月后逐渐表现出智力、运动发育落后,头发由黑变黄,皮肤白,全身和尿液有特殊鼠臭味,常有湿疹。随着年龄增长,患儿智力低下越来越明显,年长儿约 60% 有严重的智能障碍。2/3 的患儿有轻微的神经系统体征,例如,肌张力增高、腱反射亢进、小头畸形等,严重者可有脑性瘫痪。约 1/4 的患儿有癫痫发作,常在 18 个月大以前出现,可表现为婴儿痉挛性发作、点头样发作或其他形式。约 80% 的患儿有脑电图异常,异常表现以痫样放电为主,少数为背景活动异常。

(二)酪氨酸的代谢

(1)转化为一些激素和神经递质:酪氨酸在肾上腺髓质及神经组织中经酪氨酸羟化酶催化生成 3,4-二羟苯丙氨酸(DOPA,多巴)。酪氨酸羟化酶是以四氢蝶呤为辅酶的单加氧酶。多巴经多巴脱羧酶催化生成多巴胺(DA)。多巴胺是一种神经递质。帕金森病患者多巴胺生成减少。在肾上腺髓质,多巴胺的侧链再经 β-羟化生成去甲肾上腺素,而后甲基化生成肾上腺素。去甲肾上腺素、肾上腺素等激素和神经递质,具有调节血压、血糖等作用。

(2)转化为黑色素:在黑色素细胞中酪氨酸经酪氨酸酶催化,羟化生成多巴,多巴经氧化变成多巴醌,再经脱羧环化等反应,最后聚合为黑色素。先天性酪氨酸酶缺乏的患者,因不能合成黑色素,患者皮肤毛发色浅或者是白色,称为白化病。患者对阳光敏感,易患皮肤癌。

(3)酪氨酸经尿黑酸转变成乙酰乙酸和延胡索酸:酪氨酸在酪氨酸转氨酶催化下,经转氨基而生成对羟苯丙酮酸,然后氧化脱羧生成尿黑酸,后者经过尿黑酸氧化酶及异构酶等作用进一步转变成乙酰乙酸和延胡索酸。两者分别沿糖和脂肪酸代谢途径变化。因此,酪氨酸、苯丙氨酸是生糖兼生酮氨基酸。尿黑酸氧化酶缺陷可使尿黑酸的氧化受阻,可出现尿黑酸症。

(三)色氨酸的代谢

色氨酸经羟化酶、脱羧酶等作用生成 5-羟色胺。色氨酸分解可产生丙酮酸和乙酰乙酰 CoA,故色氨酸为生糖兼生酮氨基酸。少部分色氨酸还可转变成烟酸。

五、支链氨基酸代谢

支链氨基酸包括缬氨酸、亮氨酸及异亮氨酸 3 种,是体内的必需氨基酸。支链氨基酸分解代谢主要在骨骼肌中进行。3 种氨基酸的分解代谢相似,首先经过转氨基作用,生成各自相应的 α-酮酸,然后进一步分解。缬氨酸分解产生琥珀酸单酰 CoA,亮氨酸产生乙酰 CoA 和乙酰乙酰 CoA,异亮氨酸产生乙酰 CoA 和琥珀酸单酰 CoA。所以,这 3 种氨基酸分别是生糖氨基酸、生酮氨基酸和生糖兼生酮氨基酸。

目 标 检 测

一、A1 型题

1. 蛋白质的营养价值的高低取决于(　　)。

A. 氨基酸的种类　　　　　　　B. 氨基酸的数量　　　　　　　C. 必需氨基酸的种类

D. 必需氨基酸的数量　　　　　E. 必需氨基酸的种类、数量、比例

2. 恢复期的患者处于(　　)。

A. 氮平衡　　　　B. 总氮平衡　　　　C. 正氮平衡　　　　D. 负氮平衡　　　　E. 以上都可以

3. 营养不良的患者处于(　　)。

A.氮平衡　　　　B.总氮平衡　　　　C.正氮平衡　　　　D.负氮平衡　　　　E.以上都可以

4. 体内不能合成的氨基酸是(　　　)。

A.赖氨酸　　　　B.丙氨酸　　　　C.谷氨酸　　　　D.甘氨酸　　　　E.天冬氨酸

5. 下列属于必需氨基酸的是(　　　)。

A.苯丙氨酸　　　　B.甘氨酸　　　　C.丙氨酸　　　　D.酪氨酸　　　　E.丝氨酸

6. 氨基酸脱氨基作用的产物是(　　　)。

A.α-酮酸＋氨　　　　　　　　B.有机酸＋氨　　　　　　　　C.α-酮酸＋胺

D.有机酸＋胺　　　　　　　　E.α-酮酸＋尿素

7. 下列哪种氨基酸能直接氧化脱氨基？(　　　)

A.亮氨酸　　　　B.缬氨酸　　　　C.天冬氨酸　　　　D.谷氨酸　　　　E.丙氨酸

8. 含GOT(AST)最多的组织是(　　　)。

A.心　　　　B.肝　　　　C.脑　　　　D.肾　　　　E.骨骼肌

9. 急性肝炎时,在血清中含量明显升高的酶是(　　　)。

A.AST　　　　　　　　B.谷氨酸脱氢酶　　　　　　　　C.ALT

D.腺苷酸脱氨酶　　　　　　　　E.腺苷酸代琥珀酸合成酶

10. 急性心肌梗死时,在血清中含量明显升高的酶是(　　　)。

A.AST　　　　　　　　B.谷氨酸脱氢酶　　　　　　　　C.ALT

D.腺苷酸脱氨酶　　　　　　　　E.腺苷酸代琥珀酸合成酶

11. 转氨酶的辅酶含有的维生素是(　　　)。

A.维生素 B_1　　　B.维生素 B_2　　　C.维生素 B_6　　　D.维生素 B_{12}　　　E.维生素 C

12. 人体内最重要的氨基酸脱氨基方式是(　　　)。

A.转氨基作用　　　　　　　　B.氧化脱氨基作用　　　　　　　　C.联合脱氨基作用

D.嘌呤核苷酸循环　　　　　　　　E.脱水脱氨基作用

13. 体内氨的主要去路是(　　　)。

A.在肾脏以铵盐形式排出　　　　　　B.在各组织合成谷氨酰胺　　　　　　C.在肝脏形成尿素

D.再合成氨基酸　　　　　　　　E.在肾脏以谷氨酰胺形式排出

14. 下列哪种作用是血氨的主要来源？(　　　)

A.肾脏谷氨酰胺的脱氨基作用　　　　　　　　B.氨基酸的脱氨基作用

C.体内胺类物质分解释放的氨　　　　　　　　D.肠道细菌腐败作用产生的氨

E.以上都不是

15. 对高血氨患者禁用碱性肥皂水灌肠的原因是(　　　)。

A.可导致肝功能进一步受损　　　　　　　　B.可引起体内酸碱平衡失调

C.加重高血氨　　　　　　　　D.易损害肠黏膜细胞

E.易引起剧烈腹泻

16. 临床上对高血氨的患者做结肠透析时常用(　　　)。

A.弱酸性透析液　　　　　　　　B.弱碱性透析液　　　　　　　　C.中性透析液

D.强酸性透析液　　　　　　　　E.强碱性透析液

17. 对高血氨患者的错误处理是(　　　)。

A.低蛋白饮食　　　　　　　　B.静脉补充葡萄糖

C.静脉注入谷氨酸钠　　　　　　　　D.口服抗生素抑制肠道细菌

E.使用碱性溶液(如肥皂水)灌肠

18. 尿素生成的部位是(　　　)。

A.心肌　　　　B.肝　　　　C.血清　　　　D.肾　　　　E.肌肉

19. 尿素生成的途径是(　　　)。

A. 三羧酸循环　　　　　　　　　　B. 鸟氨酸循环　　　　　　　C. 甲硫氨酸循环

D. 嘌呤核苷酸循环　　　　　　　　E. 乳酸循环

20. 尿素合成与三羧酸循环相联系的物质是(　　)。

A. 天冬氨酸　　　　　　　　　　　B. 鸟氨酸　　　　　　　　　C. 延胡索酸

D. 瓜氨酸　　　　　　　　　　　　E. 氨基甲酰磷酸

21. 体内氨的储存及运输的主要形式之一是(　　)。

A. 谷氨酸　　　　B. 酪氨酸　　　　C. 谷氨酰胺　　　　D. 谷胱甘肽　　　　E. 天冬酰胺

22. 氨中毒的根本原因是(　　)。

A. 肠道吸收氨过量　　　　　　　　　　　　　B. 氨基酸在体内分解代谢增强

C. 肾功能衰竭排出障碍　　　　　　　　　　　D. 肝功能损伤,不能合成尿素

E. 合成谷氨酰胺减少

23. 生成 γ-氨基丁酸的物质是(　　)。

A. 天冬氨酸　　　　B. 草酰乙酸　　　　C. 缬氨酸　　　　D. 谷氨酸　　　　E. α-酮戊二酸

24. 一碳单位的载体是(　　)。

A. 二氢叶酸　　　　B. 四氢叶酸　　　　C. TPP　　　　D. 生物素　　　　E. HSCoA

25. 哪种氨基酸可提供一碳单位? (　　)

A. 甘氨酸　　　　B. 酪氨酸　　　　C. 天冬氨酸　　　　D. 丙氨酸　　　　E. 亮氨酸

26. 活性甲基的供体是(　　)。

A. S-A 腺苷甲硫氨酸　　　　　　　B. 同型半胱氨酸　　　　　　C. 半胱氨酸

D. 磷酸　　　　　　　　　　　　　E. 肌酸

27. 维生素 B_{12} 可使下列哪种物质的利用率提高? (　　)

A. 维生素 B_1　　　　　　　　　　B. 维生素 B_2　　　　　　　C. 维生素 PP

D. 叶酸　　　　　　　　　　　　　E. 生物素

28. 苯丙酮酸尿症是由于先天性缺乏(　　)。

A. 苯丙氨酸羟化酶　　　　　　　　B. 尿黑酸氧化酶　　　　　　C. 转氨酶

D. 多巴胺脱羧酶　　　　　　　　　E. 胱硫醚合成酶

29. 与白化病发生有关的酶缺陷是(　　)。

A. 苯丙氨酸羟化酶　　　　　　　　B. 尿黑酸氧化酶　　　　　　C. 酪氨酸酶

D. 多巴胺脱羧酶　　　　　　　　　E. 胱硫醚合成酶

30. 尿黑酸尿症是由于先天性缺乏(　　)。

A. 苯丙氨酸羟化酶　　　　　　　　B. 尿黑酸氧化酶　　　　　　C. 酪氨酸酶

D. 多巴胺脱羧酶　　　　　　　　　E. 胱硫醚合成酶

二、A2 型题

1. 蛋白质的功能可完全由糖或脂类物质代替的是(　　)。

A. 构成组织　　　B. 氧化供能　　　C. 调节作用　　　D. 免疫作用　　　E. 催化作用

2. 含巯基的氨基酸是(　　)。

A. 半胱氨酸　　　　B. 丝氨酸　　　　C. 甲硫氨酸　　　　D. 脯氨酸　　　　E. 鸟氨酸

3. 天然蛋白质中不含有的氨基酸是(　　)。

A. 半胱氨酸　　　　B. 丝氨酸　　　　C. 甲硫氨酸　　　　D. 脯氨酸　　　　E. 鸟氨酸

4. 下述氨基酸中属于人体必需氨基酸的是(　　)。

A. 甘氨酸　　　　B. 组氨酸　　　　C. 苏氨酸　　　　D. 脯氨酸　　　　E. 丝氨酸

5. 转氨酶的辅酶是(　　)。

A. 磷酸吡哆醛　　　　　　　　　　B. 焦磷酸硫胺素　　　　　　C. 生物素

D. 四氢叶酸　　　　　　　　　　　E. 泛酸

6. 肌肉中最主要的脱氨基方式是（　　）。

A. 嘌呤核苷酸循环　　　　　　　　　　B. 加水脱氨基作用

C. 氨基移换作用　　　　　　　　　　　D. 氨基酸氧化脱氨基作用

E. L-谷氨酸氧化脱氨基作用

7. 人体内合成尿素的主要脏器是（　　）。

A. 脑　　　　B. 肌组织　　　　C. 肾　　　　D. 肝　　　　E. 心

8. 切除犬的哪一种器官可使其血中的尿素水平明显升高？（　　）

A. 肝　　　　B. 脾　　　　C. 肾　　　　D. 胃　　　　E. 胰腺

9. 肝昏迷患者清洁肠道时应禁用（　　）。

A. 肥皂水　　　　　　　　B. 25%硫酸镁　　　　　　　　C. 生理盐水

D. 生理盐水加食醋　　　　E. 乳果糖加水

10. 下列氨基酸在体内可以转化为 γ-氨基丁酸（GABA）的是（　　）。

A. 谷氨酸　　　　B. 天冬氨酸　　　　C. 苏氨酸　　　　D. 色氨酸　　　　E. 甲硫氨酸

11. 下列氨基酸中能转化生成儿茶酚胺的是（　　）。

A. 天冬氨酸　　　　B. 色氨酸　　　　C. 酪氨酸　　　　D. 脯氨酸　　　　E. 甲硫氨酸

12. 代谢中产生黑色素的氨基酸是（　　）。

A. 组氨酸　　　　B. 色氨酸　　　　C. 丝氨酸　　　　D. 酪氨酸　　　　E. 赖氨酸

13. 典型苯丙酮酸尿症的原因是（　　）。

A. 二氢生物蝶呤还原酶缺乏　　　　　　B. 酪氨酸羟化酶缺乏

C. 苯丙氨酸转氨酶缺乏　　　　　　　　D. 酪氨酸转氨酶缺乏

E. 苯丙氨酸羟化酶缺乏

14. 患者，男，38岁，心前区压迫性疼痛向左臂放射，该患者 AST 活性最高的组织是（　　）。

A. 心肌　　　　B. 脑　　　　C. 骨骼肌　　　　D. 肾　　　　E. 肝

15. 苯丙酮尿症是由于患儿肝脏缺乏（　　）。

A. 苯乙酸　　　　　　　　B. 苯丙氨酸羟化酶　　　　　　　　C. 转氨酶

D. 苯丙酮酸　　　　　　　E. 5-羟色胺

三、简答题

1. 试从蛋白质营养价值角度分析小儿偏食的害处。

2. 测定血清中丙氨酸转氨酶和天冬氨酸转氨酶各有何临床意义？

3. 试从蛋白质、氨基酸代谢角度分析严重肝功能障碍时肝昏迷的原因。

参考文献

[1] 何旭辉,吕士杰.生物化学[M].7版.北京:人民卫生出版社,2014.

[2] 周剑涛,杨胜萍,谭红军.生物化学[M].北京:中国协和医科大学出版社,2013.

[3] 张又良,郭桂平.生物化学[M].北京:人民卫生出版社,2016.

[4] 王易振,仲其军,贾祥捷.生物化学[M].2版.武汉:华中科技大学出版社,2016.

[5] 肖建英,张学武.生物化学[M].2版.北京:人民军医出版社,2012.

（张海英）

第十章　核苷酸代谢

本章PPT

学习目标

1. 掌握：嘌呤及嘧啶核苷酸从头合成和补救合成的概念；从头合成的部位、原料、关键酶，以及首先合成的核苷酸；补救合成的生理意义；脱氧核苷酸的生成。

2. 熟悉：嘌呤及嘧啶核苷酸抗代谢物的种类，以及作用机制；嘌呤碱分解代谢的终产物；原发性痛风的发病原因及治疗机制。

3. 了解：嘌呤及嘧啶核苷酸分解代谢的基本过程。

核苷酸是组成核酸的基本结构单位，包括核糖核苷酸和脱氧核糖核苷酸。人体内的核苷酸主要由机体细胞自身合成，因此与氨基酸不同，核苷酸不属于人体必需的营养物质。人体内核苷酸分布广泛，具有多种生物学功能：①作为核酸合成的原料，这是核苷酸最主要的功能；②作为体内能量的载体和利用形式；③参与代谢和生理调节，许多代谢过程受到 ATP、ADP 和 AMP 水平的调节，cAMP 和 cGMP 则是多种细胞膜受体激素作用的第二信使；④组成辅酶，如腺苷酸可作为 NAD^+、$NADP^+$、FAD 及 HSCoA 等的组成成分；⑤活化中间代谢物，如 UDPG 等。核苷酸代谢包括合成代谢和分解代谢，多种遗传、代谢性疾病的发生都与核苷酸代谢障碍密切相关。

案例导入 10-1

患者，男，40 岁，两年来因全身关节疼痛伴低热反复就诊，均被诊断为"风湿性关节炎"。经抗风湿和激素治疗后，疼痛现象稍有好转。两个月前，因疼痛加剧，经抗风湿治疗不明显前来就诊。查体：体温 37.5 ℃，双足第一跖趾关节肿胀，左侧较明显，局部皮肤有脱屑和瘙痒现象，双侧耳廓触及绿豆大的结节数个，白细胞计数 $9.5 \times 10^9/L$（参考值 $(4 \sim 10) \times 10^9/L$）。

问题：患者的可能诊断是什么？需做什么检查进步确诊？尿酸是如何产生与排泄的？痛风的治疗原则是什么？抗痛风药物的作用机制是什么？

第一节　核苷酸的合成代谢

体内核苷酸的合成有两条途径。一条是利用简单的小分子物质为原料，经过一系列酶促反应合成核苷酸，称为从头合成途径。此为体内合成核苷酸的主要途径。另一条是利用体内现成的碱基或核苷作为原料，经过简单的反应过程合成核苷酸，称为补救合成途径。

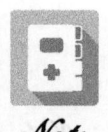

一、嘌呤核苷酸的合成代谢

(一) 嘌呤核苷酸的从头合成途径

几乎所有生物体(少数细菌除外)的嘌呤核苷酸的从头合成过程基本相同。肝脏是嘌呤核苷酸从头合成的主要器官,其次是小肠黏膜和胸腺。肝脏不但合成自身需要的嘌呤核苷酸,还为某些不能进行从头合成的肝外组织提供嘌呤环和嘌呤核苷,以使它们进一步合成核苷酸。

1. 合成原料

1948 年,Buchanan 等使用同位素标记不同化合物喂养鸽子,并测定排出的尿酸中标记原子的位置,证实合成嘌呤碱基的小分子物质有甘氨酸、天冬氨酸、谷氨酰胺、CO_2 和一碳单位(N^{10}-CHO-FH_4、N^5,N^{10}=CH-FH_4)。随后,Buchanan 和 Greenberg 等进一步弄清了嘌呤核苷酸的合成过程。嘌呤核苷酸中的 5-磷酸核糖来自磷酸戊糖途径。嘌呤环中的元素来源如图 10-1 所示。

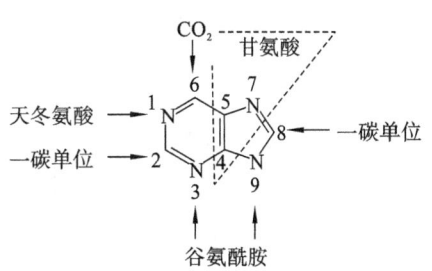

图 10-1 嘌呤环中的元素来源

2. 合成过程

嘌呤核苷酸的从头合成在细胞质中进行。该反应过程复杂,可分为两个阶段:第一阶段是合成次黄嘌呤核苷酸(IMP),第二阶段由 IMP 转变成腺嘌呤核苷酸(AMP)与鸟嘌呤核苷酸(GMP)。

(1) IMP 的合成:首先 5-磷酸核糖经 5-磷酸核糖-1-焦磷酸合成酶(PRPP 合成酶)催化,活化生成 5-磷酸核糖-1-焦磷酸(PRPP)。然后在 PRPP 的基础上,依次加入谷氨酰胺、甘氨酸、N^5,N^{10}=CH-FH_4、CO_2、天冬氨酸、N^{10}-CHO-FH_4,最终经历 11 步反应合成次黄嘌呤核苷酸(IMP),如图 10-2 所示。

由上述反应过程可以看出,嘌呤核苷酸的合成是在磷酸核糖基础上逐步合成嘌呤环的,而不是首先合成嘌呤环然后与磷酸核糖结合的。这是与嘧啶核苷酸合成过程的重要不同点。反应过程中 PRPP 合成酶和酰胺转移酶是 IMP 合成的关键酶,ATP 提供能量。

(2) AMP 和 GMP 的合成:IMP 虽不是核酸分子的主要组成成分,但它是嘌呤核苷酸合成的重要中间产物,是合成 AMP 和 GMP 的前体,由 IMP 可分别转变成 AMP 和 GMP,如图 10-3 所示。

AMP 和 GMP 在激酶的催化下,经过两步磷酸化反应,分别生成 ATP 和 GTP。反应过程如下:

$$AMP \xrightarrow[ATP \quad ADP]{激酶} ADP \xrightarrow[ATP \quad ADP]{激酶} ATP$$

$$GMP \xrightarrow[ATP \quad ADP]{激酶} GDP \xrightarrow[ATP \quad ADP]{激酶} GTP$$

(二) 嘌呤核苷酸的补救合成途径

嘌呤核苷酸的补救合成途径有两种方式:一种是利用嘌呤碱重新合成嘌呤核苷酸,另一种是利用嘌呤核苷重新合成嘌呤核苷酸。有两种酶参与嘌呤碱的利用:腺嘌呤磷酸核糖转移酶(APRT)和次黄嘌呤-鸟嘌呤磷酸核糖转移酶(HGPRT),由 PRPP 提供磷酸核糖,分别催化腺嘌呤、次黄嘌呤、鸟嘌呤生成相应的 AMP、IMP 及 GMP。反应式如下:

$$腺嘌呤 + PRPP \xrightarrow{APRT} AMP + PPi$$

$$次黄嘌呤 + PRPP \xrightarrow{HGPRT} IMP + PPi$$

$$鸟嘌呤 + PRPP \xrightarrow{HGPRT} GMP + PPi$$

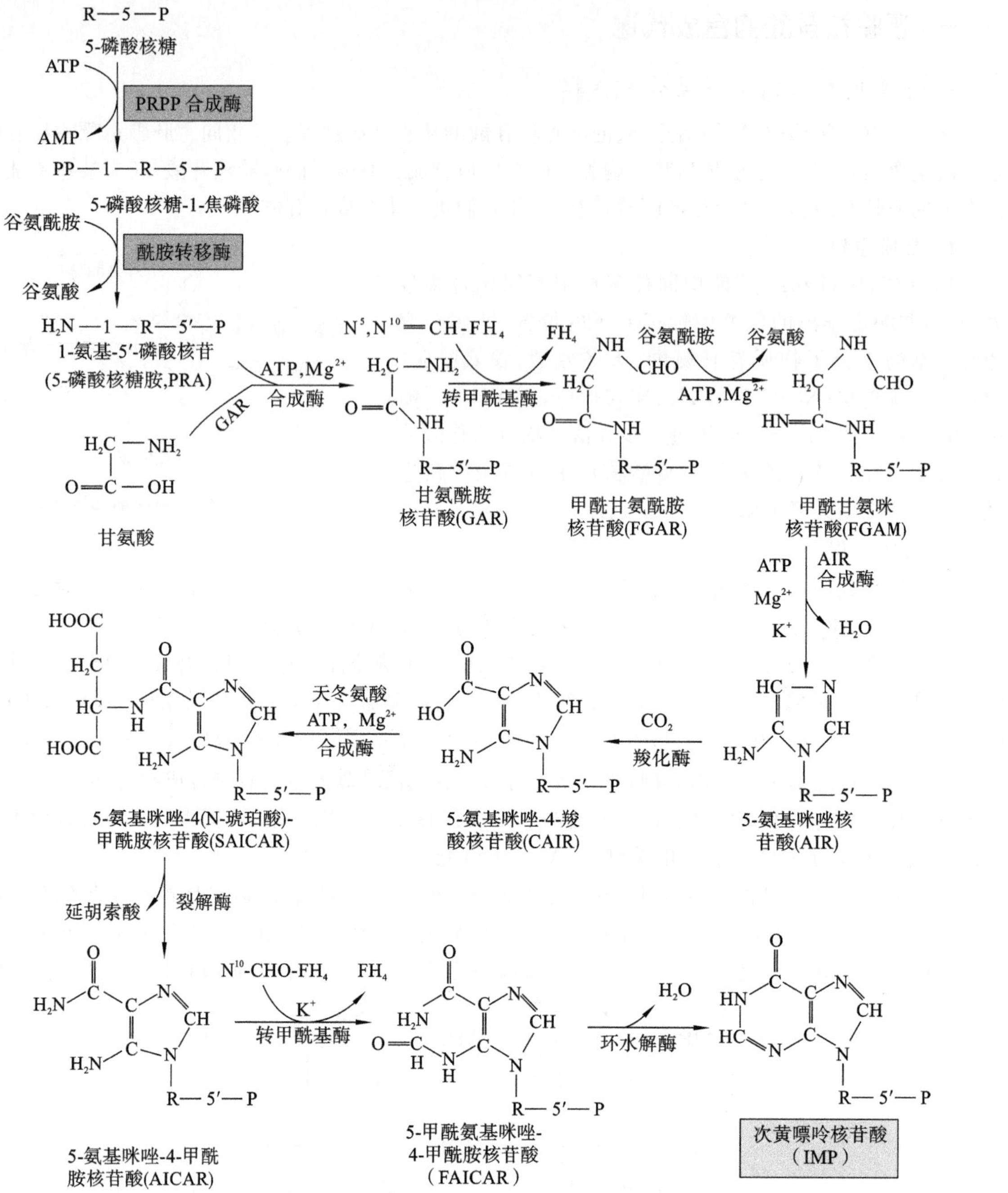

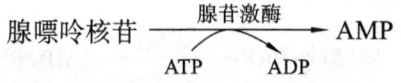

图 10-2　次黄嘌呤核苷酸合成过程

HGPRT 的活性较 APRT 活性高,正常情况下 HGPRT 可使 90% 左右的嘌呤碱再利用,而 APRT 催化的再利用能力很弱。

嘌呤核苷的重新利用是通过腺苷激酶催化的磷酸化反应,使腺嘌呤核苷生成腺嘌呤核苷酸。反应式如下:

$$腺嘌呤核苷 \xrightarrow[\underset{ATP\qquad ADP}{}]{腺苷激酶} AMP$$

嘌呤核苷酸补救合成途径的生理意义:一是减少了从头合成时的能量和一些氨基酸的消耗;二是体内某些组织器官,如脑、红细胞和骨髓等由于缺乏从头合成的酶体系,只能利用补救合成途径合成嘌呤核苷酸,嘌呤核苷酸对这些组织器官具有特殊意义。例如,由于遗传性基因缺陷而导致 HGPRT 完全缺失的患儿,表现为智力低下,自身有残毁行为,称为自毁容貌综合征,又称为 Lesch-Nyhan 综合征。

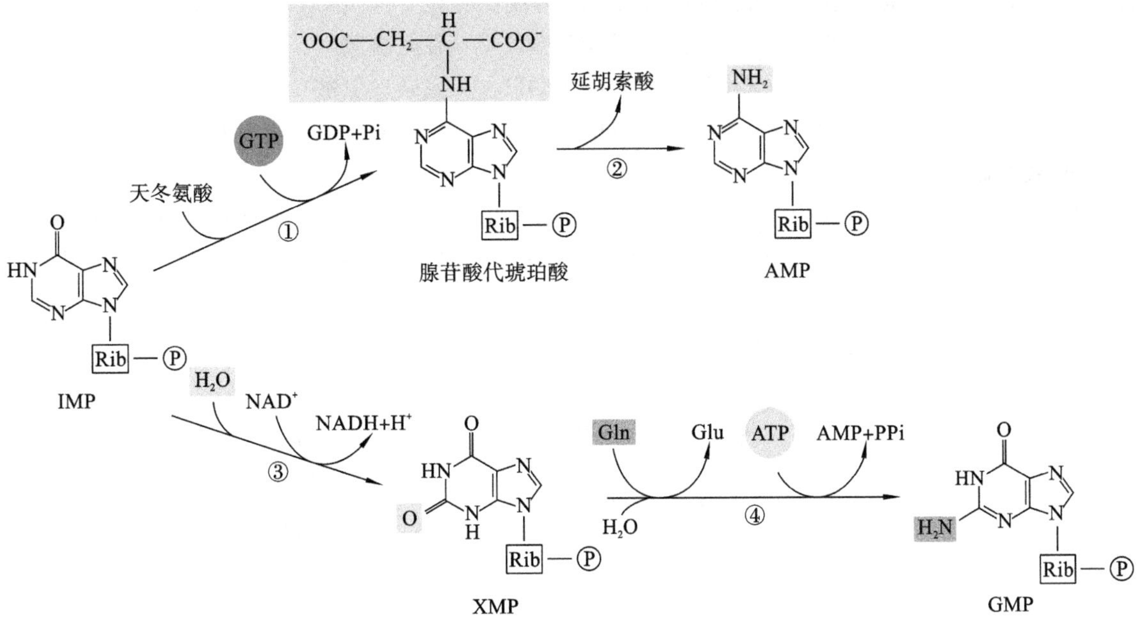

图 10-3 IMP 转变为 AMP 和 GMP

自毁容貌综合征(Lesch-Nyhan syndrome,LNS)

遗传方式:X 连锁隐性遗传,患者均为男性。

缺乏的酶:次黄嘌呤-鸟嘌呤磷酸核糖基转移酶(HGPRT)。

基因定位:Xq26-q27。

临床表现:高尿酸血症和高尿酸尿症,痛风性关节炎,智力迟钝,大脑瘫痪,舞蹈样动作,自残行为。

(三) 嘌呤核苷酸的抗代谢物

嘌呤核苷酸的抗代谢物是指嘌呤、氨基酸及叶酸等的类似物。它们主要通过竞争性抑制或"以假乱真"等方式干扰或阻断嘌呤核苷酸的合成,从而进一步阻止核酸及蛋白质的生物合成。肿瘤细胞的核酸和蛋白质的合成十分旺盛,因此,这些抗代谢物在临床上常用作抗肿瘤药物。

1. 嘌呤类似物

嘌呤类似物主要有 6-巯基嘌呤(6-MP)、6-巯基鸟嘌呤及 8-氮杂鸟嘌呤等,临床上应用较多的是 6-MP。6-MP 的结构与次黄嘌呤相似,唯一不同的是分子中 C_6 上由巯基取代。它在体内可生成 6-巯基嘌呤核苷酸。6-巯基嘌呤核苷酸既可抑制 IMP 转变为 AMP 和 GMP,还可以反馈抑制 PRPP 转氨酶的活性,从而阻断嘌呤核苷酸的从头合成途径。另外,6-巯基嘌呤核苷酸可竞争性抑制 HGPRT 的活性,从而抑制补救合成途径。

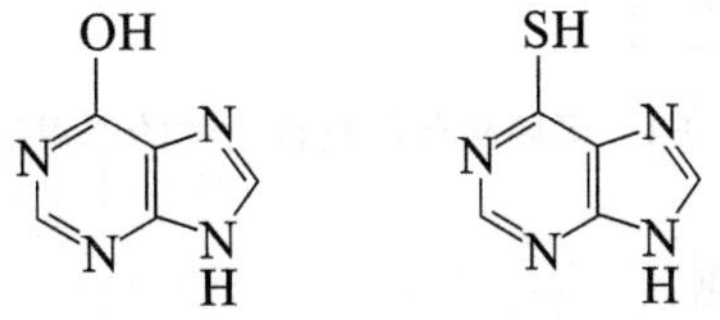

次黄嘌呤   6-巯基嘌呤

2. 氨基酸类似物

氨基酸类似物主要有氮杂丝氨酸及 6-重氮-5-氧正亮氨酸等。它们的结构与谷氨酰胺相似,以竞争

性抑制的方式干扰谷氨酰胺在核苷酸合成中的作用,抑制嘌呤核苷酸及 CTP 的合成。

$$H_2NCOCH_2CH_2CHNH_2COOH \qquad 谷氨酰胺$$
$$N^+NCH_2COOCH_2CHNH_2COOH \qquad 氮杂丝氨酸$$
$$N^+NCH_2COCH_2CH_2CHNH_2COOH \qquad 6\text{-}重氮\text{-}5\text{-}氧正亮氨酸$$

3. 叶酸类似物

叶酸类似物主要有甲氨蝶呤(MTX)。它们均能竞争性抑制二氢叶酸还原酶的活性,阻断四氢叶酸的合成,使分子中来自一碳单位的 C_2 和 C_8 均得不到供应,从而抑制嘌呤核苷酸的合成。MTX 主要用于白血病等的治疗。

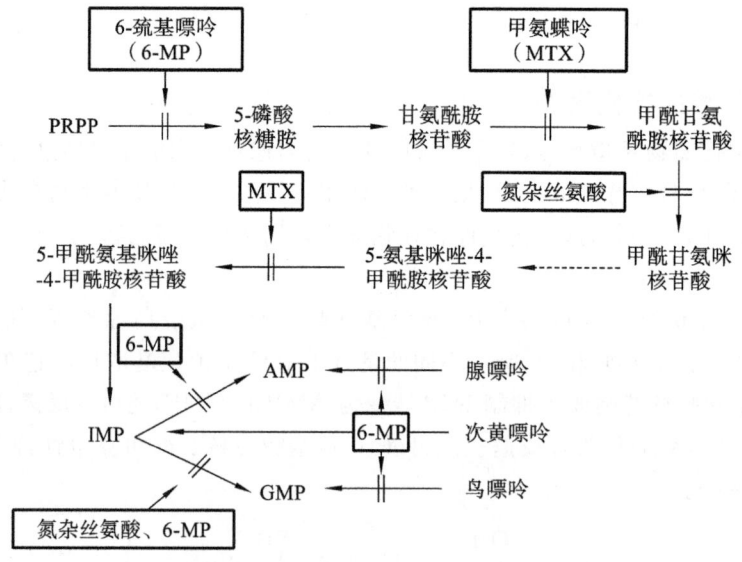

几种嘌呤核苷酸抗代谢物的作用部位如图 10-4 所示。

图 10-4 嘌呤核苷酸抗代谢物的作用部位

二、嘧啶核苷酸的合成代谢

(一)嘧啶核苷酸的从头合成途径

1. 合成的原料

合成嘧啶核苷酸的原料有谷氨酰胺、CO_2、天冬氨酸和 5-磷酸核糖,如图 10-5 所示。

2. 合成过程

嘧啶核苷酸的从头合成过程主要在肝细胞胞质中进行。反应可分为两个阶段,首先合成尿嘧啶核苷酸(UMP),然后由 UMP 转变为其他嘧啶核苷酸。反应需 ATP 参与。与嘌呤核苷酸从头合成途径不同的是嘧啶核苷酸首先合成的是嘧啶环,然后与磷酸核糖相连接。

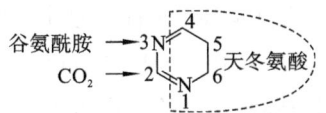

图 10-5 嘧啶环中的元素来源

(1) UMP 的合成:该合成过程分 6 步反应,首先,谷氨酰胺及 CO_2 在氨基甲酰磷酸合成酶Ⅱ(CPS Ⅱ)的催化下,由 ATP 供能并提供磷酸基,生成氨基甲酰磷酸。后者与天冬氨酸结合形成氨基甲酰天冬氨酸,经过环化、脱氢生成乳清酸。再由 PRPP 提供磷酸核糖生成乳清酸核苷酸,乳清酸核苷酸脱羧后生成 UMP,如图 10-6 所示。UMP 是合成其他嘧啶核苷酸的前体。

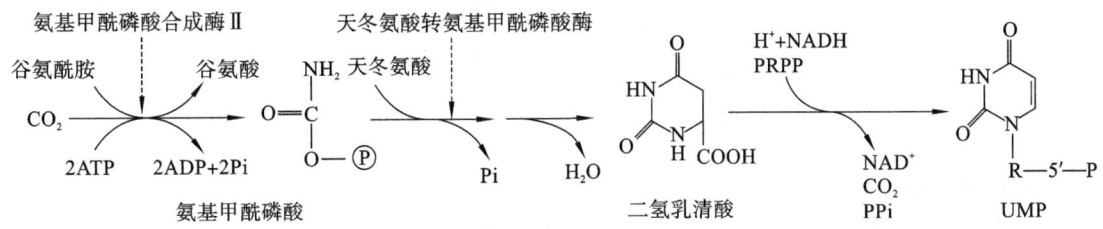

图 10-6 UMP 的合成

(2) CTP 的合成:UMP 经尿苷酸激酶催化生成 UDP,UDP 再经尿苷二磷酸核苷激酶催化生成 UTP。UTP 在 CTP 合成酶的催化下由谷氨酰胺提供氨基生成 CTP。此过程主要在肝细胞胞质中进行,如图 10-7 所示。

图 10-7 CTP 的合成

(二) 嘧啶核苷酸的补救合成途径

嘧啶磷酸核糖转移酶是嘧啶核苷酸补救合成途径的主要酶,催化反应的通式如下:

$$嘧啶+PRPP \xrightarrow{\text{嘧啶磷酸核糖转移酶}} 磷酸嘧啶核苷+PPi$$

尿嘧啶及 PRPP 在尿嘧啶磷酸核糖转移酶的催化下,生成尿嘧啶核苷酸。尿嘧啶核苷及胸腺嘧啶核苷分别在尿苷激酶、胸苷激酶的催化下,生成尿嘧啶核苷酸、胸腺嘧啶核苷酸。通过补救合成方式生成的嘧啶核苷酸主要是尿嘧啶核苷酸(UMP),再由 UMP 转变成其他嘧啶核苷酸。参与补救合成的酶有尿嘧啶磷酸核糖转移酶、尿苷(胞苷)激酶、脱氧胸苷激酶及胸苷激酶等,反应式如下:

$$尿嘧啶+PRPP \xrightarrow{\text{尿嘧啶磷酸核糖转移酶}} UMP+PPi$$

$$尿嘧啶核苷+ATP \xrightarrow{\text{尿苷激酶}} UMP+ADP$$

$$胸腺嘧啶核苷+ATP \xrightarrow{\text{胸苷激酶}} TMP+ADP$$

（三）嘧啶核苷酸的抗代谢物

嘧啶核苷酸的抗代谢物是一些嘧啶、氨基酸及叶酸等的类似物，它们对代谢的影响以及抗肿瘤作用机制与嘌呤核苷酸抗代谢物相似。

1. 嘧啶类似物

主要有 5-氟尿嘧啶(5-FU)，它的结构与胸腺嘧啶相似。5-FU 本身并无生物活性，必须在体内转变成有活性的一磷酸脱氧核糖氟尿嘧啶核苷(FdUMP)及三磷酸氟尿嘧啶核苷(FUTP)后，才能发挥作用。FdUMP 与 dUMP 结构相似，能抑制胸苷酸合成酶的活性，从而抑制 dTMP 的合成。FUTP 也可以 FUMP 的形式加入 RNA 分子中，异常核苷酸的加入，破坏了 RNA 的结构与功能。

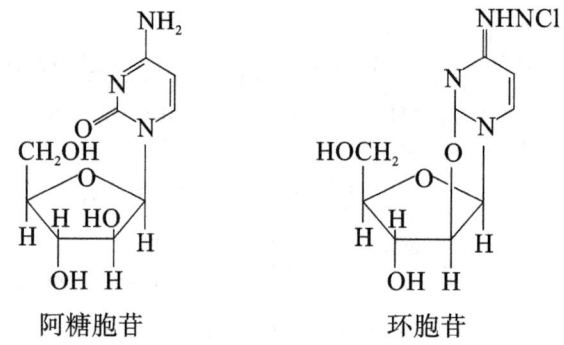

胸腺嘧啶   5-氟尿嘧啶

2. 氨基酸类似物

如氮杂丝氨酸与谷氨酰胺结构相似，能抑制 CTP 的生成。

3. 叶酸类似物

如甲氨蝶呤与叶酸的结构相似，可阻断 dUMP 利用一碳单位甲基化生成 dTMP，影响 DNA 的合成。另外，如阿糖胞苷是改变了核糖结构的核苷类似物，它能抑制 CDP 还原成 dCDP，从而影响 DNA 的合成。

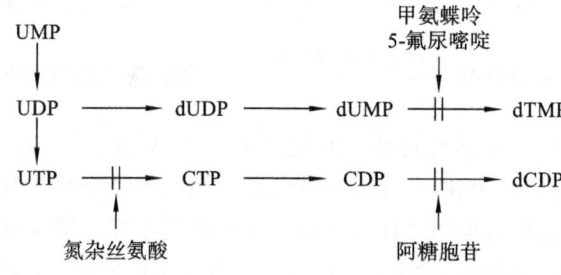

阿糖胞苷   环胞苷

几种嘧啶核苷酸抗代谢物的作用部位如图 10-8 所示。

图 10-8　嘧啶核苷酸抗代谢物的作用部位

三、脱氧核苷酸的生成

体内脱氧核糖并不是先形成再结合到脱氧核苷酸分子上，而是先经核糖核苷酸还原酶催化，再在二磷酸核糖核苷(NDP)水平上还原而成，如图 10-9 所示。

核糖核苷酸还原酶可催化 4 种二磷酸核糖核苷(ADP、GDP、UDP、CDP)以生成对应的二磷酸脱氧

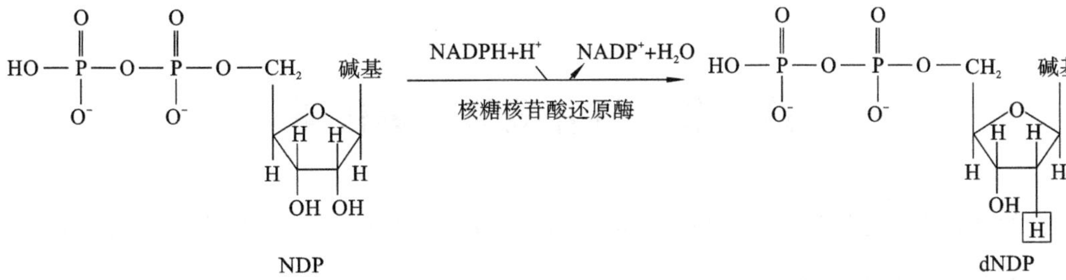

图 10-9　NDP 还原生成 dNDP

核糖核苷(dADP、dGDP、dUDP、dCDP),再经激酶催化,进一步生成三磷酸脱氧核糖核苷。

$$dNDP+ATP \xrightarrow{\text{激酶}} dNTP+ADP$$

　　脱氧胸腺嘧啶核苷酸(dTMP)主要在 dUMP 的基础上经甲基化形成。此反应由胸腺嘧啶核苷酸合成酶催化,N^5、N^{10}-亚甲基四氢叶酸提供一碳单位。dUMP 可由 dUDP 水解而来,也可由 dCMP 脱去氨基生成,以后者为主要来源。反应式如图 10-10 所示。

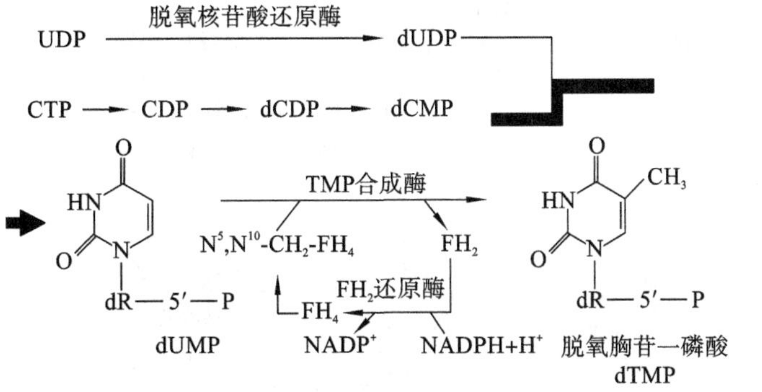

图 10-10　dTMP 的合成途径

最后,将嘌呤核苷酸和嘧啶核苷酸从头合成的关系总结如下:

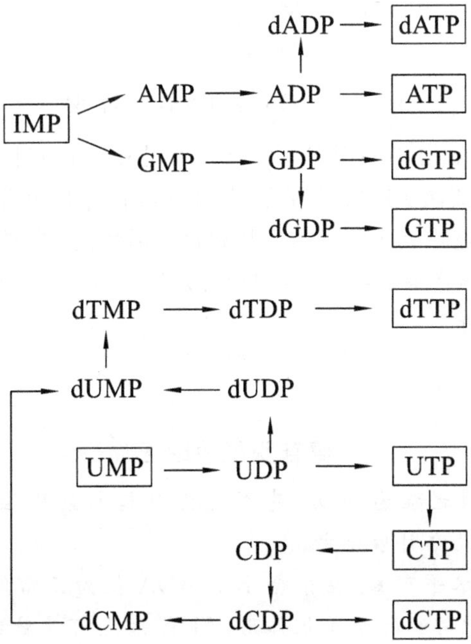

第二节　核苷酸的分解代谢

核苷酸的分解代谢包括嘌呤核苷酸的分解代谢及嘧啶核苷酸的分解代谢,分别叙述如下。

一、嘌呤核苷酸的分解代谢

嘌呤核苷酸的分解代谢主要在肝、小肠和肾中进行。细胞中嘌呤核苷酸首先在核苷酸酶作用下脱去磷酸生成嘌呤核苷,嘌呤核苷在嘌呤核苷磷酸化酶(PNP)作用下转化为嘌呤和1-磷酸核糖。嘌呤核苷及嘌呤碱既可以进入补救合成途径,又可经水解、脱氨、氧化作用生成尿酸,如图10-11所示。

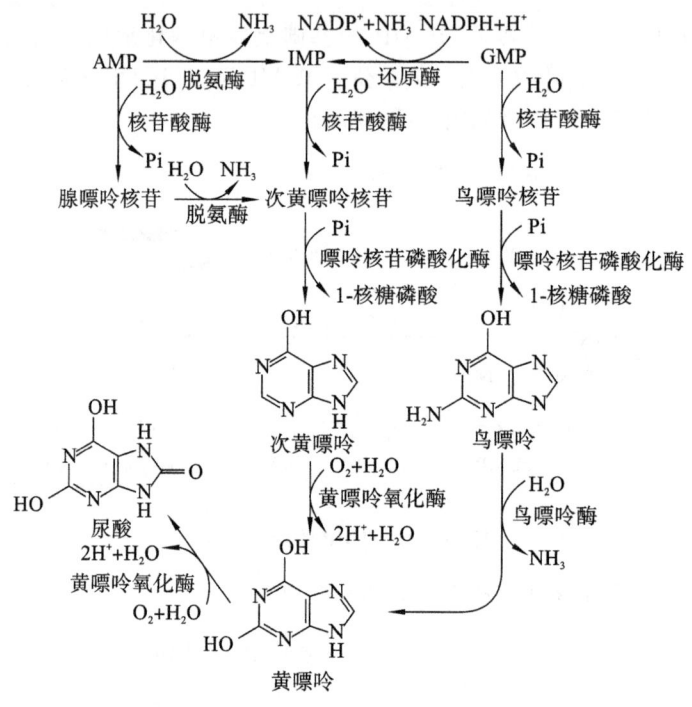

图 10-11　嘌呤核苷酸的分解代谢

在哺乳动物中,腺苷和脱氧腺苷不能由PNP分解,而是在核苷和核苷酸水平上分别由腺苷脱氨酶(ADA)催化生成次黄嘌呤核苷或次黄嘌呤核苷酸,并进一步在嘌呤核苷磷酸化酶作用下生成次黄嘌呤和1-磷酸核糖。次黄嘌呤在黄嘌呤氧化酶(肝、小肠和肾中活性高)的催化下逐步氧化为黄嘌呤和尿酸。鸟嘌呤核苷酸则经还原酶催化被还原成次黄嘌呤核苷酸(IMP),进一步脱去磷酸转变为次黄嘌呤核苷,最终也转变为尿酸随尿排出体外。

> **知识链接**
>
> ### 腺苷脱氨酶缺乏症
>
> 腺苷脱氨酶(ADA)缺乏症为ADA基因突变引起的致死性的重症联合性免疫缺陷症(SCID),常导致婴儿出生几个月后死亡。
>
> 测定红细胞的ADA水平可知,在杂合子中ADA仅为正常时的一半。哺乳动物细胞中ADA催化腺苷酸和脱氧腺苷酸的脱氨基作用,ADA缺乏可导致细胞中腺苷酸、脱氧腺苷酸、脱氧腺苷三磷酸(dATP)以及S-腺苷同型半胱氨酸浓度的增加和ATP的耗尽。dATP对正在分裂的淋巴细胞有高度选择性毒性,它通过抑制核糖核酸还原酶和转甲基反应,阻滞DNA的

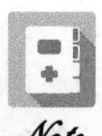

合成。腺苷酸抑制 S-腺苷同型半胱氨酸水解酶,而该酶与依赖 S-腺苷甲硫氨酸的 DNA 甲基化有关。ADA 在淋巴样组织,特别是胸腺中浓度较高。因此,ADA 缺陷导致成熟的 T 淋巴细胞、B 淋巴细胞的严重不足,引发 SCID。ADA 缺乏症约占遗传性 SCID 的 20%,未治疗的患者很少存活至孩童期。该病是美国 1990 年第一个实施体细胞基因治疗的人类遗传缺陷性疾病。

尿酸是人体内嘌呤分解代谢的终产物。正常人血液中尿酸含量为 $0.12\sim0.36$ mmol/L($2\sim6$ mg/dL)。某些原因可造成嘌呤分解过于旺盛,尿酸生成过多或排泄障碍,致使血液中尿酸含量增多,尿酸水溶性较差,易形成尿酸盐晶体且沉积于关节、软组织、软骨及肾等处,从而引起疼痛和功能障碍,这种病症称为痛风。痛风多见于成年男性,原因尚未完全清楚,可能与嘌呤核苷酸代谢酶的先天性缺陷有关。另外,当进食高嘌呤饮食、体内核酸大量分解(如白血病、恶性肿瘤晚期等)或肾脏疾病致尿酸排泄障碍时,均可导致血尿酸水平升高。别嘌呤醇与次黄嘌呤结构类似,是黄嘌呤氧化酶的竞争性抑制剂,可抑制尿酸的生成,临床上常用于治疗痛风。

知识链接

痛风(gout)

痛风是一组疾病,是由于尿酸盐沉积在关节、软骨和肾脏中,引起组织异物炎性反应,导致关节剧烈疼痛,持续 $1\sim7$ 天,痛像"风"一样吹过去了,所以称痛风。

痛风发生原因分为继发性和原发性两种:原发性因素主要是与尿酸代谢有关的酶活性异常。如:促进尿酸合成的酶(5-磷酸核酸-1-焦磷酸合成酶、腺嘌呤磷酸核苷酸转移酶、磷酸核糖焦磷酸酰胺转移酶和黄嘌呤氧化酶)活性增强;抑制尿酸合成的酶(HGPRT)活性降低等。继发性因素主要有慢性肾功能不全、多发性骨髓瘤、恶性肿瘤、白血病、肥胖、酗酒、使用某些药物、溶血性贫血等。

痛风古称"王者之疾",因为好发在达官贵人的身上,如元世祖忽必烈晚年就因饮酒过量而饱受痛风之苦。尿酸酶法测定尿酸,男性 >416 μmol/L(7 mg/dL),女性 >357 μmol/L(6 mg/dL)时易发生痛风。男性 40 岁以上多发(95%),女性一般在绝经后常见。

二、嘧啶核苷酸的分解代谢

嘧啶核苷酸在核苷酸酶及核苷磷酸化酶的催化下分别脱去磷酸及核糖,并生成嘧啶碱,嘧啶碱在肝中进一步分解。胞嘧啶脱氨基转化成尿嘧啶,后者还原为二氢尿嘧啶,再水解开环,最终生成 NH_3、CO_2 及 β-丙氨酸。胸腺嘧啶水解生成 NH_3、CO_2 及 β-氨基异丁酸,如图 10-12 所示。

图 10-12 嘧啶核苷酸的分解代谢

以上这些终产物均易溶于水,可随尿排出体外。摄入 DNA 含量丰富的食物及经放射治疗或化学

治疗的癌症患者,尿中 β-氨基异丁酸排出量增多。

目标检测

一、名词解释

1. 核苷酸的从头合成　2. 核苷酸的补救途径

二、单项选择题

1. 体内进行嘌呤核苷酸从头合成最主要的组织是(　　)。

A. 胸腺　　　　B. 小肠黏膜　　　C. 肝　　　　　　D. 脾　　　　　E. 骨髓

2. 嘌呤核苷酸从头合成时首先生成的是(　　)。

A. GMP　　　　B. AMP　　　　　C. IMP　　　　　D. ATP　　　　E. GTP

3. 人体内嘌呤核苷酸分解代谢的主要终产物是(　　)。

A. 尿素　　　　B. 肌酸　　　　　C. 肌酸酐　　　　D. 尿酸　　　　E. β-丙氨酸

4. 5-氟尿嘧啶的抗癌作用机制是(　　)。

A. 合成错误的 DNA　　　　　　B. 抑制尿嘧啶的合成　　　　C. 抑制胞嘧啶的合成

D. 抑制胸苷酸的合成　　　　　　E. 抑制二氢叶酸还原酶

5. 哺乳类动物体内直接催化尿酸生成的酶是(　　)。

A. 尿酸氧化酶　　　　　　　　　B. 黄嘌呤氧化酶　　　　　　　C. 腺苷脱氨酸

D. 鸟嘌呤脱氨酶　　　　　　　　E. 核苷酸酶

6. 6-巯基嘌呤核苷酸不抑制(　　)。

A. IMP→AMP　　　　　　　　　B. IMP→GMP　　　　　　　　C. PRPP 转氨酶

D. 嘌呤磷酸核糖转移酶　　　　　　E. 嘧啶磷酸核糖转移酶

7. 下列哪种物质不是嘌呤核苷酸从头合成的直接原料?(　　)

A. 甘氨酸　　　B. 天冬氨酸　　　C. 谷氨酸　　　　D. CO_2　　　E. 一碳单位

8. 体内脱氧核苷酸是由下列哪种物质直接还原而成的?(　　)

A. 核糖　　　　　　　　　　　　B. 核糖核苷　　　　　　　　　C. 核苷一磷酸

D. 核苷二磷酸　　　　　　　　　E. 核苷三磷酸

9. 氮杂丝氨酸干扰核苷酸合成,因为它是下列哪种化合物的类似物?(　　)

A. 丝氨酸　　　B. 甘氨酸　　　　C. 天冬氨酸　　　D. 谷氨酰胺　　E. 天冬酰胺

10. 催化 dUMP 转变为 dTMP 的酶是(　　)。

A. 核苷酸还原酶　　　　　　　　B. 胸苷酸合成酶　　　　　　　C. 核苷酸激酶

D. 甲基转移酶　　　　　　　　　E. 脱氨胸苷激酶

11. 下列化合物中作为合成 IMP 和 UMP 的共同原料是(　　)。

A. 天冬酰胺　　B. 磷酸核糖　　　C. 甘氨酸　　　　D. 甲硫氨酸　　E. 一碳单位

12. dTMP 合成的直接前体是(　　)。

A. dUMP　　　　B. TMP　　　　　C. TDP　　　　　D. dUDP　　　E. dCMP

13. 阿糖胞苷作为抗肿瘤药物的机制是通过抑制下列哪种酶而干扰核苷酸代谢?(　　)

A. 二氢叶酸还原酶　　　　　　　　　　　　　B. 核糖核苷酸还原酶

C. 二氢乳清酸脱氢酶　　　　　　　　　　　　D. 胸苷酸合成酶

E. 氨基甲酰基转移酶

14. PRPP 转氨酶活性过高可以导致痛风,此酶催化(　　)。

A. 从 R-5-P 生成 PRPP　　　　　　　　　　　B. 从甘氨酸合成嘧啶环

C. 从 PRPP 生成磷酸核糖胺　　　　　　　　　D. 从 IMP 合成 AMP

E. 从 IMP 生成 GMP

15. 自毁容貌综合征是缺乏(　　)。

A. HGPRT
B. PRPP 转氨酶
C. 黄嘌呤氧化酶

D. APRT
E. GPRT

三、简答题

1. 简述嘌呤核苷酸补救合成途径的生理意义。

2. 查阅资料,总结抗肿瘤药物的种类和作用机制。

参 考 文 献

[1] 赵瑞巧. 生物化学[M]. 2 版. 北京:科学出版社,2010.

[2] 王易振,仲其军,贾祥捷. 生物化学[M]. 2 版. 武汉:华中科技大学出版社,2016.

[3] 查锡良. 生物化学[M]. 7 版. 北京:人民卫生出版社,2008.

[4] 吴伟平. 生物化学[M]. 3 版. 北京:北京出版社,2014.

(付凤洋)

Note

第十一章　肝的生物化学

1. 掌握:肝在糖、脂、蛋白质及维生素和激素代谢中的特点;生物转化的概念及特点;胆红素的主要来源、生成、转化和排泄;未结合胆红素与结合胆红素的区别。

2. 熟悉:生物转化的反应类型及影响因素;胆汁酸合成的原料、种类及胆汁酸的肠肝循环;黄疸的概念及临床分类;三种黄疸产生的原因。

3. 了解:肝功能受损对物质代谢的影响。

肝脏是人体最大的腺体,也是重要的消化器官之一。肝脏不仅参与各种营养物质的代谢,而且还具有分泌、排泄和生物转化等重要作用,被誉为"物质代谢中枢"、体内最大的"化工厂"。当肝脏发生病变时,体内物质代谢和生理功能就会出现异常,严重时可危及生命。因此,了解肝脏的功能及其代谢规律非常重要。

肝脏之所以具有多种多样的功能,与其组织结构及化学组成特点密切相关。肝脏具有肝动脉和门静脉双重血液供应,肝细胞内有丰富的细胞器和种类多、活性高的酶,已知有数百种酶存在于肝组织细胞中,且有些酶是肝细胞特有的,如酮体生成酶系。上述肝的结构和化学组成特点是肝被称为"物质代谢中枢"的基础。

案例导入 11-1

患者,女,40岁,因腹痛、腹胀、发热4天就诊。体检:体温39.5 ℃,皮肤、巩膜明显黄染。实验室检查:血清总胆红素785 μmol/L,结合胆红素775 μmol/L,未结合胆红素5.1 μmol/L,大便呈灰白色,尿液颜色深黄,粪胆素原和尿胆素原均阴性,血常规检查除白细胞计数升高外,其余均正常。

临床初步诊断:胆总管阻塞,原因待查。

问题:1. 为什么血浆胆红素增高会使皮肤、巩膜黄染?

2. 为什么血清结合胆红素水平明显增高而未结合胆红素水平没有增高?

3. 为什么大便呈灰白色、尿液颜色深黄、粪胆素原和尿胆素原均阴性?

第一节　肝脏在物质代谢中的作用

一、肝脏在糖代谢中的作用

肝脏在糖代谢中最重要的作用是维持血糖浓度的相对恒定,从而确保全身各组织,特别是脑细胞和

红细胞的能量供应。肝脏维持血糖浓度的相对恒定是通过糖原合成、糖原分解和糖异生来实现的。

餐后,当肠道吸收大量葡萄糖后,血糖浓度升高,肝细胞迅速摄取葡萄糖,将过剩的血糖合成肝糖原(肝糖原占肝重的 5%)储存在肝内,部分可转变成脂肪,从而使血糖浓度不致过高;饥饿时,血糖浓度下降,肝糖原迅速分解为葡萄糖直接补充血糖。肝糖原储备有限,饥饿 10 余小时后,肝糖原分解几乎耗竭,此时糖异生作用增强,肝利用非糖物质通过糖异生转变为葡萄糖并释放入血,以补充血糖。当饥饿 24~48 h 后,肝的糖异生可达到最大速度,糖异生不仅可以补充血糖,也是肝脏补充和恢复糖原储备的重要途径。

肝功能严重受损时,肝糖原合成、分解及糖异生作用减弱,血糖难以维持正常水平。因此进食后易出现一时性高血糖,饥饿时又出现低血糖。

二、肝脏在脂类代谢中的作用

肝脏在脂类的消化、吸收、分解、合成及运输等代谢过程中均起着重要作用。

肝脏能分泌胆汁,胆汁随肝外胆道进入肠腔,胆汁中含有胆汁酸盐,能乳化脂类,以促进肠道中脂类的消化和吸收。当肝受损或胆道阻塞时,胆汁的排泄减少,影响脂类的消化吸收。患者常出现脂肪泻、厌油腻食物等症状。

肝脏是脂肪合成和分解的重要场所。饱食后,肝能利用糖及某些氨基酸合成甘油三酯、磷脂和胆固醇,并以 VLDL 的形式分泌入血,供肝外组织、器官利用。饥饿时,脂肪动员加强,肝内脂肪酸氧化活跃。肝脏不仅是脂肪酸 β-氧化、脂肪合成的主要器官,而且是体内产生酮体的唯一器官。但肝细胞利用酮体的能力极差,必须由血液运输到肝外组织利用。

肝脏是人体合成胆固醇最旺盛的器官,肝合成的胆固醇占全身合成胆固醇总量的 3/4 以上,是血浆胆固醇的主要来源。另外肝脏也具有很强的处理胆固醇的能力,是胆固醇转化的主要场所,在肝内,胆固醇主要转化为胆汁酸,随胆汁排入肠腔。此外部分胆固醇可直接随胆汁排出。

三、肝脏在蛋白质代谢中的作用

肝内蛋白质的合成代谢十分活跃,不仅能合成本身所需的各种蛋白质,还能合成多种血浆蛋白。几乎所有的血浆蛋白(除 γ-球蛋白外)及大多数凝血因子、载体蛋白等均在肝合成。这些蛋白质在维持血浆胶体渗透压、凝血、血压恒定和物质代谢等方面起着重要作用。肝脏疾病会导致蛋白质合成障碍,进而引起相应的临床症状,如血浆清蛋白合成不足,患者可出现水肿或腹水;纤维蛋白原、凝血因子合成不足,则可引起凝血时间延长及出血倾向等。此外,清蛋白与球蛋白的比值(A/G 值)常作为肝病的诊断指标,正常值为 1.5~2.5。当肝功能严重受损时,A/G 值可见下降甚至倒置。

肝脏是氨基酸合成和分解的主要器官。肝细胞内含有许多与氨基酸代谢有关的酶,所以氨基酸的转氨基、脱氨基和脱羧基作用等都能在肝内进行。肝内转氨酶活性较高,特别是丙氨酸转氨酶(ALT)活性明显高于其他组织。在正常情况下,这种细胞内的酶很少进入血液。当肝受损(如急性肝炎)时,因肝细胞膜的通透性增大,ALT 大量进入血液,导致血清 ALT 活性增高。所以临床上常检验血清 ALT 活性以协助肝脏疾病的诊断。

肝脏是合成尿素最主要的器官,各种来源的氨都可在肝细胞中通过鸟氨酸循环过程合成尿素。当肝功能严重受损时,由于合成尿素的能力降低,血氨浓度升高,这是诱发肝性脑病(肝昏迷)的原因之一。

四、肝脏在维生素代谢中的作用

肝脏是体内含维生素较多的器官,也是某些维生素(如维生素 A、维生素 E、维生素 K、维生素 B_{12} 等)的主要储存场所。由于肝脏中维生素 A 的含量占体内总量的 95%,因此,当维生素 A 缺乏造成夜盲症时,食用动物肝有较好的疗效。肝脏能直接参与多种维生素的代谢转化,如将 β-胡萝卜素转变为维生素 A,将 B 族维生素转化为其活性形式等。维生素 K 能参与肝细胞中凝血酶原及凝血因子的合成,患严重肝病时可出现凝血障碍。

五、肝脏在激素代谢中的作用

肝脏是激素灭活的主要场所。激素在发挥作用后，主要在肝脏被灭活。严重肝病时，由于激素的灭活作用减弱，血中激素水平升高，会导致相应临床症状的发生，如雌激素灭活障碍，可出现男性乳房女性化、蜘蛛痣、肝掌等；肾上腺皮质激素、醛固酮激素灭活障碍，可引起高血压、水肿；血管升压素灭活障碍，可引起水肿和腹水等表现。

第二节　肝脏的生物转化作用

一、生物转化的概念

体内有些物质既不能作为构建组织细胞的成分，又不能氧化供能，这些物质称为非营养物质。根据来源的不同，体内非营养物质可分内源性和外源性两类。内源性非营养物质是机体在代谢过程中产生的，如氨、胺、胆红素、激素、神经递质等；外源性非营养物质有药物、毒物、食物防腐剂、色素、环境污染物和从肠道吸收来的腐败物质（如胺、酚、吲哚和硫化氢）。

这些非营养物质既不能作为构建组织细胞的成分，又不能氧化供能。而且其中许多对人体有一定的生物学效应或毒性作用，需要及时清除以保证各种生理活动的正常进行。机体在排出非营养物质之前，须将其进行各种代谢转变，使其极性增强，水溶性增高，易于溶解在胆汁或尿液中排出体外，或使某些物质的生物活性降低或灭活，或使某些物质的毒性减低或消除。这一过程称为生物转化（biotransformation）。

虽然生物转化在机体很多组织都可进行，但肝是机体生物转化最重要的器官。生物转化的生理意义在于机体对非营养物质的转化，改变其生物活性，使物质的溶解度增加，易于从胆汁或尿液排出体外。应该指出的是，在大多数情况下，生物转化作用使非营养物质的生物活性降低或消失，或使有毒物质的毒性降低或失去其毒性，对机体是一种保护作用。但是，有些物质经过生物转化后不但没有降低毒性，其生物活性或毒性反而增加，或溶解度反而降低，不易排出体外。例如 3,4-苯并芘、黄曲霉素等致癌物质是经转化后才具有致癌作用的。所以，生物转化实际上具有解毒与致毒的双重性，不能将肝脏的生物转化作用简单地看作"解毒作用"。

> **知识拓展**
>
> #### 变质的花生及花生油不宜食用
>
> 变质的花生及花生油易产生黄曲霉，含黄曲霉素 B_1，本身致癌性并不强，但进入体内后经肝脏的生物转化的作用生成环氧化黄曲霉素 B_1 后，可与鸟嘌呤第 7 位氮原子结合而致癌。

二、生物转化的主要类型及应用

（一）生物转化反应的主要类型

在生物转化过程中包括许多化学反应，主要可归纳为两相：第一相反应包括氧化反应、还原反应和水解反应；第二相反应为结合反应。许多物质经过第一相反应即可排出体外，但也有一些物质经过第一相反应后极性改变不大，还必须进行第二相反应（即进一步与葡萄糖醛酸、硫酸等极性更强的物质结合）以得到更大的溶解度，才能排出体外。有些则不经过第一相反应，直接进行结合反应。生物转化的主要反应类型见表 11-1。

表 11-1 生物转化的主要反应类型

第一相反应	酶	举例
氧化反应	单加氧酶系	维生素 D_3 羟化为 25-(OH)-D_3
	胺氧化酶系	组胺、尸胺、腐胺及儿茶酚胺等氧化脱氨生成相应的醛
	脱氢酶系	醇或醛脱氢、氧化生成相应的醛或酸类
还原反应	硝基还原酶	硝基苯、氯霉素等中的—NO_2 还原成—NH_2
	偶氮还原酶	偶氮苯还原生成苯胺
水解反应	水解酶	乙酰水杨酸水解后生成水杨酸

第二相反应	结合基团	举例
	葡萄糖醛酸结合反应	胆红素与 UDPAG 作用生成葡萄糖醛酸胆红素
	硫酸结合反应	雌酮结合硫酸生成硫酸雌酮
	谷胱甘肽结合反应	谷胱甘肽与卤代或环氧化合物结合生成谷胱甘肽结合产物
	酰基化反应	各种芳香胺与乙酰基结合形成乙酰基化合物
	氨基酸结合反应	胆酸与脱氧胆酸、甘氨酸及牛磺酸结合形成结合胆汁酸
	甲基化反应	烟酰胺可甲基化生成 N-甲基烟酰胺

（二）几种常见物质的生物转化反应

1. 乙醇在肝中的生物转化

乙醇被人类摄入后，30％在胃部吸收，70％在小肠上段吸收。吸收后的乙醇随门静脉进入肝，90％～98％的乙醇在肝代谢，2％～10％经肾和肺排出体外。

肝主要通过乙醇脱氢酶（ADH）氧化乙醇，当血液中的乙醇浓度过高时，还可诱导微粒体乙醇氧化体系（MEOS）、NADPH 氧化酶-过氧化氢酶体系和黄嘌呤氧化酶-过氧化氢酶体系，将乙醇脱氢生成乙醛。乙醛再经乙醛脱氢酶氧化成乙酸，乙酸与辅酶 A 结合形成乙酰辅酶 A 进入三羧酸循环，最终生成 CO_2 和 H_2O 并释放出能量。

值得注意的是，一方面，乙醇本身可使肝中脂肪酸氧化降低，脂蛋白合成与分泌减少，引起脂肪肝；另一方面，乙醇经肝氧化后生成的乙醛有较强的药理毒性作用，可造成酒瘾、酒后精神障碍和乳酸性酸中毒。

知识拓展

酒 量 与 酶

有的人喝酒"千杯不醉"，而有的人喝一点酒后就情绪激动甚至酩酊大醉。形成这种差异主要与乙醇在人体内的分解代谢的速度有关。乙醇在人体内的分解代谢主要靠体内的两种酶，一种是乙醇脱氢酶，另一种是乙醛脱氢酶。前者能使乙醇分解变成乙醛，而后者则能使乙醛分解为二氧化碳和水。人体内若是具备这两种高活性的酶，就能较快地分解乙醇，中枢神经就会较少受到乙醇的作用，因而即使喝了一定量的酒，也能很快代谢。在一般人体中，都存在前一种酶，而且数量基本是相等的。但缺少后一种酶的人就比较多。这种乙醛脱氢酶的缺少，使乙醇不能被完全分解为水和二氧化碳，而是以乙醛形式继续留在体内，使人喝酒后产生恶心呕吐、昏迷不适等醉酒症状。

我国人口中乙醛脱氢酶缺陷所占比例很大，所以酒量小的人较多。另外，从性别看，一般女性比男性占的比例大；从地区看，南方人比北方人占的比例大。所以男性通常比女性能喝酒，北方人比南方人酒量大。

Note

129

另外,即使是同一个人,不同的精神状态、饮酒时间,酒量也是有差别的。心情愉悦时酶活性高而酒量大,焦虑郁闷时则酶活性低而酒量小,且随时间(早、中、晚)不同酶活性逐渐增强,所以上午喝酒要比晚上喝酒容易醉。

2. 致癌物质在肝中的生物转化

致癌物质种类繁多,分布广泛,主要有人工合成的化学致癌物质(如工业色素),植物或微生物产生的致癌物质(如黄曲霉素)等。致癌物质(如黄曲霉素 B_1)在肝中的生物转化具有活化和灭活双重性。有些多环芳香烃类化合物在体内存在多种转化方式,多环芳香烃类化合物通常首先被加氧转变成环氧化物,属于致癌物质(活化);有些环氧化物经分子重排转变为酚类化合物,丧失其致癌活性,并在肝内进一步与葡萄糖醛酸、谷胱甘肽或硫酸结合后排出体外。如食物在加热过程中产生的致癌物质苯并芘,进入人体后,在肝微粒体被单加氧酶催化加氧后生成不稳定的环氧化物,这种环氧化物可与 DNA 分子发生共价结合,引起基因突变而发生癌变。

3. 药物在肝中的生物转化

大多数药物经不同途径被摄入人体后会发生分子结构的改变,它们主要在肝细胞滑面内质网的混合功能氧化酶系的催化下完成,包括氧化、还原、水解、结合等反应(表 11-2)。

表 11-2 药物经生物转化引起的药理活性变化

变化类型	举例
药理活性消失	苯巴比妥 —芳香环羟化→ 羟基苯巴比妥(催眠作用消失)
	氯环嗪 —N-氧化→ N-氧化氯环嗪(抗组胺作用消失)
代谢活化	偶氮磺胺 —偶氮基还原→ 磺胺(抗菌作用)
	泼尼松 —酮还原→ 去氢皮质醇(类皮质醇激素作用)
	水合氯醛 —还原→ 三氯乙醇(催眠作用)
毒性化	对乙酰氨基酚经羟化、还原后可与细胞中的核酸结合引起肝细胞坏死
药理活性改变	异丙基异烟肼(抗忧郁) —N-脱烷基化→ 异烟肼(抗结核)
	可待因(镇咳) —O-脱烷基化→ 吗啡(镇痛)
药理活性不变	甲基安非他命 —N-脱甲基→ 安非他命(苏醒作用)
	丙米嗪 —N-脱甲基→ 地昔帕明(抗抑郁)

(三)影响生物转化的因素

年龄、性别、疾病、诱导物等因素均可影响非营养物质的生物转化。

1. 肝脏疾病对生物转化的影响

肝脏病变时,参与生物转化的各种酶的活性降低,肝生物转化能力下降。例如,肝实质性病变时,肝微粒体单加氧酶系及 UDP-葡萄糖醛酸转移酶等的活性显著下降,患者对许多药物或毒物的摄取、转化发生障碍,可蓄积中毒,因此肝病患者用药需特别慎重。

2. 年龄、性别对生物转化的影响

新生儿肝中生物转化的酶系发育不完善，对药物及毒物的耐受性差，易发生药物中毒、高胆红素血症及核黄疸。老年人肝的生物转化能力仍属正常，但老年人肝血流量及肾的廓清速率降低，导致老年人血浆药物的清除率降低，药物的半衰期延长，常规剂量用药也可发生药物蓄积，药效增强且副作用增大。故在临床用药时，对婴幼儿及老年人的剂量必须严格控制。此外，女性的生物转化能力一般比男性强，如女性的醇脱氢酶活性高于男性，对乙醇的代谢率高。

3. 毒物或药物的诱导作用

毒物或药物对生物转化的诱导作用一方面可加速其自身代谢，另一方面有些药物还可诱导肝内相关酶的合成加速毒物的生物转化速度。例如，苯巴比妥可诱导葡萄糖醛酸转移酶的合成加速胆红素的转化。因此，临床上可用苯巴比妥治疗新生儿高胆红素血症，以防止"核黄疸"的发生。此外，一种药物的生物转化可诱导其他同类药物的转化作用而产生耐药性。因此，临床用药需考虑药物配伍对药物生物转化的影响，合理用药。

第三节 胆汁与胆汁酸的代谢

一、胆汁

胆汁（bile）是肝细胞分泌的液体，储存在胆囊，经胆总管流入十二指肠。正常人每天分泌胆汁300～700 mL，呈黄褐色，有苦味。从肝中初分泌出来的胆汁称肝胆汁，肝胆汁进入胆囊后逐渐浓缩，称胆囊胆汁。

二、胆汁酸

（一）胆汁酸的分类

胆汁酸（bile acid，BA）按其来源可分为初级胆汁酸（primary bile acid）和次级胆汁酸（secondary bile acid）。初级胆汁酸是肝细胞以胆固醇为原料合成的，包括胆酸、鹅脱氧胆酸以及它们和甘氨酸、牛磺酸结合的产物，包括甘氨胆酸、牛磺胆酸、甘氨鹅脱氧胆酸和牛磺鹅脱氧胆酸。次级胆汁酸是初级胆汁酸在肠道受细菌的作用生成的脱氧胆酸和石胆酸以及它们和甘氨酸、牛磺酸的结合产物（图11-1）。

胆汁酸按其结构可分为两类：一类是游离型胆汁酸，包括胆酸、鹅脱氧胆酸、脱氧胆酸和石胆酸；另一类是结合型胆汁酸，是上述游离胆汁酸与甘氨酸、牛磺酸的结合产物。

人胆汁中的胆汁酸以结合型为主，均以钠盐或钾盐的形式存在，即胆汁酸盐，简称胆盐。

（二）胆汁酸的生成

1. 初级胆汁酸的生成

初级胆汁酸是以胆固醇为原料，在肝细胞内经过复杂的酶促反应合成的，是肝清除胆固醇的主要方式。正常成人每日合成胆固醇1～1.5 g，其中约40%在肝内转化为胆汁酸，随胆汁排入肠腔。

胆固醇首先在7α-羟化酶催化下生成7α-羟胆固醇，然后经过多步酶促反应生成初级游离胆汁酸，即胆酸和鹅脱氧胆酸。初级游离胆汁酸与甘氨酸或牛磺酸结合形成的甘氨胆酸、甘氨鹅脱氧胆酸、牛磺胆酸、牛磺鹅脱氧胆酸统称为初级结合型胆汁酸。胆固醇7α-羟化酶是胆汁酸合成过程中的限速酶，受胆汁酸的负反馈调节。

2. 次级胆汁酸的生成

初级结合型胆汁酸进入肠道，在完成脂类的消化吸收后，在回肠和结肠上段细菌的作用下，结合型胆汁酸水解脱去甘氨酸或牛磺酸释放出初级游离型胆汁酸，后者进一步脱去7α-羟基，形成次级游离型胆汁酸，即胆酸转变为脱氧胆酸、鹅脱氧胆酸转变为石胆酸。脱氧胆酸和石胆酸在肝中可再结合为次级

CONHCH₂COOH

甘氨鹅脱氧胆酸

CONHCH₂CH₂SO₃H

牛磺鹅脱氧胆酸

COOH

脱氧胆酸

COOH

石胆酸

CONHCH₂COOH

甘氨脱氧胆酸

CONHCH₂CH₂SO₃H

牛磺脱氧胆酸

COOH

胆酸

COOH

鹅脱氧胆酸

CONHCH₂COOH

甘氨胆酸

CONHCH₂CH₂SO₃H

牛磺胆酸

图 11-1　几种胆汁酸的结构式

结合型胆汁酸。

3. 胆汁酸的肠肝循环

随胆汁进入肠道的胆汁酸(包括初级与次级、结合型与游离型)绝大部分(95％以上)被肠壁重吸收,经门静脉入肝,被肝细胞摄取。在肝细胞内,游离型胆汁酸被重新合成结合型胆汁酸,与新合成的结合型胆汁酸一起排入肠腔。这一过程称为胆汁酸的肠肝循环(图 11-2)。胆汁酸在肠道的重吸收主要有两种方式:一种是结合型胆汁酸在回肠部位的主动重吸收;另一种是游离型胆汁酸在肠道各部位通过扩散作用的被动重吸收。

胆汁酸的肠肝循环具有重要的生理意义,肝每日合成胆汁酸的量为 0.4～0.6 g,肝胆的胆汁酸代谢池含胆汁酸共 3～5 g,即使饭后全部倾入小肠也不能满足食物中脂类物质消化吸收的需要。然而,由于每次饭后可进行 2～4 次胆汁酸的肠肝循环,有限的胆汁酸得以反复利用,最大限度地发挥其生理功能,以满足脂类消化、吸收的需要。

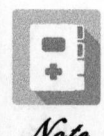

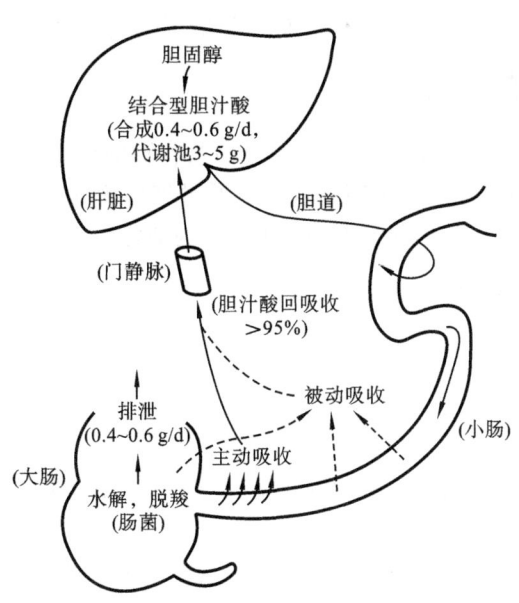

图 11-2 胆汁酸的肠肝循环

（三）胆汁酸的生理功能

1. 促进脂类的消化吸收

胆汁酸的立体构型具有亲水和疏水两个侧面，这种结构特点赋予胆汁酸很强的界面活性，使胆汁酸成为较强的乳化剂，能将脂类乳化成直径为 $3\sim10~\mu m$ 的细小微团，从而增大了脂肪酶和脂类的接触面，有助于促进脂类的消化。脂类的消化产物甘油一酯、脂肪酸、胆固醇与胆汁酸盐结合，并汇入磷脂、脂溶性维生素等生成直径为 $20~\mu m$ 的混合微团，从而有利于通过小肠黏膜表面水层，以促进脂类吸收。

2. 抑制胆固醇结石的形成

胆汁酸和磷脂可使胆固醇等脂溶性物质以混合微团形式溶解于胆汁中，不致在胆汁中沉淀析出而形成结石。若胆汁中的胆固醇过多或胆汁中的胆汁酸盐减少，则可使胆固醇析出沉淀，从而引起结石。

第四节 胆色素的代谢

胆色素（bile pigment）是含铁卟啉化合物（体内含铁卟啉化合物主要是血红蛋白，此外还有肌红蛋白、过氧化氢酶和细胞色素等）在体内分解代谢的产物，因正常时主要随胆汁排泄，又有一定的颜色，所以称为胆色素。胆色素包括胆红素（橙黄色）、胆绿素（蓝绿色）、胆素原（无色）和胆素（黄色）等化合物。胆红素是胆汁中的主要色素。熟悉胆红素的代谢对于临床上伴有黄疸症状的疾病诊断和鉴别诊断黄疸类型具有重要意义。

一、胆红素的生成

人体内胆红素主要来自衰老红细胞中血红蛋白的分解，约占 80%，其他约 20% 则由非血红蛋白血红素酶类（如细胞色素、过氧化氢酶、过氧化物酶等）裂解而来。极少量由造血过程中骨髓内作为造血原料的血红蛋白和血红素在成为成熟细胞之前分解（即无效造血）产生。

正常人红细胞的平均寿命约为 $120~d$，衰老的红细胞在肝、脾、骨髓等单核-吞噬细胞系统破坏后释放出血红蛋白。血红蛋白又分解为珠蛋白和血红素，血红素在血红素加氧酶的催化下，生成胆绿素。胆绿素在胞质胆绿素还原酶的催化下，还原生成胆红素。

胆红素分子具有亲脂疏水的特性，易透过细胞膜。若进入脑组织，则能抑制大脑 RNA 和蛋白质的

生物合成及糖代谢,干扰脑细胞的正常代谢和功能。因此,胆红素对大脑具有毒性。

二、胆红素在血液中的运输

胆红素释放入血后,在血浆中主要以胆红素-清蛋白复合物的形式存在和运输。这样不仅增强了胆红素的水溶性,有利于运输,而且还限制了胆红素自由通过细胞膜对组织细胞造成毒性作用,使其也不能被肾小球滤过到尿中。正常情况下,每 100 mL 血浆中的清蛋白可结合 20~25 mg 胆红素。

三、胆红素在肝内的转变

当胆红素-清蛋白复合物随血液循环运输到肝脏时,胆红素与清蛋白分离并迅速被肝细胞摄取进入细胞内,在细胞质中与两种配体蛋白——Y 蛋白和 Z 蛋白结合,形成胆红素-Y 蛋白或胆红素-Z 蛋白复合物,以此形式转运至内质网。

在内质网,胆红素在葡萄糖醛酸转移酶的催化下,接受来自 UDPGA 的葡萄糖醛酸基,生成胆红素葡萄糖醛酸,也就是结合胆红素。

$$胆红素 + UDPGA \longrightarrow 胆红素葡萄糖醛酸 + UDP$$

由于进行结合反应,生成的结合胆红素与之前相比水溶性增强,不易透过细胞膜,毒性降低。与结合胆红素相比,未经肝结合转化的、在血液中与清蛋白结合运输的胆红素称为未结合胆红素或游离胆红素。

四、胆红素在肠中的转变及肠肝循环

肝内生成的结合胆红素随胆汁排入肠道,在肠菌作用下脱去葡萄糖醛酸基,逐步还原成胆素原、粪胆素原和尿胆素原等,统称为胆素原。大部分胆素原随粪便排出体外,在肠道下段,接触空气被氧化为黄褐色的胆素,是粪便的主要色素。每天排出的总量为 40~280 mg。

肠道中形成的胆素原有 10%~20% 可被肠黏膜细胞重吸收,经门静脉入肝,其中大部分再次由肝细胞分泌随胆汁排入肠道,形成胆素原的肠肝循环。只有少量进入体循环,经肾从尿中排出。正常人每天随尿排出胆素原的量为 0.5~4.0 mg,胆素原接触空气后被氧化成尿胆素,后者是尿的主要色素。临床上将尿胆素原、尿胆素及尿胆红素合称为"尿三胆",是鉴别黄疸的常用指标。正常人尿中检查不到胆红素。胆红素的形成及分解代谢情况见图 11-3。

五、血清胆红素与黄疸

正常人体内的胆红素主要以两种形式存在。一种是来自单核-吞噬细胞系统中红细胞破坏产生的血红素,在血浆中主要与清蛋白结合而运输,这类血红素未与葡萄糖醛酸结合,故称为未结合胆红素。另一种是肝细胞内质网内生成的葡萄糖醛酸胆红素,这类胆红素称为结合胆红素(表 11-3)。

表 11-3　两种胆红素的理化性质比较

类别	未结合胆红素	结合胆红素
别名	间接胆红素	直接胆红素
与葡萄糖醛酸结合	未结合	结合
与重氮试剂反应	缓慢、间接反应	迅速、直接反应
水中溶解度	小	大
经肾随尿排除	不能	能
通过细胞膜对大脑的毒性作用	有	无

正常人胆色素代谢正常,血清中胆红素含量甚微,其总量为 1.71~17.1 mol/L,其中未结合胆红素约占 4/5,其余为结合胆红素。未结合胆红素是脂溶性物质,极易穿过细胞膜对细胞造成危害,尤其是对富含脂类的神经细胞,能严重影响神经系统的功能。因此,肝通过摄取、生物转化及排泄等作用将胆

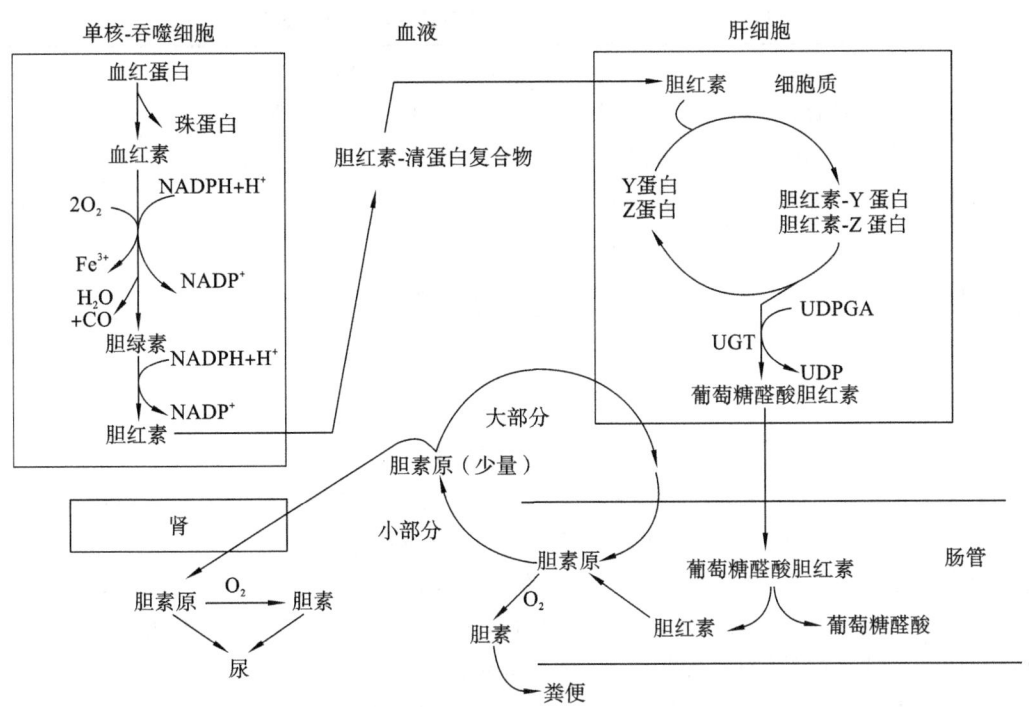

图 11-3　胆红素的形成与胆素原的肠肝循环

红素与葡萄糖醛酸结合,变成极易排泄的水溶性结合胆红素,对机体有重要的保护作用。凡能引起胆红素生成过多,或肝细胞对胆红素摄取、生物转化、排泄过程发生障碍的因素都可使血浆中胆红素浓度升高,造成高胆红素血症。胆红素为金黄色物质,大量的胆红素扩散进入组织,可造成组织黄染,这种体征称为黄疸(jaundice)。

黄疸的程度与血清胆红素的浓度密切相关。有时血清中胆红素浓度虽超过正常,但不超过 34.2 μmol/L,肉眼看不到巩膜或皮肤黄染,这称为隐性黄疸。若超过 34.2 μmol/L,皮肤、巩膜、黏膜等组织明显黄染,称显性黄疸。根据黄疸产生的原因,可分为溶血性黄疸、肝细胞性黄疸和阻塞性黄疸三类:

1. 溶血性黄疸

溶血性黄疸(hemolytic jaundice),也称肝前性黄疸,由于某些疾病(如恶性疟疾、过敏等)、药物和输血不当引起大量溶血,红细胞释放的大量血红素在单核-吞噬细胞系统中转变为胆红素,超过肝细胞的摄取、转化和排泄能力,造成血清游离胆红素浓度过高。其主要特征是血中非结合胆红素增高,肠道生成的胆素原增多,粪便颜色加深,非结合胆红素不能通过肾小球过滤,故尿中胆红素阴性。

2. 肝细胞性黄疸

肝细胞性黄疸(hepatocellular jaundice)是由于肝细胞破坏(如各种肝炎、肝肿瘤等),使其摄取、转化和排泄胆红素的能力降低所致。肝细胞性黄疸时,不仅由于肝细胞摄取胆红素障碍会造成血游离胆红素浓度升高,而且由于肝细胞的肿胀,毛细胆管阻塞或毛细胆管与肝血窦直接相通,使部分结合胆红素反流到血循环,造成血清结合胆红素浓度增高。另外,通过肠肝循环到达肝的胆素原也可经损伤的肝进入体循环,并从尿中排出。其主要特征是血中结合胆红素与非结合胆红素浓度均增高,粪便颜色变浅,尿中胆红素阳性。

3. 阻塞性黄疸

阻塞性黄疸(obstructive jaundice),也称为肝后性黄疸,由于各种原因引起胆汁排泄通道受阻(如胆管炎症、肿瘤、结石或先天性胆管闭锁等疾病),使胆小管和毛细胆管内压力增大破裂,结合胆红素反流入血,造成血清胆红素浓度升高所致。其主要特征是血中结合胆红素浓度增高,肠道胆素原极少,粪便颜色变浅为陶土色,结合胆红素可以通过肾小球过滤,故尿中胆红素阳性。

三种黄疸的鉴别结果如表 11-4 所示。

· 生物化学 ·

表 11-4 溶血性黄疸、肝细胞性黄疸及阻塞性黄疸的鉴别

类型	血液		尿液		粪便颜色
	未结合胆红素	结合胆红素	胆素原	胆红素	
正常	有	无或极微	少量	无	呈黄色
溶血性黄疸	增多	不变或微增	显著增加	无	加深
肝细胞性黄疸	增加	增加	不定	有	变浅
阻塞性黄疸	不变或微增	增加	减少或无	有	变浅或陶土色

 知识拓展

新生儿黄疸

医学上把未满月(出生 28 天内)新生儿的黄疸称为新生儿黄疸(neonatal jaundice),新生儿黄疸是指新生儿时期,由于胆红素代谢异常,引起血中胆红素水平升高,而出现以皮肤、黏膜及巩膜黄染为特征的病症,是新生儿中最常见的临床问题。本病有生理性和病理性之分。生理性黄疸是指单纯因胆红素代谢特点引起的暂时性黄疸,在出生后 2～3 天出现,4～6 天达到高峰,7～10 天消退,早产儿持续时间较长,除有轻微食欲不振外,无其他临床症状。若出生后 24 h 即出现黄疸,每日血清胆红素升高超过 5 mg/dL 或每小时＞0.5 mg/dL;持续时间长,足月儿＞2 周,早产儿＞4 周仍不退,甚至继续加深加重或消退后重复出现或出生后一周至数周内才开始出现黄疸,均为病理性黄疸。

目标检测

一、名词解释

1. 生物转化 2. 胆汁酸的肠肝循环 3. 黄疸

二、单项选择题

1. 胆红素在血液中主要的运输形式是( )。

A. 游离胆红素 　　　B. Y-胆红素 　　　C. 清蛋白-胆红素

D. 葡萄糖醛酸-胆红素 　　　E. Z-胆红素

2. 不需要进行生物转化的物质是( )。

A. 药物 　　　B. 食品添加剂 　　　C. 激素 　　　D. 葡萄糖 　　　E. 氨

3. 有"物质代谢中枢"称号的器官是( )。

A. 脾 　　　B. 脑 　　　C. 肾 　　　D. 肝 　　　E. 心脏

4. 关于生物转化作用,下列哪项不正确?( )

A. 有解毒和致毒双重性 　　　B. 常受年龄、性别、诱导物等因素影响

C. 使非营养物质的极性降低,利于排泄 　　　D. 使非营养物质极性增高,利于排泄

E. 使某些物质的生物活性降低或灭活

5. 人体内生物转化最主要的器官是( )。

A. 肾脏 　　　B. 胃 　　　C. 肝脏 　　　D. 心脏 　　　E. 胰腺

6. 胆红素在肝中与下列哪种基团发生结合反应?( )

A. 乙酰基 　　　B. 甲炔基 　　　C 硫酸基 　　　D. 葡萄糖醛酸基 　　　E. 硝酸基

7. 能转化为胆汁酸的物质是( )。

A. 甘油三酯 　　　B. 磷脂 　　　C. 胆固醇 　　　D. 脂肪酸 　　　E. 甘油

8. 肝细胞性黄疸不出现的是( )。

Note

参考答案

A.粪便颜色加深   B.尿液中有胆红素

C.血液中未结合胆红素浓度增加   D.血液中结合胆红素浓度增加

E.粪便颜色变浅

9. 结合胆红素是（   ）。

A.胆素原   B.胆红素-Y 蛋白   C.胆红素-Z 蛋白

D.胆红素-BSP   E.葡萄糖醛酸胆红素

10. 胆红素主要来源于（   ）。

A.过氧化氢酶分解   B.肌红蛋白分解   C.过氧化物酶分解

D.细胞色素分解   E.血红蛋白分解

11. 生物转化最主要的作用是（   ）。

A.使药物失效   B.使毒物的毒性降低

C.使生物活性物质灭活   D.改变非营养物质极性,利于排泄

E.使某些药物药效更强或使某些毒物毒性增加

三、简答题

1. 何为胆汁酸的肠肝循环？其有何生理功能？

2. 比较非结合胆红素和结合胆红素的区别。

3. 黄疸按病因分为哪几类？各有何特点？

参 考 文 献

[1] 王易振,仲其军,贾祥捷.生物化学[M].2 版.武汉:华中科技大学出版社,2016.

[2] 陈辉,张雅娟.生物化学[M].2 版.北京:高等教育出版社,2015.

[3] 黄川峰,李红,刘长海.生物化学[M].2 版.北京:军事医学科学出版社,2015.

[4] 田余祥.生物化学[M].北京:科学出版社,2013.

(王晓斐)

Note

第十二章　核酸的生物合成

本章PPT

学习目标

1. 掌握：复制、转录、逆转录的概念；DNA 复制的过程；转录的过程。
2. 熟悉：转录与 DNA 自我复制的比较；逆转录过程。
3. 了解：DNA 的损伤与修复；RNA 转录后的加工。

1970 年，由 Crick 提出得到补充和修正的中心法则代表了绝大多数生物遗传信息传递的方向和规律。中心法则包含的内容如下：DNA 的自我复制，RNA 的自我复制，以 DNA 为模板合成 RNA 的过程——转录，以 RNA 为模板合成 DNA 的过程——逆转录，以及各种 RNA 协同作用合成蛋白质的过程——翻译（图 12-1）。

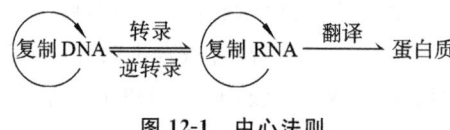

图 12-1　中心法则

第一节　DNA 的生物合成

DNA 是遗传信息的携带者，在细胞分裂过程中，亲代细胞所含的遗传信息要通过复制，一分为二完整地平均传递给两个子代细胞。新 DNA 分子的生成主要是通过 DNA 分子的自我复制，即以亲代 DNA 为模板通过碱基互补配对原则合成新的子代 DNA 分子。在某些致癌病毒中能以 RNA 为模板逆转录生成 DNA，这也是合成 DNA 的一种方式。

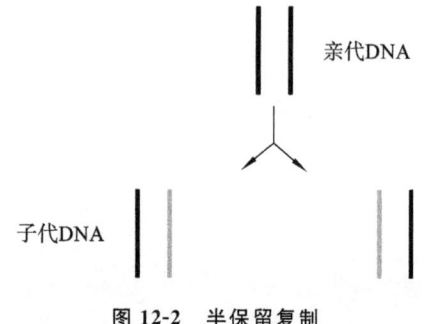

图 12-2　半保留复制

一、DNA 的自我复制

（一）复制的概念及方式

复制是指以亲代 DNA 分子为模板合成子代 DNA 分子的过程。DNA 分子为双链结构，进行自我复制时，双链打开，分别作为模板，严格遵循碱基互补配对的规律合成新链。新合成的子代 DNA 分子和亲代 DNA 分子完全相同，其中一条链来自亲代 DNA 分子，另一条链是新合成的，这种复制方式称为半保留复制（图 12-2）。

（二）参与 DNA 分子自我复制的主要物质

DNA 分子的自我复制是一个由多种酶参与催化，多种物质参与其中的脱氧核苷酸的聚合反应过程。参与的物质主要有各种酶类和蛋白质因子、模板、原料、引物，并消耗能量。

1. 模板

亲代 DNA 分子打开双链，各自分别作为模板进行自我复制。

2. 引物

在依据模板链合成新链时，需要一小段 RNA 分子作为引物，在引物的基础上再合成新链，这是复制的一个特点。

3. 原料

新链的组装需要以下物质作为原料：dATP、dGTP、dCTP、dTTP（即 dNTP）。

4. 各种酶类及蛋白质因子

（1）解链酶：打开 DNA 分子双链，使之以单链的形式作为模板进行复制，打开双链的过程需 ATP 提供能量。

（2）拓扑异构酶：在快速打开 DNA 分子双链的过程中，容易发生缠绕打结的现象，拓扑异构酶通过切断单链或双链，适当时候予以重接，从而起到理顺 DNA 分子，使复制顺利进行的作用。

（3）单链 DNA 结合蛋白：结合在 DNA 单链上，防止分开的两条链重新形成碱基配对，同时避免 DNA 单链被核酸酶水解、破坏，即维持模板处于单链状态并保护其完整性。

（4）引物酶：一种 RNA 聚合酶，它在模板链的复制起始部位，遵循碱基互补配对的原则，合成一小段 RNA 引物（11～12 个碱基）。RNA 引物可提供 3′-OH 末端，为新链的合成提供基础。

（5）DNA 聚合酶：在 RNA 引物的基础上不断催化聚合脱氧核苷酸，形成 DNA 新链，是 DNA 自我复制中最重要的一个酶。

（6）DNA 连接酶：同一个模板链上合成的两个相邻 DNA 片段需要 DNA 连接酶把它们催化连接成一条新链。DNA 连接酶的作用就是催化一条 DNA 链的 3′-末端和相邻另一条 DNA 链的 5′-末端之间形成 3′,5′-磷酸二酯键，在 DNA 的自我复制中起到连接缺口的作用。

（三）DNA 自我复制的过程

DNA 自我复制的过程包括起始、延长和终止三个阶段。

1. 起始阶段

解链酶打开 DNA 分子双链，使之变成两条单链，拓扑异构酶负责理顺双链，防止出现缠绕打结现象，单链 DNA 结合蛋白结合到单链 DNA 分子上，维持其单链状态并避免核酸酶的水解。引物酶结合在模板链的复制起始部位，遵循碱基互补配对的原则，合成一小段 RNA 分子作为引物。此时 DNA 分子呈叉状，是复制过程中的特征形态，称为复制叉。

2. 延长阶段

在 RNA 引物的 3′-末端，由 DNA 聚合酶催化，dNTP 作为原料，遵循碱基互补配对原则，不断地形成 3′,5′-磷酸二酯键，使新链一个接一个地增加脱氧核苷酸，沿着 5′-末端到 3′-末端的方向不断延长。由于 DNA 分子的两条链方向相反，打开双链时，一条新链的合成方向与解链方向一致，能够随着双链的打开不断延伸，这条连续合成的新链被称为领头链。而另一条新链的合成方向与解链方向相反，所以这一条链是断续合成，打开一段合成一段，这条链被称为随从链，该链合成的是一段一段的 DNA 片段，称为冈崎片段。DNA 的复制是半不连续复制（图 12-3）。

3. 终止阶段

在随从链的合成中有多个 RNA 引物出现，终止时需要 RNA 酶切除这些引物，留下的空白区域由 DNA 聚合酶催化前一个 DNA 片段延伸填补，全部脱氧核苷酸填补上之后，由 DNA 连接酶催化在相邻的两个 DNA 片段之间形成 3′,5′-磷酸二酯键，从而使随从链变成一条完整连续的新链（图 12-4）。真核生物 DNA 复制完成后，两条新链的 5′-末端均因 RNA 引物的切除留下一小段空缺，这个空缺由端粒酶弥补。翻译需要氨基酸作为原料，需要三种 RNA、酶和各种因子的参与（图 12-5）。

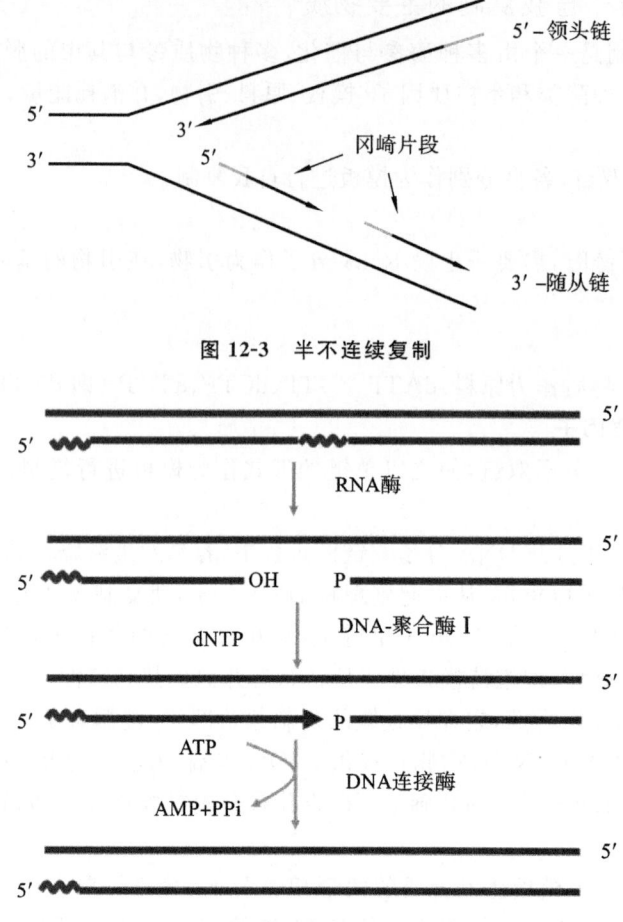

图 12-3　半不连续复制

图 12-4　DNA 自我复制的终止阶段

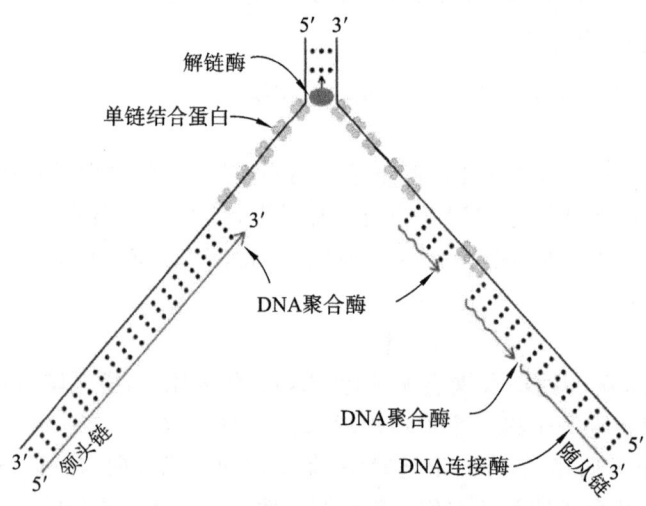

图 12-5　DNA 的自我复制

二、逆转录

(一) 逆转录的概念及逆转录酶

以 RNA 为模板合成 DNA 的过程称为逆转录。其过程与转录相反。催化逆转录过程的酶称为逆转录酶。该酶存在于 RNA 病毒中,人的正常细胞及胚胎细胞中也有。该酶是分子生物学研究中常用工具酶之一,可将 mRNA 经逆转录形成 DNA,从而获得目的基因。

（二）逆转录过程（以 RNA 病毒为例）

（1）RNA 病毒（遗传物质只有 RNA，不含 DNA 的病毒）感染宿主细胞，脱去外壳，以病毒 RNA 为模板，利用宿主细胞内原料，由逆转录酶催化，根据 A-T、G-C、C-G、U-A 的碱基配对原则合成一条互补的 DNA 单链，形成 RNA-DNA 的杂化双链（图 12-6）。

（2）逆转录酶水解掉 RNA-DNA 杂化双链中的 RNA，只剩一条 DNA 单链。以此 DNA 单链为模板，催化合成出 DNA 互补链，形成双链 DNA 分子（cDNA），也称前病毒。前病毒所携带的遗传信息全部来自 RNA 病毒。

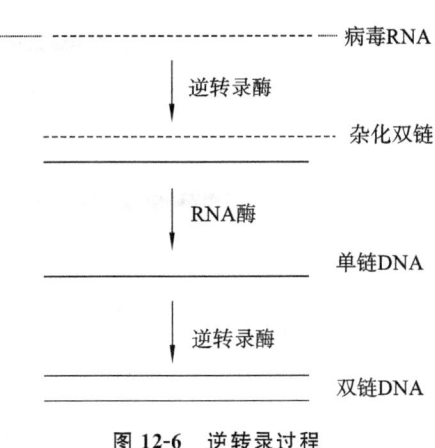

图 12-6　逆转录过程

（3）cDNA 可通过基因重组整合到宿主细胞 DNA 分子中，随宿主细胞 DNA 同时复制传代。静止状态下并不表达，但某些情况下，该病毒基因可被激活而表达，导致宿主细胞发生癌变。

三、DNA 的损伤与修复

DNA 是生物体内携带遗传信息的物质，它的完整性对细胞和生命至关重要。生物体内部因素或外界环境因素导致 DNA 分子碱基序列发生改变称为 DNA 变异。有益的变异能使生物进化，有害的变异则使 DNA 损伤。生物体对损伤的 DNA 有一定的修复能力。

（一）引起 DNA 损伤的因素

（1）复制中出现的碱基错配。

（2）逆转录病毒。

（3）物理因素：紫外线和电离辐射。

（4）化学因素：亚硝酸盐、黄曲霉素、烷化剂、农药、食品添加剂及工业、机动车排放的废气、废水等。

（二）DNA 损伤的修复

DNA 损伤的修复机制主要有四种类型：光修复、切除修复、重组修复、SOS 修复，其中以切除修复最为重要。

第二节　RNA 的生物合成

RNA 的生物合成有两种方式：一种是以 DNA 为模板转录生成 RNA，一种是 RNA 通过自我复制生成 RNA，前者为主要方式。

一、转录

（一）转录的概念及特点

以 DNA 为模板合成 RNA 的过程称为转录。DNA 分子为双链，RNA 为单链，转录时，DNA 分子中只有一条链的一段作为模板，称为模板链，另一条链称为编码链。因为转录产生 RNA 仍遵循碱基互补配对原则，所以转录产生的 RNA 分子的碱基排列顺序和模板链互补，同编码链相同，不同之处在于 U 代替了 T。模板链和编码链是针对不同的 RNA 分子而言的，不同的 RNA 分子模板链不同。这种现象称为不对称转录（图 12-7）。

（二）转录所需的物质

（1）模板：DNA 分子中的一条链中的某一段区域作为模板，同复制时整条链均作为模板不同。

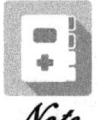

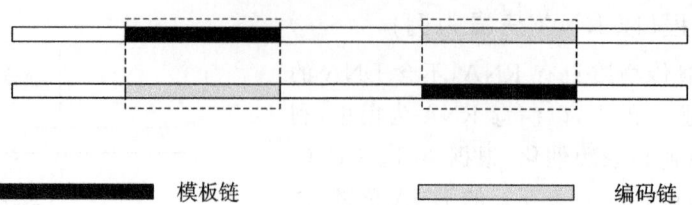

图 12-7　不对称转录

（2）原料：四种核苷三磷酸，ATP、GTP、CTP、UTP（即 NTP）。

（3）RNA 聚合酶：其作用是以 DNA 为模板，按碱基互补配对原则，沿 $5'{\rightarrow}3'$ 方向催化聚合 NTP 合成 RNA。大肠杆菌的 RNA 聚合酶目前研究比较透彻，该酶全酶由五个亚基（$\alpha_2\beta\beta'\sigma$）聚合而成，其中 σ 亚基起到辨认转录起始点的作用，发挥完作用后脱落，由核心酶（$\alpha_2\beta\beta'$）催化聚合生成 RNA（图 12-8）。

（三）转录的过程（原核生物）

1. 起始阶段

RNA 聚合酶全酶结合到 DNA 模板上，并在 DNA 链上移动，寻找启动子，全酶中的 σ 亚基辨认出转录起始点之后，RNA 聚合酶解开 DNA 双链（约 17 个碱基对），暴露出模板链开始进行转录（图 12-9）。转录和复制的一个重要区别是转录不需要引物，而复制需一小段 RNA 分子作为引物。与 DNA 模板链相配对的第一和第二个核苷酸在 RNA 聚合酶催化下形成 $3',5'$-磷酸二酯键，然后继续加入 NTP 使 RNA 链不断延长。当新生 RNA 链延长至 8～10 个核苷酸后，σ 亚基脱落，核心酶继续催化，进入延伸阶段。

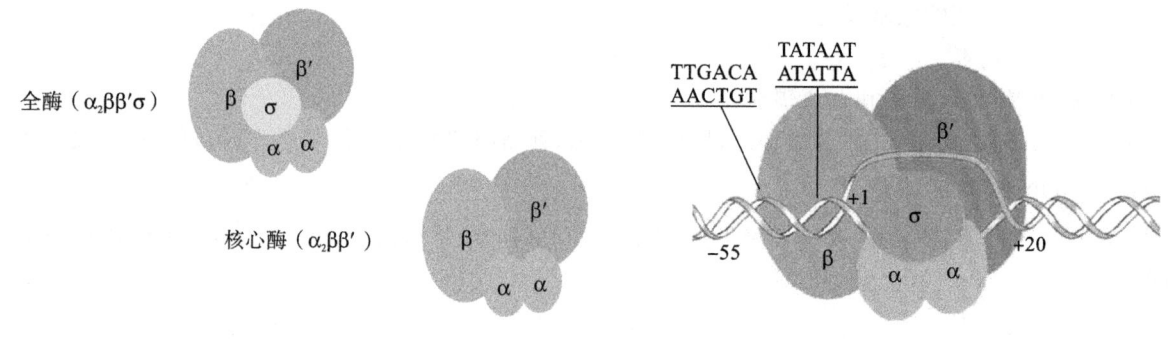

图 12-8　大肠杆菌的 RNA 聚合酶　　　　图 12-9　转录起始阶段

2. 延伸阶段

核心酶沿着 DNA 模板链的 $3'{\rightarrow}5'$ 方向移动，根据碱基互补配对原则，利用原料 NTP 不断聚合形成新生 RNA 链，新生 RNA 链自身的延伸方向是 $5'{\rightarrow}3'$。此时出现转录过程中的一个特有形态——转录泡。局部松弛打开的 DNA 双链、结合上去的 RNA 核心酶、刚合成和模板链配对的 RNA 新链共同组成了转录泡。随着 RNA 链的延长，$5'$-末端脱离模板向转录泡外伸展，DNA 的模板链与编码链重新恢复双螺旋结构（图 12-10）。

3. 终止阶段

转录终止有两种类型：一类是依赖 ρ 因子的转录终止，一类是非依赖 ρ 因子的转录终止。

（1）依赖 ρ 因子的转录终止：ρ 因子是一种特殊的蛋白质因子，能与 RNA 转录产物结合，使 RNA 聚合酶停顿，转录终止（图 12-11）。

（2）非依赖 ρ 因子的转录终止：DNA 模板在靠近终止处存在特殊碱基序列，可转录出一段有特殊结构的 RNA，这段 RNA 自身能局部配对形成茎环结构，导致转录终止（图 12-12）。

（四）转录与 DNA 自我复制的比较

DNA 自我复制与转录有许多相同点：模板都是 DNA 链，新链的延伸都需要聚合酶，核苷酸之间连接的化学键都是 $3',5'$-磷酸二酯键，新链的延伸方向都是从自身的 $5'{\rightarrow}3'$。但两者之间又有许多不同，

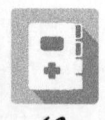

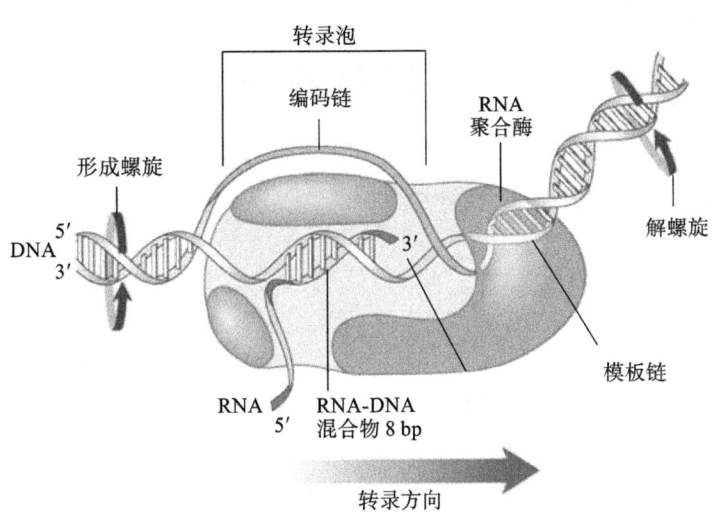

图 12-10 转录延伸阶段

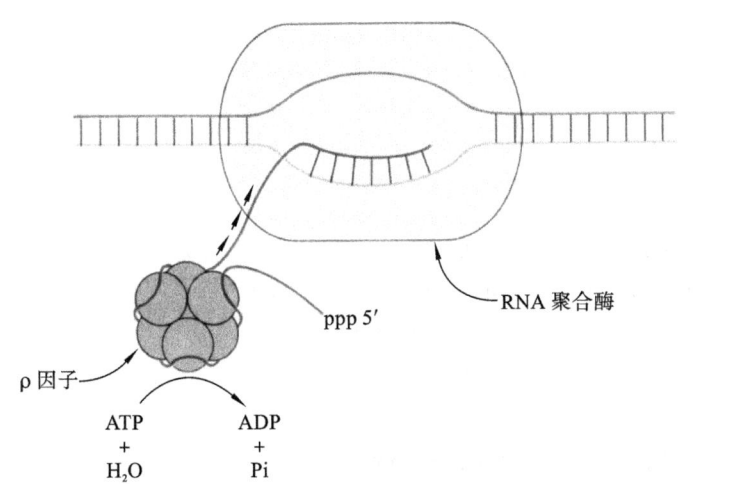

图 12-11 依赖 ρ 因子的转录终止

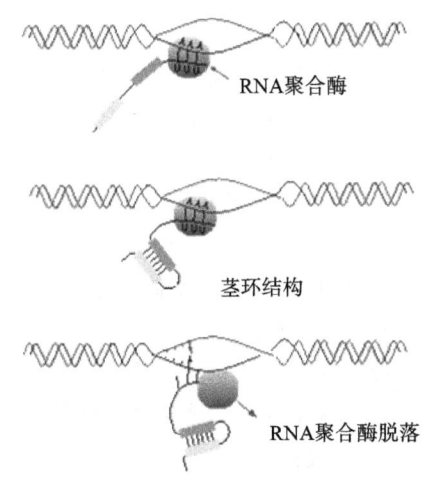

图 12-12 非依赖 ρ 因子的转录终止

如表 12-1 所示。

表 12-1　转录与 DNA 自我复制的比较

类型	DNA 的自我复制	转录
引物	需要一小段 RNA 作为引物	不需要
DNA 模板	两条链均复制	仅模板链转录
原料	dNTP	NTP
主要酶	DNA 聚合酶	RNA 聚合酶
产物	子代双链 DNA 分子	mRNA、tRNA、rRNA 的前体
碱基配对	A-T、G-C	A-U、T-A、G-C

二、转录后 RNA 的加工

转录后生成的 RNA 是各种 RNA 的前体,需经加工修饰才能生成各种成熟 RNA。

参考答案

目标检测

一、名词解释

1. 复制　2. 转录　3. 逆转录　4. 半保留复制

二、单项选择题

1. 下列关于 tRNA 说法正确的是( )。

A. 具有反密码子环　　　　　　　　　　　　B. 与蛋白质结合形成核糖体

C. 具有密码子　　　　　　　　　　　　　　D. 是 rRNA 的前体

2. 某 DNA 片段所转录生成的 mRNA 中尿嘧啶占 28%,腺嘌呤占 18%,则这个 DNA 片段中胸腺嘧啶和鸟嘌呤分别占多少?( )

A. 23%　27%　　B. 27%　23%　　C. 24%　26%　　D. 21%　19%

3. 与 mRNA 密码子 ACG 相对应的 tRNA 的反密码子是( )。

A. UGC　　　　　B. TGC　　　　　C. ACG　　　　　D. AGC

4. 转录的含义是( )。

A. 以 DNA 为模板合成 DNA 的过程

B. 以 DNA 为模板合成 RNA 的过程

C. 以 RNA 为模板合成 RNA 的过程

D. 以 RNA 为模板合成 DNA 的过程

5. 原核生物 RNA 聚合酶的核心酶是( )。

A. $\alpha\alpha\beta\beta'\sigma$　　　　B. $\alpha\alpha\beta\beta'$　　　　C. $\alpha\beta\beta'$　　　　D. $\alpha\beta\beta'\sigma$

6. 模板 DNA 的碱基序列是 3′-TGCAGT-5′,其转录出的 RNA 碱基序列是( )。

A. 5′-AGGUCA-3′　　　　　　　　　　　　B. 5′-ACGUCA-3′

C. 5′-UCGUCU-3′　　　　　　　　　　　　D. 5′-ACGUGT-3′

7. DNA 分子中被转录的链称为( )。

A. 无义链　　　　　B. 模板链　　　　　C. 编码链　　　　　D. 互补链

8. 识别转录起始点的是( )。

A. ρ 因子　　　　　　　　　　　　　　　B. 核心酶

C. RNA 聚合酶的 σ 因子　　　　　　　　　D. RNA 聚合酶的 α 因子

9. 关于 σ 因子的描述,哪一项是正确的?( )

A. DNA 聚合酶的亚基　　　　　　　　　　B. 可识别 DNA 模板上的终止信号

C. RNA 聚合酶的亚基　　　　　　　　　　D. 参与逆转录

10. 关于 RNA 聚合酶的描述,不正确的是( )。

A. 由核心酶与 σ 因子构成

B. 核心酶由 $\alpha\alpha\beta\beta'$ 组成

C. 全酶与核心酶的差别在于 β 亚单位的存在

D. 全酶包括 σ 因子

11. 下列关于 rRNA 说法正确的是( )。

A. 具有反密码子环　　　　　　　　　　　　B. 与蛋白质结合形成核糖体

C. 具有密码子　　　　　　　　　　　　　　D. 是 rRNA 的前体

12. 下列关于 mRNA 说法正确的是( )。

A. 具有反密码子环　　　　　　　　　　　　B. 与蛋白质结合形成核糖体

C. 具有密码子　　　　　　　　　　　　　　D. 是 rRNA 的前体

13. 下列哪种酶不参与 DNA 复制?( )

Note

A.DNA 连接酶　　B.拓扑异构酶　　C.解链酶　　　　D.限制性内切酶

14. 下列关于 DNA 复制的叙述,哪一项是错误的?(　　)

A.半保留复制　　　　　　　　　　　　B.两条子链均连续合成

C.合成的方向为 $5' \rightarrow 3'$　　　　　　　　D.有 DNA 连接酶参加

15. DNA 复制时,以序列 $5'$-TAGA-$3'$ 为模板,合成的子链的序列是(　　)。

A.$5'$-TCTA-$3'$　　B.$5'$-ATCA-$3'$　　C.$5'$-UCUA-$3'$　　D.$5'$-GCGA-$3'$

16. 冈崎片段是指(　　)。

A.引物酶催化合成的 RNA 片段　　　　　　B.随从链上合成的 DNA 片段

C.领头链上合成的 DNA 片段　　　　　　D.由 DNA 连接酶合成的 DNA 片段

17. DNA 复制需要:①DNA 聚合酶;②引物酶;③解链酶;④拓扑异构酶;⑤DNA 连接酶。其作用的顺序是(　　)。

A.①-②-③-④-⑤　　　　　　　　　　B.③-④-②-①-⑤

C.③-④-①-②-⑤　　　　　　　　　　D.②-③-④-①-⑤

三、简答题

1. 简述 DNA 复制的主要步骤及其特点。

2. 简述不对称转录的含义。

3. 简述原核生物 RNA 转录的基本反应过程。

参 考 文 献

[1] 陈辉,张雅娟.生物化学学习指导与习题集[M].北京:北京大学医学出版社,2011.

[2] 李创光,张录.生物化学[M].武汉:华中科技大学出版社,2012.

[3] 陈辉,张雅娟.生物化学[M].2 版.北京:高等教育出版社,2015.

[4] 何旭辉,李豫青.生物化学[M].2 版.北京:高等教育出版社,2015.

[5] 王易振,仲其军,贾祥捷.生物化学[M].2 版.武汉:华中科技大学出版社,2016.

(贾祥捷)

第十三章　蛋白质的生物合成

 学 习 目 标

1. 掌握：翻译的概念；三种 RNA 在蛋白质合成中的作用；遗传密码的特点。
2. 熟悉：蛋白质生物合成的过程及所需物质。
3. 了解：蛋白质生物合成过程与医学的关系。

蛋白质是构成人体的基础物质，它不仅是机体重要的组成部分，还具有多种重要生理功能。体内蛋白质的生物合成过程也称为翻译。

第一节　翻译及翻译过程所需的物质

一、翻译的概念

以 mRNA 为模板合成蛋白质的过程称为翻译。它是把 mRNA 分子中四种碱基编码的遗传信息转变为蛋白质一级结构中氨基酸排列顺序的过程。蛋白质的生物合成受遗传信息的控制。

二、翻译过程所需的物质

翻译需要氨基酸作为原料，需要三种 RNA、酶和各种因子的参与。

（一）原料

20 种由遗传密码编码的氨基酸。

（二）主要酶和其他因子

1. 氨基酰-tRNA 合成酶

催化 tRNA 氨基酸臂的 $3'$-末端与氨基酸的羧基以酯键相连，形成氨基酰-tRNA 复合物。此过程也称为氨基酸的活化。

$$氨基酸＋ATP＋tRNA \xrightarrow[Mg^{2+}]{氨基酰\text{-}tRNA 合成酶} 氨基酰\text{-}tRNA＋AMP＋PPi$$

2. 转肽酶

转肽酶位于核糖体大亚基上，催化 P 位上的肽酰-tRNA 的肽酰基转移到 A 位上氨基酰-tRNA 的 α-氨基上，形成肽键，使肽链延长。

3. 其他因子

其他因子包括起始因子(IF)、延伸因子(EF)、释放因子(RF)、无机离子、ATP、GTP 等。

（三）三种 RNA

1. mRNA

mRNA 是合成蛋白质的直接模板。mRNA 是一种线性分子,它在遗传信息的传递过程中起到信使作用,通过转录,遗传信息从 DNA 分子传递到 mRNA,mRNA 作为合成蛋白质的直接模板,通过翻译将遗传信息表达为蛋白质。在 mRNA 分子上从 $5'$ 到 $3'$ 方向,每三个相邻的核苷酸(碱基)组成一个遗传密码(密码子),它代表一种氨基酸或起始、终止密码。64 个遗传密码已完全破译,见表 13-1。其中 AUG 代表甲硫氨酸的同时也是起始密码,UAA、UAG、UGA 不代表任何氨基酸,是肽链合成的终止信号,称为终止密码。翻译时,从 mRNA 的 $5'$-末端起始密码开始,沿 $5'$ 到 $3'$ 方向连续阅读,直到终止密码,这样 mRNA 中密码子的排列顺序就转换成多肽链中氨基酸的排列顺序。

表 13-1　遗传密码表

第一碱基	第二碱基				第三碱基
($5'$-末端)	U	C	A	G	($3'$-末端)
U	UUU 苯丙 UUC 苯丙 UUA 亮 UUG 亮	UCU 丝 UCC 丝 UCA 丝 UCG 丝	UAU 酪 UAC 酪 UAA 终止 UAG 终止	UGU 半胱 UGC 半胱 UGA 终止 UGG 色	U C A G
C	CUU 亮 CUC 亮 CUA 亮 CUG 亮	CCU 脯 CCC 脯 CCA 脯 CCG 脯	CAU 组 CAC 组 CAA 谷酰 CAG 谷酰	CGU 精 CGC 精 CGA 精 CGG 精	U C A G
A	AUU 异亮 AUC 异亮 AUA 异亮 AUG 甲硫 （起始）	ACU 苏 ACC 苏 ACA 苏 ACG 苏	AAU 天冬酰 AAC 天冬酰 AAA 赖 AAG 赖	AGU 丝 AGC 丝 AGA 精 AGG 精	U C A G
G	GUU 缬 GUC 缬 GUA 缬 GUG 缬	GCU 丙 GCC 丙 GCA 丙 GCG 丙	GAU 天 GAC 天 GAA 谷 GAG 谷	GGU 甘 GGC 甘 GGA 甘 GGG 甘	U C A G

遗传密码具有以下特点。

(1) 方向性:遗传密码只能沿着 mRNA 分子从 $5'$ 到 $3'$ 方向阅读,从起始密码到终止密码区域之间的核苷酸排列顺序就决定了蛋白质多肽链中从 N-端到 C-端氨基酸的排列顺序。

(2) 连续性:阅读遗传密码时,从 mRNA 分子的 $5'$ 到 $3'$ 方向阅读,不能间断,不能跳过,不能重复,必须连续阅读,如果出现碱基(核苷酸)的遗漏或重复,都会导致下游读码错误,合成出的多肽链中氨基酸序列发生改变。

(3) 简并性:观察遗传密码表,除了甲硫氨酸和色氨酸只有 1 个密码子之外,其余氨基酸均有 2 个或 2 个以上的密码子,最多的有 6 个,多个密码子代表同一个氨基酸的现象称为遗传密码的简并性。编码同一个氨基酸的几组密码子多半是前两个碱基相同,第三个碱基不同,这意味着遗传密码的特异性主要由前两个碱基决定,第三个碱基发生突变之后不会造成多肽链中氨基酸的改变。因此,遗传密码的简并性可以规避有害突变造成的影响。

(4) 摆动性:翻译过程中,tRNA 上的反密码子与 mRNA 上的遗传密码配对结合时,并不十分严格地遵循碱基互补配对原则,这种现象称为遗传密码的摆动性。它常发生在反密码子的第一位碱基和遗传密码的第三位碱基配对时(表 13-2,图 13-1)。

表 13-2　遗传密码与反密码子配对时的摆动现象

tRNA 反密码子的第一位碱基	I	U	G
mRNA 遗传密码的第三位碱基	A,C,U	A,G	C,U

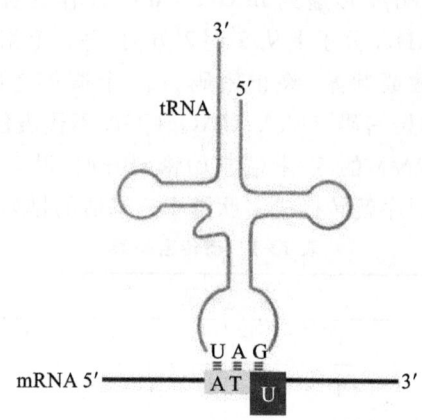

图 13-1　遗传密码的摆动性

（5）通用性：指所有的生物，从原核生物到人类都使用同一套遗传密码。同一个密码子在所有的生物体内均代表同一种氨基酸。

2. tRNA

tRNA 是氨基酸的运载工具。tRNA 分子上有两个与其功能密切相关的区域：一个是 tRNA 分子 3'-末端的氨基酸臂，可与特定氨基酸以共价键相结合，另一个是 tRNA 分子上的反密码子，能够决定 tRNA 所携带氨基酸的种类(图 13-2)。

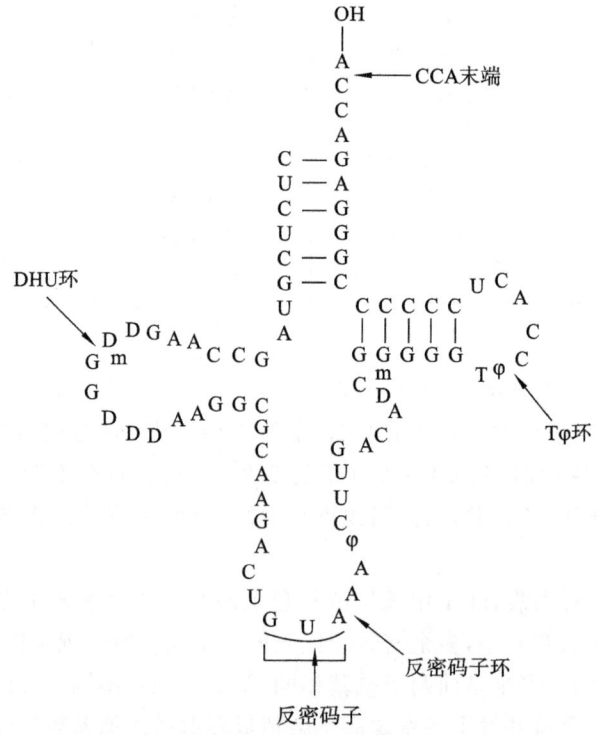

图 13-2　tRNA 结构图

3. rRNA

rRNA 与蛋白质结合形成的核糖体是蛋白质生物合成的场所。核糖体由大小两个亚基构成，大亚基上有两个位点：A 位（受位）和 P 位（给位），A 位是结合氨基酰-tRNA 的位点，P 位是结合肽酰-tRNA

的位点。小亚基上则有结合 mRNA 的位点。

第二节 翻 译 过 程

从 mRNA 的 5′-末端起始密码 AUG 开始,连续把遗传密码转变为蛋白质多肽链中氨基酸的排列顺序,直至遇到终止密码为止。其过程有多种物质参与,可分为起始、延伸、终止三个阶段。

一、起始阶段

（1）核糖体大小亚基分离。

（2）mRNA 与小亚基结合。

（3）起始氨基酰-tRNA 形成并与 mRNA 上起始密码 AUG 结合。

（4）核糖体大亚基结合上来,起始氨基酰-tRNA 与 mRNA 上起始密码 AUG 的结合位点位于大亚基 P 位上,大亚基的 A 位上是空缺的。此过程参与的酶主要是氨基酰-tRNA 合成酶,另外还有其他多种物质参与,如起始因子、GTP、Mg^{2+} 等(图 13-3)。

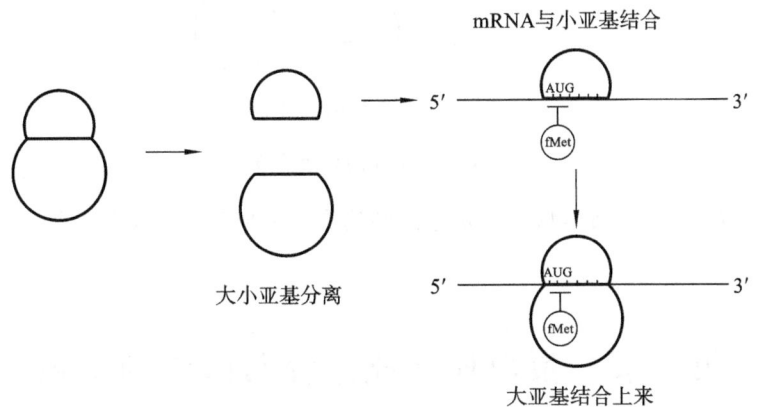

图 13-3　翻译的起始阶段

二、延伸阶段

在蛋白质多肽链中根据 mRNA 上的遗传密码信息不断加入氨基酸,每加入一个氨基酸都需进行一个循环,由于是在核糖体上连续进行,因此称为核糖体循环。一个循环包含三个步骤:进位、成肽和转位。此过程中主要的酶是转肽酶,另有延长因子、GTP、Mg^{2+} 等参与(图 13-4)。

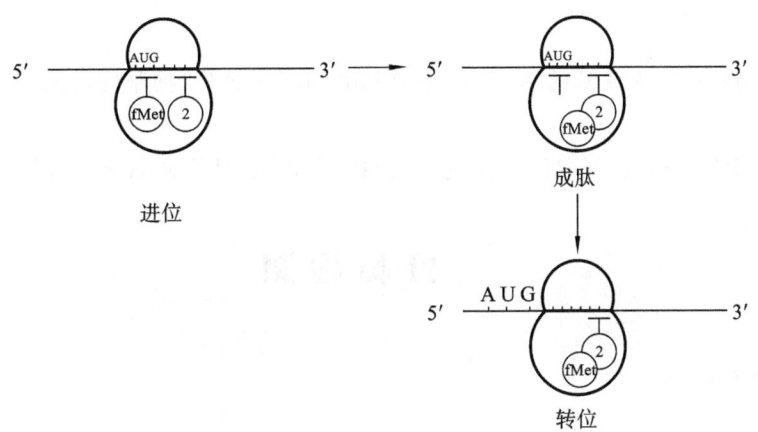

图 13-4　翻译的延伸阶段

三、终止阶段

当核糖体大亚基的 A 位上对应 mRNA 上的遗传密码是终止密码（UAA、UAG、UGA）时，因为终止密码不代表任何一种氨基酸，任何氨基酰-tRNA 都无法进位，只有释放因子能够结合在 A 位上，释放因子进位后，使转肽酶发生构象改变，转变成水解酶，催化结合在 P 位上的肽链水解脱落，同时导致整个合成肽链的复合体解体，mRNA、tRNA 以及释放因子从核糖体脱落，最终核糖体大小亚基分离，进入下一轮多肽链的合成（图 13-5）。

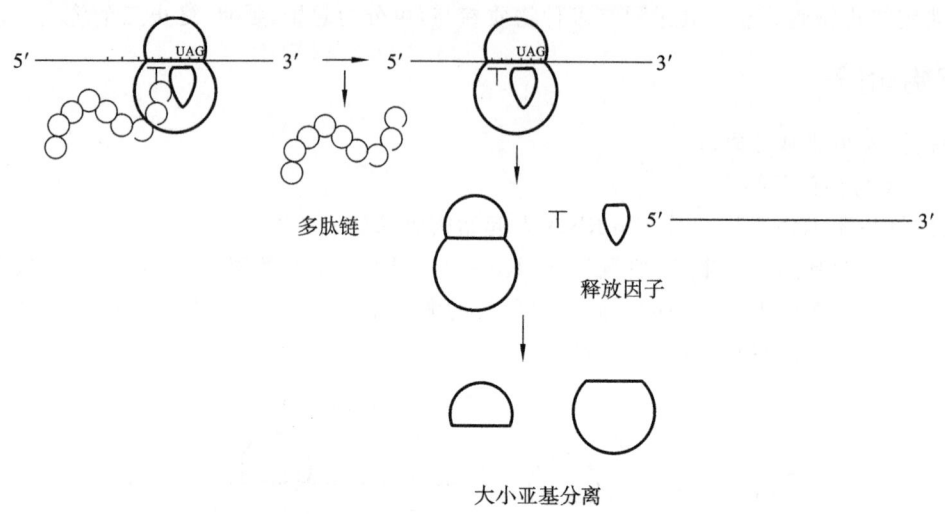

图 13-5 翻译的终止阶段

多肽链合成之后需经加工修饰，形成特定空间结构后才能成为具有生物活性的蛋白质。

第三节 蛋白质合成过程与医学的关系

医学上常常利用蛋白质生物合成的抑制剂来设计药物。例如以下几种药物。

1. 氯霉素

能与原核生物核糖体大亚基结合，阻断翻译的延伸阶段。

2. 链霉素和卡那霉素

能与原核生物核糖体小亚基结合，改变其构象，引起读码错误。结核分枝杆菌对这两种抗生素特别敏感。

3. 四环素族

可封闭原核生物核糖体大亚基的 A 位，阻断氨基酰-tRNA 进位，抑制肽链的延长。

4. 嘌呤霉素

结构与氨基酰-tRNA 相似，可取代其他氨基酰-tRNA 进位，从而使肽链合成提前终止。

 目 标 检 测

一、名词解释

1. 翻译 2. 遗传密码

二、单项选择题

1. 蛋白质合成中转运氨基酸的工具是（　　）。

参考答案

Note

A. mRNA　　　　　B. rRNA　　　　　C. hnRNA　　　　　D. tRNA

2. 蛋白质生物合成的场所是(　　)。

A. rRNA　　　　　B. mRNA　　　　　C. tRNA　　　　　D. 核糖体

3. 翻译过程的产物是(　　)。

A. 蛋白质　　　　B. mRNA　　　　　C. tRNA　　　　　D. rRNA

4. 能终止多肽链延伸的密码子是(　　)。

A. AUG　AGU　AGG
B. UAG　UGA　UAA
C. AUG　AGU　AUU
D. UAG　UGA　UGG

5. 反密码子位于(　　)。

A. DNA 分子的模板链上
B. DNA 分子的编码链上
C. mRNA 分子上
D. tRNA 分子上

6. 蛋白质生物合成的过程称为(　　)。

A. DNA 的自我复制
B. 翻译
C. 转录
D. 逆转录

7. AUG 除可以代表甲硫氨酸的密码子外还可以作为(　　)。

A. 终止因子
B. 肽链起始密码子
C. 肽链终止密码子
D. 肽链延长因子

8. 蛋白质生物合成的氨基酸序列取决于(　　)。

A. tRNA 的碱基序列
B. tRNA 的反密码子
C. mRNA 的碱基序列
D. rRNA 的碱基序列

9. 组成 mRNA 的四种核苷酸能组成多少种密码子?(　　)

A. 16　　　　　B. 46　　　　　C. 64　　　　　D. 61

10. 所有生物都使用同一套遗传密码,这是密码子的(　　)。

A. 方向性　　　　B. 摆动性　　　　C. 简并性　　　　D. 通用性

三、简答题

1. 三种 RNA 在蛋白质合成中的作用分别是什么?

2. 遗传密码有哪些特点?

3. 简述翻译过程。

参考文献

[1] 陈辉,张雅娟.生物化学学习指导与习题集[M].北京:北京大学医学出版社,2011.

[2] 李创光,张录.生物化学[M].武汉:华中科技大学出版社,2012.

[3] 陈辉,张雅娟.生物化学[M].2 版.北京:高等教育出版社,2015.

[4] 何旭辉,李豫青.生物化学[M].2 版.北京:高等教育出版社,2015.

[5] 王易振,仲其军,贾祥捷.生物化学[M].2 版.武汉:华中科技大学出版社,2016.

(贾祥捷)